AF545512

MICHAEL E. SALLA

DER AUFSTIEG DES ROTEN DRACHEN

Ursprünge & Gefahren des Geheimen Weltraumprogramms der Chinesen

Aus dem Amerikanischen von Thomas Barthelemy

Besuchen Sie unseren Shop:
www.AmraVerlag.de

Ihre 80-Minuten-Gratis-CD erwartet Sie.
Unser Geschenk an Sie … einfach anfordern!

Amerikanische Originalausgabe:
Rise of the Red Dragon. Origins & Threat of China's Secret Space Program

Deutscher Erstdruck im AMRA Verlag
Auf der Reitbahn 8, D-63452 Hanau
Telefon: + 49 (0) 61 81 – 18 93 92
Kontakt: Info@AmraVerlag.de

Herausgeber & Lektor	Michael Nagula
Umschlaggestaltung	Guter Punkt
Covermotiv	Rene McCann
Layout & Satz	Birgit Letsch
Druck	CPI books GmbH

ISBN Printausgabe 978-3-95447-463-9
ISBN eBook 978-3-95447-464-6

Copyright © 2020/2021 by Michael E. Salla, M.A., Ph.D.
US edition published by the Exopolitics Institute, Hawaii.
German edition published by Arrangement with the Author.

Diese Enthüllungs-Buchreihe umfasst bisher folgende Titel:
1. Geheime Weltraumprogramme & Allianzen mit Außerirdischen • 2. Das Geheime Weltraumprogramm der U.S. Navy & Die Allianz mit den Nordischen • 3. Antarktis – die verbotene Wahrheit • 4. Die Geheime Geschichte der U.S. Space Force (i. V.) • 5. Der Aufstieg des Roten Drachen • 6. Space Force – unsere Zukunft im Weltraum (i. V.)

Im Text enthaltene externe Links konnten vom Verlag nur bis zum Zeitpunkt der Buchveröffentlichung eingesehen werden. Auf spätere Veränderungen hat der Verlag keinerlei Einfluss. Eine Haftung des Verlags ist daher ausgeschlossen.

Wir möchten unsere Leser darauf hinweisen, dass der Autor und der Verlag viel Liebe und finanziellen Aufwand in die Entstehung dieses Buches gesteckt haben und auf einen entsprechenden Rückfluss durch den Verkauf angewiesen sind. Deshalb ist die nicht genehmigte Verbreitung dieses Buches durch digitale Medien, auch auszugsweise, untersagt und strafbar. Wir bitten Sie herzlich darum, durch die Wahrung der Rechte den erheblichen persönlichen Einsatz von Autor und Verlag wertzuschätzen.

ws Ticker +++ News Ticker +++ News Ticker +++ News Ticker +++ News Ticker +++ News Ti

Am 13. Oktober 2020 gab die NASA bekannt, dass sie bilaterale Abkommen mit sieben anderen Raumfahrtnationen unterzeichnet hat: Australien, Kanada, Japan, Luxemburg, Italien, den Vereinigten Arabischen Emiraten und dem Vereinigten Königreich.

Damit wurde die U.S. Space Force zum Kern einer NATO-ähnlichen militärischen Weltraumallianz, die Basen auf dem Mond, Mars und anderswo errichtet und Bergbauoperationen im gesamten Sonnensystem durchführt.

Am 9. März 2021 zog China nach und unterzeichnete eine Vereinbarung mit der Russischen Raumfahrtagentur, die zur Errichtung einer ständigen Basis auf dem Mond führen soll. Andere Nationen sind eingeladen, sich an diesbezüglichen Forschungen zu beteiligen.

Das legte den Grundstein zu einer konkurrierenden Weltraumkoalition, die in ähnlicher Weise wie die acht Raumfahrtnationen unter Leitung der USA ihre militärischen Kräfte nutzen wird.

Zunehmende Spannungen sind vorprogrammiert …

Inhalt

Vorwort

Der größte Sieg ist derjenige, der keine Schlacht erfordert.
– Sun Tzu, Die Kunst des Krieges –

Am 20. November 2019 erklärte der kürzlich pensionierte Generalleutnant der U.S. Air Force, Steven Kwast, öffentlich, dass China eine Weltraumflotte mit »Schlachtschiffen und Zerstörern« baut, die gegen US-Militäranlagen im Weltraum eingesetzt werden könnten. Zwei Jahre zuvor hatte Dr. James Sheehy, der Chief Technology Officer des Naval Aviation Enterprise, einer großen Forschungseinheit der U.S. Navy, deutlich gemacht, dass China hybride Luft-, See- und Raumfahrzeuge mit fortschrittlichen elektromagnetischen Systemen entwickelt hat, die die Luft- und Raumfahrtindustrie revolutionieren werden. Solche Entwicklungen würden auch Raketen, die mit fossilen Brennstoffen betrieben werden, überflüssig machen. Diese Ankündigungen weisen auf eine klare und präsente Gefahr hin.

Hochrangige Pentagon-Beamte warnen uns offen, dass China auf dem besten Weg ist, das gesamte US-amerikanische militärische und zivile Satellitenkommunikationsnetz über Nacht zu zerstören. Noch besorgniserregender sind Chinas Bemühungen, Waffen mit Künstlicher Intelligenz (KI) zu bauen, um einen asymmetrischen Vorteil gegenüber seinem größten technologischen Rivalen, den Vereinigten Staaten, zu erlangen. Nationale Sicherheitsanalysten behaupten, dass Chinas technologische und wirtschaftliche Entwicklung so schnell verläuft, dass es auf dem Weg ist, sein Ziel der globalen Hegemonie noch vor seinem Zieldatum 2049 zu erreichen. Dieses Datum markiert das 100-jährige Jubiläum des Sieges der Kommunistischen Partei Chinas im Bürgerkrieg und das Ende eines »Jahrhunderts der Demütigung« durch westliche Mächte – jedenfalls nach der aktuellen historischen Auffassung der Kommunistischen Partei Chinas.

Der Politologe Dr. Graham Allison, Gründungsdekan der Kennedy School Of Government der Harvard University, warnt vor einer »Thukydides-Falle«, einer klassischen volatilen Situation, in der der aufstrebende Hegemon (China) mit dem herrschenden Hegemon (USA) wegen globaler Vorherrschaft in den kommenden Jahrzehnten in Konflikt geraten wird. Andere prominente politische Analysten Chinas wie Dr. Michael Pillsbury, Autor von *The Hundred Year Marathon* (»Der 100-Jahre-Marathon«, nicht auf Deutsch erschienen), und Brigadegeneral Robert Spalding, Autor von *Stealth War* (»Der verdeckte Krieg«, nicht auf Deutsch erschienen) beschreiben detailliert die militärische, wirtschaftliche und technologische Macht, die China in den letzten Jahrzehnten erlangt hat. Sie warnen ausdrücklich davor, dass China verdeckte Kriegsstrategien anwendet, die während seiner »Phase der kämpfenden Staaten« von dem verehrten Militärgenie Sun Tzu und anderen Militärstrategen vor über zwei Jahrtausenden entwickelt wurden. China will die westlichen Demokratien zu einem falschen Gefühl der Selbstzufriedenheit verführen, bis es bereit ist, eine Reihe von Aktionen auszulösen, um die USA als globalen Hegemon zu verdrängen, ohne einen Schuss abzugeben. Die gemeinsamen Einschätzungen von Pillsbury und Spalding zeigen, dass China sein repressives politisches System wahrscheinlich nicht ändern wird. Stattdessen werden die Vorteile eines totalitären Systems exportiert, das zunehmend fortschrittliche Technologien und KI einsetzt, um das Leben seiner Bürger zu kontrollieren, und sich so langsam auf der ganzen Welt ausbreitet.

Wie konnte sich China von einem industriell rückständigen Land in diesem atemberaubenden Tempo zu einem technologischen und wirtschaftlichen Koloss entwickeln, der die Vormachtstellung der USA auf der Erde und im Weltraum herausfordert?

Um hierauf eine Antwort zu erhalten, müssen wir uns an den Vater von Chinas mit raketenhafter Geschwindigkeit ablaufendem Weltraumprogramm, Dr. Tsien Hsue-shen, wenden. Ironischerweise begann Dr. Tsiens brillante Karriere auf amerikanischem Boden, wo er an Prominenz gewann und als Erster eine Gründerrolle beim Start der U.S.-Raketenwissenschaft durch das legendäre Jet Propulsion Laboratory (JPL) am California Institute of Technology (Caltech) spielte. JPL sollte eine der führenden wissenschaftlichen Institutionen werden, in der die Raketen entwickelt wurden, die das NASA-Weltraumprogramm überhaupt erst möglich machten.

Aufgrund seiner beeindruckenden wissenschaftlichen Leistungen am JPL und am Massachusetts Institute of Technology (MIT) erlangte Dr. Tsien 1950 in ganz Amerika den Status eines Prominenten. Große Zeitungen interviewten ihn regelmäßig wegen seiner Ideen zu modernen Raketen und Überschallflugzeugen mit Jetantrieb, die eines Tages Zivilisten in weniger als einer Stunde von einer Seite des Landes zur anderen transportieren sollten.

Nicht allgemein bekannt ist jedoch, dass Tsien auch der U.S. Air Force geholfen hatte, Überschallflugzeuge in Untertassenform zu untersuchen, die aus dem Nazi-Deutschland stammten und im Jahr 1947 von UFO-Absturzstellen in Neu-Mexiko geborgen wurden. Tsien half nicht nur amerikanischen Wissenschaftlern, die exotischen Antriebssysteme von erbeuteten »Fliegenden Untertassen« zu untersuchen, er war auch direkt an der Entwicklung eines jahrzehntelangen Plans der (Army) Air Force beteiligt, die erbeuteten Überschallflugzeuge für ein künftiges vielseitiges Geheimes Weltraumprogramm nachzubauen.

Auf dem Höhepunkt seiner nationalen Prominenz und seines wissenschaftlichen Einflusses kam es zu einer unvorstellbaren Verkettung von Ereignissen. Der Top-Wissenschaftler wurde vom FBI zum kommunistischen Sympathisanten erklärt, seiner Sicherheitsüberprüfungen beraubt und nach einem langen Rechtsstreit nach China abgeschoben. Ein fassungsloser Tsien wurde gezwungen, in seine alte Heimat zurückzukehren und nahm eine Schatztruhe voller militärischer und technologischer Geheimnisse Amerikas mit.

Es ist kein Wunder, dass Dr. Tsien nach seiner Rückkehr nach China im Jahr 1955 der Volksbefreiungsarmee im Alleingang half, ein Raketenprogramm zu entwickeln, das die Grundlage für ihr noch in den Kinderschuhen steckendes Atomraketen- und Weltraumprogramm wurde. Während er China bei der Entwicklung moderner Atomraketen und Satellitenstartsysteme half, überwachte Tsien gleichzeitig die Entwicklungen der Luft- und Raumfahrttechnologie, ähnlich denen, die er in den USA studiert hatte und von denen einige aus Nazi-Deutschland stammten. Dies beinhaltete die Untersuchung allgegenwärtiger UFO-Sichtungen in ganz China, das Wissen um das Innere mysteriöser Pyramiden in der Provinz Shaanxi, wo angeblich alte Luftfahrttechnologien zu finden waren, die Wiederherstellung von Artefakten aus dem Absturz einer alten Fliegenden Untertasse vor 12.000 Jahren in der Grenzregion China/Tibet, tibetisch-buddhistische Aufzeichnungen über Fliegende Untertassen und häufige Kontakte mit ihren Besatzungen sowie die chinesischen und sowjetischen Angriffe und die Eroberung einer großen UFO-Basis in der Mongolei im Jahr 1980, die einer unbekannten und technologisch fortgeschrittenen Zivilisation gehörte.

Es ist öffentlich bekannt, dass Präsident Reagan wiederholt auf die Notwendigkeit einer verstärkten internationalen Zusammenarbeit hingewiesen hat, um einer unmittelbar bevorstehenden außerirdischen Bedrohung zu begegnen. Die US-Abkommen über Technologieunterstützung legten für China den Grundstein, um sein ehrgeiziges Programm zur industriellen Modernisierung voranzutreiben. Sie ebneten auch den Weg für chinesische Wissenschaftler, heimlich mit ihren amerikanischen Kollegen zusammenzuarbeiten, um ein Verständnis für verschiedene erbeutete außerirdische Raumschiffe zu erlangen, die in den Vereinigten Staaten untersucht wurden. Mehrere Insider bestätigen, dass chinesische Wissenschaftler in streng geheimen Einrichtungen gearbeitet haben, in denen erbeutete außerirdische Technologien für ein zukünftiges gemeinsames Weltraumprogramm nachgebaut wurden. Im Gegenzug wollten die USA Zugang zu Chinas umfangreicher Datenbank mit Informationen über Fliegende Untertassen und die alten Technologien, die von den mysteriösen Pyramiden, aus der Wüste Gobi, Tibet und woanders stammten.

Als wahrer Visionär spielte Dr. Tsien eine entscheidende Rolle bei der Entwicklung und Umsetzung eines jahrzehntelangen Nachbau-Programms für die Volksbefreiungsarmee, ein notwendiger Schritt, um einen größeren Traum zu verwirklichen: ein Geheimes Weltraumprogramm für China unter Verwendung exotischer Antriebstechnologien auf der Basis von Elektromagnetismus und Torsionsfeldphysik. Tsien sollte eine Rolle wiederholen, die er Jahrzehnte zuvor gespielt hatte, als er der USAF half, einen strategischen Plan für die detaillierte Untersuchung von erbeuteten Überschallflugzeugen zu entwickeln, der nicht nur V2-Raketen, sondern auch deutsche und außerirdische Fliegende Untertassen umfasste. Chinas kometenhafter Aufstieg als Großmacht im Weltraum mit einem geheimen militärischen Weltraumprogramm, das heute mit den weitaus älteren Programmen der USA und Russlands konkurriert, verdankt seinen Erfolg Dr. Tsien Hsue-shen.

Zhuang Fenggan, der 1994 zum stellvertretenden Direktor der Abteilung Physik und Mathematik an der chinesischen Akademie der Wissenschaften ernannt wurde, sagte: »Tsien hat das Raketengeschäft aus dem Nichts gestartet … Er war der beste Wissenschaftler und ein maßgeblicher Mensch.«[1] Ernest Kuh, Professor für Elektrotechnik an der University of California in Berkeley, brachte es noch deutlicher auf den Punkt: »Tsien hat die gesamte Raketenwissenschaft in China revolutioniert – im Grunde für die Militärwissenschaft … Er ist der führende Wissenschaftler und Ingenieur des Landes.«[2]

In den 1990er Jahren begann China heimlich mit der Entwicklung von Raumschiffen unter Verwendung experimenteller Technologien, nachdem seine rasche wirtschaftliche Expansion endlich ausreichende Ressourcen für das monumentale Unternehmen zur Verfügung stellte, das Tsien lange geplant hatte. Chinas konventionelles wissenschaftliches Weltraumprogramm mit Raketen ist eine wirkungsvolle Tarnung für die Entwicklung und den Einsatz eines weitaus größeren leistungsstarken, vom Militär geführten Geheimen Weltraumprogrammes, das kurzfristig darauf abzielt, die Vorherrschaft der USA im Weltraum herauszufordern. Langfristig beabsichtigt China, die USA als globalen Hegemon zu verdrängen und seine enormen wirtschaftlichen Ressourcen zu nutzen, um seine militärische Vorherrschaft in unserem Sonnensystem und darüber hinaus zu errichten.

Anmerkungen

1 Iris Chang, *Thread of the Silkworm*, Kindle eBook, Position 112 von 7499.
2 Iris Chang, *Thread of the Silkworm*, Kindle eBook, Position 109 von 7499.

1 Das Genie Dr. Tsien hilft Amerika, sein Raketenprogramm zu zünden

Zweifellos die wichtigste Figur in Chinas Weltraumprogramm war Tsien Hsue-shen, der von 1956 bis 1991 die Entwicklung von Chinas Flugkörpern und Trägerraketen verantwortete.

– SpaceTech Asia, 2017 –

Dr. Tsien Hsue-shen oder, in chinesischer Schreibweise, Qian Xuesen war ein chinesischer Mathematiker, Physiker, Kybernetiker und Luft- und Raumfahrtingenieur, dessen glanzvolle wissenschaftliche Karriere die Vereinigten Staaten und China auf unauslöschliche Weise beeinflusste. Letztlich ließen die Früchte seiner Arbeit diese beiden stolzen Nationen in einen Machtkampf um die globale Vormachtstellung eintreten. Wie hat das alles begonnen? Genie und Schicksal spielten gleichermaßen eine Rolle in Tsiens Geschichte von persönlichem Triumph und überraschendem Sturz in Amerika, wo seine Karriere 1950 jäh endete. Sein Heimatland applaudierte fünf Jahre später bei der Rückkehr des verlorenen Sohnes, dem es nun möglich war, durch seine vielen Talente und die in den USA erlangten Geheimnisse China zu helfen. Tsien wurde 98 Jahre alt, und sein Tod im Jahr 2009 wurde in den Medien beider Länder gewürdigt. Sein Lebenswerk legte die Fundamente für die nationalen Geheimen Weltraumprogramme in beiden Ländern. Diese erstaunlichen Ergebnisse werden im vorliegenden Buch zum ersten Mal enthüllt.

Tsien wurde 1911 in Hangzhou, China, geboren und schloss 1934 sein Maschinenbaustudium an der Shanghai-Jiaotong-Universität ab. Er absolvierte ein Praktikum auf der Nanchang-Air-Force-Basis, bevor er 1935 mit einem sogenannten Boxer-Indemnity-Stipendium in die USA reiste, um im Alter von vierundzwanzig am renommierten MIT zu studieren.[1] Er absolvierte das MIT mit einem Master of Science in Maschinenbau. Anschließend wechselte er zur Caltech nach Pasadena, Kalifornien, um dort zu promovieren.

Damit folgte er dem Rat eines Mannes, der zu Tsiens langjährigem Mentor, Freund und Kollegen werden sollte.

Durch diesen Wechsel wurde der legendäre Physiker und Luft- und Raumfahrtingenieur Dr. Theodore von Kármán (1881-1963), dessen Theorien und Experimente ihn weithin als »Vater des Überschallzeitalters« bekannt machten, auf der Caltech zum Betreuer der Abschlussarbeit des jungen Mannes.[2] Von Kármán spielte eine Schlüsselrolle in der Entwicklung amerikanischer Weltraumprogramme, die sowohl konventionelle Raketen- als auch neuartige Antriebssysteme verwenden. Während und unmittelbar nach dem Zweiten Weltkrieg war er der wichtigste wissenschaftliche Berater von Henry »Hap« Arnold, dem kommandierenden General der 1941 offiziell gegründeten U.S. Army Air Force. Arnold, ein weitsichtiger Visionär, war der einzige Fünf-Sterne-General, der jemals in zwei Waffengattungen diente: der U.S. Army und der U.S. Air Force.

Es gibt Äußerungen von Kármán über sein erstes Treffen mit Tsien. Dabei erläuterte er, wie sich schnell eine enge Beziehung zwischen ihnen entwickelte:

> »Eines Tages im Jahr 1936 kam er zu mir, um Ratschläge für weitere Studienabschlüsse zu erhalten. Dies war unser erstes Treffen. Ich sah einen kleinen jungen Mann mit ernstem Blick, der meine Fragen mit ungewöhnlicher Präzision beantwortete.
>
> Ich war sofort beeindruckt von der Schärfe und Schnelligkeit seines Geistes, und ich schlug vor, dass er sich für ein fortgeschrittenes Studium an der Caltech einschrieb.

Tsien stimmte zu. Er hat mit mir an vielen mathematischen Problemen gearbeitet. Ich fand ihn ziemlich einfallsreich, mit einer mathematischen Begabung gesegnet, die er erfolgreich mit einer großen Fähigkeit kombinierte, das physikalische Bild natürlicher Phänomene genau zu visualisieren. Schon als junger Student half er mir dabei, einige meiner eigenen Ideen zu verschiedenen schwierigen Themen zu klären. Dies sind Gaben, denen ich nicht oft begegnet bin, und Tsien und ich wurden enge Kollegen.«[3]

Diese Begabungen sind auch ein frühes Zeichen des außerordentlichen Interesses von Tsien an übersinnlichen Phänomenen. Später in seinem Leben befasste er sich mit der wissenschaftlichen Untersuchung von Telepathie, einem Gebiet, das von chinesischen Wissenschaftlern allmählich akzeptiert wurde.

Tsien erhielt seinen Doktor der Philosophie 1939 und wurde der Schützling von Kármáns. Er wurde in das neue Gebiet des Raketenantriebs eingeführt und baute zusammen mit zwei anderen Ingenieuren der Caltech frühe amerikanische Versionen der deutschen V2-Rakete. Die Nähe, die sich zwischen von Kármán und Tsien entwickelte, findet in von Kármáns Autobiografie ihren Ausdruck, in der Tsien der einzige Student ist, dem er ein ganzes Kapitel widmet. Iris Chang, Tsiens Biografin, fasste diese enge Beziehung wie folgt zusammen:

»Die beiden waren das reinste Ehepaar. Kármán hatte das Genie der physischen Einsicht – die Fähigkeit, aerodynamische Probleme zu visualisieren und ihre Schlüsselelemente herauszuarbeiten. Tsien indessen besaß Beharrlichkeit und die Gabe der angewandten Mathematik, die notwendig waren, um die Details zu Papier zu bringen. Die Arbeitsteilung schien gut definiert zu sein. Wenn Kármán in einer jähen Erkenntnis das große Bild und die Struktur einer Theorie vor sich sah, war es oft Tsien, der sie sorgfältig Zeile für Zeile in eine mathematische Formel umsetzte. Betrachtete der spontane, gesellige Kármán die Mathematik vor allem als Werkzeug, als Mittel zum Zweck, sah der akkuratere Tsien sie als Selbstzweck, genoss ihre Eleganz und Form.«[4]

Der ehemalige Leiter des Antriebs- und Verbrennungslabors der Princeton University, Dr. Martin Summerfield, studierte ebenfalls an der Caltech und war einer von Tsiens Freunden. Er erinnerte sich, wie Tsien für von Kármán schnell unschätzbaren Wert bekam:

»Er war Kármáns rechte Hand. Er führte alle Arten von Projekten und Gedanken aus, die Kármán hatte, und er konnte sie mit Schnelligkeit ausführen, und indem er Tag und Nacht arbeitete, lieferte er das Manuskript oder die Berechnungen immer umgehend, aber auch sehr brillant ab. Er wurde ein enger Assistent – Kármáns rechte Hand –, und er arbeitete Formeln aus, die Kármán entwickelt hatte. Er hatte die Brillanz und er hatte die Geschwindigkeit. Es war ungewöhnlich, jemanden wie ihn zu finden.«[5]

Anfang 1937 schloss sich Tsien einer kleinen Gruppe von Caltech-Studenten an, die die Machbarkeit von Raketen als zukünftige aerodynamische Fluggeräte untersuchten. Am 29. Mai 1937 schrieb er einen Bericht mit dem Titel »The Effect of Angle of Divergence of Nuzzle on the Thrust of a Rocket Motor« (»Die Auswirkung des Divergenzwinkels der Düse auf den Schub eines Raketenmotors«), die von der Gruppe als Teil ihrer »Bibel« angenommen wurde.[6] Von Kármán war so beeindruckt von Tsiens Arbeit und der der anderen Doktoranden, dass er der Gruppe half, offizielle Anerkennung als Guggenheim Aeronautical Laboratory der Raketenforschungsgruppe des California Institute of Technology (GALCIT) zu gewinnen.[7]

Nach der Abgabe des ersten Konferenzpapiers über Raketen am Institut of Aeronautical Sciences (IAS), dem Institut für Luftfahrtwissenschaften mit Sitz in New York, im Januar 1937 berichtete die Studentenzeitung *California Tech* über die Caltech-Raketengruppe:

»Die Rakete ist aus dem Reich der Fiktion herausgetreten und Wirklichkeit geworden. In den nächsten drei Monaten werden Frank J. Malina, A. M. O. Smith und Hsue-she Tsien, Caltech-Absolventen der Luftfahrt, bessere Informationen über Raketenmotoren haben, als die ganze Welt sie bei früheren Versuchen bekommen konnte.«[8]

Dann zitierte die *California Tech* einen von Tsiens Träumen für zukünftige Raketenexperimente:

»Ein Ziel dieses Experiments ist es, einige der Eigenschaften der Erdatmosphäre in eintausend bis eintausendfünfhundert Kilometern Höhe zu erforschen. Die dafür vorgesehenen Raketen werden aus drei Teilen bestehen. Beim Aufsteigen durch die unteren Schichten dichter Luft wird viel Energie verbraucht, und deshalb soll, wenn möglich, von einem hohen Berg aus gestartet werden. Sobald sich die Rakete oberhalb der dichteren Luft befindet, verliert sie an Eigengewicht und fliegt mit verringertem Kraftstoffverbrauch. Schließlich wird zu einem festgelegten Zeitpunkt eine zweite Stufe abgestoßen und die Rakete wird in eine höhere Höhe steigen.«[9]

Bald wurden Tsien und die Caltech-Raketengruppe von Reportern auflagenstarken Zeitschriften wie *Popular Mechanics* und Zeitungen aus Los Angeles interviewt und gefragt, was Raketen eigentlich alles leisten können.

Im Mai 1938 erschien Tsiens erste gemeinsam mit von Kármán verfasste Arbeit »Boundary Layer in Compressible Fluids« (»Grenzschicht in komprimierten Flüssigkeiten«). Sie untersuchte das Verhalten von Flüssigkeiten bei sich schnell bewegenden Objekten wie Raketen und Fernlenkgeschossen.

Im Oktober folgte ein weiteres von Tsien verfasstes Papier, das in *Aeronautical Sciences* veröffentlicht wurde: »Supersonic Flow Over an Inclined Body of Revolution« (»Überschallströmung über einem geneigten drehenden Körper«.)[10] Tsien untersuchte darin den Auftrieb eines Projektils, das sich mit Überschallgeschwindigkeit bewegt, und wie die festgelegte Mach-Zahl sich direkt proportional zum Anflugwinkel des Projektils verhält.

Tsiens theoretische und experimentelle Arbeiten in der Caltech-Gruppe stießen auf breites wissenschaftliches Interesse sowie große Beachtung durch die Presse. Weitere Artikel folgten schnell, und Tsien erregte in kurzer Zeit nationale Aufmerksamkeit für seine bahnbrechende Arbeit am Thema Überschall. Nach dem japanischen Angriff auf Pearl Harbor im Dezember 1941 wurden die USA und China im Zweiten Weltkrieg offiziell Verbündete. Von Kármán intervenierte persönlich, um Tsien die notwendige Sicherheitsüberprüfung zu ermöglichen, damit er bei der Caltech an einer Reihe militärisch finanzierter Projekte arbeiten konnte. In seinem Unterstützungsschreiben schrieb von Kármán: »Ich habe nicht den geringsten Zweifel an Tsiens Loyalität gegenüber den Vereinigten Staaten.«[11]

Chang erklärte, dass Tsiens frisch erteilte Sicherheitsüberprüfung es ihm ermöglichte, »an geheimen Verträgen zu arbeiten – für die Army, Navy, das Army Air Corps, das Kriegsministerium und das Büro für wissenschaftliche Forschung und Entwicklung – und das auf höheren Zugangsebenen als jemals zuvor.«[12] Diese Sicherheitsüberprüfung war von entscheidender Bedeutung, da sie Tsien erlaubte, mit von Kármán bei einer Reihe fortgeschrittener Luft- und Raumfahrtprojekte an der Caltech, die von den verschiedenen Waffengattungen finanziert wurden, zusammenzuarbeiten.

Mitte 1943, als Fotos der Army Air Force die ersten Beweise dafür zeigten, dass Deutschland Raketenstartfelder in Nordfrankreich baute, wurde von Kármán gebeten, einen Bericht zu schreiben, in dem er »die Fähigkeit von U.S.-Raketentriebwerken, als Antrieb für Langstreckenraketen zu dienen«, beurteilte.[13] Mit technischer Unterstützung durch Tsien und ein anderes Mitglied der Caltech-Raketengruppe (GALCIT) schrieb von Kármán am 20. November 1943 denn auch diesen Bericht, in dem er die Schaffung eines neuen Forschungslabors für Jetantrieb empfahl, des Jet Propulsion Laboratory (JPL). GALCIT wurde im Vorgriff auf die Finanzierung durch die Army in JPL umbenannt. Jahre später schrieb von Kármán: »Unser Vorschlag war das erste offizielle Memo im U.S.-Raketenprogramm.«[14]

Nachdem das Ordnance Department der U.S. Army, das Materialamt, drei Millionen Dollar an Finanzmitteln bereitgestellt hatte, was damals ein enormer Betrag war, wurde das JPL umbenannt und nahm am 1. Juli 1944 den Betrieb auf. Da das JPL seinen Ursprung offiziell auf die 1936 bei Caltech gegründete Studenten-Raketengruppe zurückführt, der Tsien im folgenden Jahr beigetreten war, galt er als eines der Gründungsmitglieder des JPL.

Tsien war Chef der ersten Abteilung für »Forschungsanalyse« am JPL. Eine der Aufgaben von Tsien als Abteilungsleiter war es, sich mit der Arbeit der anderen acht Abteilungen, aus denen das JPL bestand, vertraut zu machen. Neben der Forschungsanalyse handelte es sich dabei um »Unterwasserantriebe, flüssige Treibstoffe, feste Treibstoffe, Materialtreibstoffe, Konstruktionsdesign, Forschungsdesign und Fernsteuerung«.[15] Chang weist darauf hin, dass Tsien als »JPL-Abteilungsleiter schnell als der weltführende Experte im Bereich des Jetantriebs anerkannt wurde«.[16]

Anfang September 1944 hatte Dr. von Kármán ein geheimes Treffen am Flughafen La Guardia mit General Arnold, der offen über zukünftige Entwicklungen in der Luft- und Raumfahrtindustrie sprach. Der General konzentrierte sich darauf, was der Geheimdienst der Air Force über die Fortschritte in der deutschen Luft- und Raumfahrttechnik und die vielen Erfindungen, die dort in Entwicklung waren, erfahren hatte. Dieses geheime Treffen wurde erstmals von Kármán in seiner Autobiografie *The Wind and Beyond* (»Der Wind und darüber hinaus«, nicht auf Deutsch erschienen) enthüllt:

> »Als ich am Flughafen ankam, fuhr mich ein Adjutant zum Ende der Landebahn, wo ein offizielles Auto der U.S. Air Force geparkt war. Dann verschwand der Adjutant. General Arnold saß im Auto, und als er sah, dass ich näherkam, entließ er seinen Chauffeur. Kein anderes Ohr weit und breit. Wir waren ganz allein.
>
> General Arnold verschwendete keine Zeit und kam sofort auf den Punkt: ›Wir haben diesen Krieg gewonnen, und er interessiert mich nicht mehr. Ich glaube nicht, dass wir Zeit damit verbringen sollten, darüber zu diskutieren, ob wir den Sieg durch bloße Übermacht oder durch qualitative Überlegenheit errungen haben. Nur eines sollte uns interessieren. Wie sieht die Zukunft der Luftüberlegenheit und der Luftkriegsführung aus? Was bedeuten die neuen Erfindungen wie Jetantrieb, Raketen, Radar und andere elektronische Geräte?‹«[17]

Es lohnt sich zu überlegen, welche »anderen elektronischen Geräte« der General meinte, die die »Zukunft der Luftfahrt und des Luftkriegs« betreffen. Bis Ende 1944 hatten mehrere Piloten der U.S. Air Force mysteriöse Lichter beschrieben, die ihre Flugzeuge während nächtlicher Bombenangriffe verfolgten und störten. Diese wurden als »Foo Fighter« bezeichnet, die nicht auf dem Radar erschienen und als Teil eines neuen unbekannten Waffensystems galten, das von den Deutschen entwickelt wurde.[18] Später erfuhr man, dass die Deutschen nicht nur an elektronischen Geräten arbeiteten, die für die Zukunft der Luftkriegsführung von großer Bedeutung waren, sondern auch bei elektromagnetischen Antriebssystemen, die Teil eines radikal neuen Designs untertassenförmiger Überschallflugzeuge waren, revolutionäre Fortschritte gemacht hatten.

Von Kármán setzte seinen Bericht über das geheime Treffen fort:

»Ich hörte fasziniert zu. Ich hatte Arnolds einzigartigen Weitblick immer bewundert, aber ich glaube, damals war ich beeindruckter denn je. Das war im September 1944. Der Krieg war noch nicht vorbei. Tatsächlich sollten die Deutschen im Dezember noch die Ardennen-Offensive starten. Doch Arnold blickte bereits weit über den Krieg hinaus und erkannte, dass das technische Genie, das ihm helfen konnte, Antworten zu finden, nicht in der militärischen oder zivilen Bürokratie zu finden war, sondern an den Universitäten und im Volk insgesamt.«[19]

Schließlich erfuhr von Kármán das ganze visionäre Ausmaß dessen, was General Arnold von ihm als Reaktion auf die neuen Erfindungen erwartete. Er ging zu Recht davon aus, dass sie die Zukunft der militärischen Luftfahrt verändern würden:

»›Was soll ich tun, General?‹, sagte ich.

›Ich möchte, dass Sie zum Pentagon kommen und eine Gruppe von Wissenschaftlern zusammenstellen, *die einen Entwurf für die Luftfahrtforschung der nächsten zwanzig, dreißig, vielleicht fünfzig Jahre ausarbeiten werden.*‹ [Hervorhebung MES]

Das war eine ziemliche Herausforderung. Ich fühlte mich geschmeichelt und war hoch erfreut. ›General‹, sagte ich. ›Ich arbeite wirklich nicht gern im Pentagon, aber ich werde dies unter der folgenden Bedingung tun – dass mir niemand Befehle erteilt und ich niemandem Befehle erteilen muss.‹

Arnold lächelte. ›Ich versichere Ihnen, Doktor, ich werde Ihr einziger Chef sein. Und was das Befehlen angeht, überlassen Sie das nur mir.‹«[20]

Von Kármán nahm sofort seinen Abschied von der Caltech und begann im Oktober 1944, als Berater bei der Army Air Force zu arbeiten. Er stellte die Scientific Advisory Group zusammen, die den von Arnold angeforderten streng geheimen Entwurf erarbeiten sollte, und bat Tsien, sich ihm als Projektleiter anzuschließen. Chang erklärt:

»Innerhalb weniger Wochen stellte Kármán eine interessante Anfrage an Tsien. Er bat ihn, sich ihm in Washington, D.C., anzuschließen und mit ihm als *Teil eines dreiköpfigen Stabes* [Hervorhebung MES] und auch als Mitglied der wissenschaftlichen Beratergruppe zusammenzuarbeiten, die dem Stabschef der Army Air Force bei der Prüfung aller Optionen in möglichen Luftkonflikten eines jeden künftigen Krieges helfen sollte. Tsien sollte mit zwei engen Mitarbeitern von Kármáns, Hugh Dryden und Frank Wattendorf, als seinem Stab zusammenarbeiten und auch einem Elite-Team von etwa drei Dutzend führenden Wissenschaftlern und Ingenieuren angehören.«[21]

Tsien trat daraufhin als Leiter der Abteilung für Forschungsanalysen am JPL zurück und ging nach Washington, um mit von Kármán zu arbeiten. Jahre später erklärte von Kármán in seiner Autobiografie seine Entscheidung, Tsien so viel Verantwortung zu übertragen, obwohl er immer noch kein amerikanischer Staatsbürger war:

»Mit sechsunddreißig Jahren war er bereits ein unbestrittenes Genie, dessen Arbeit einen enormen Impuls für Fortschritte in der Geschwindigkeitsaerodynamik und beim Jetantrieb an der Hochschule lieferte. Aus diesen Gründen habe ich ihn für die Mitgliedschaft in der wissenschaftlichen Beratergruppe ausgewählt.«[22]

Tsiens Teilnahme am wissenschaftlichen Elite-Team unter der Leitung von Kármáns, das über die Zukunft der Kriegsführung mit Überschallantriebssystemen in Luft, Meer und Weltraum nachdachte, ist entscheidend für ein Verständnis dessen, was dieser Mann der Volksrepublik China nach seiner umstrittenen Rückkehr im Jahr 1955 zur Verfügung stellen konnte.

Als Tsien in Washington eingetroffen war, nahm er an Reden von General Arnold teil, in denen er und andere Mitglieder der wissenschaftlichen Beratergruppe ermahnt wurden, »die Möglichkeiten des Überschallfluges, unbemannter Flugkörper, Bomben mit erhöhter Sprengkraft sowie der Luftaufklärung zu untersuchen – sogar mit Atomenergie als Antriebsquelle«.[23] Unter den von General Arnold diskutierten Themen war eines als »Double Top Secret« klassifiziert: die Forschung und Entwicklung an abgestürzten Fliegenden Untertassen, die als außerirdisch angesehen wurden.

Bereits Anfang 1942 ordnete Präsident Roosevelt eine streng geheime Untersuchung der Technologien für Fliegende Untertassen an, die nach Zwischenfällen in Cape Girardeau, Missouri, im April 1941 und in Los Angeles im Februar 1942 in den Besitz der U.S. Army Air Force und der Navy gelangt waren. In meinem Buch *Geheime Weltraumprogramme & Allianzen mit Außerirdischen* behandle ich die beiden Vorfälle mit den dazugehörigen Unterlagen ausführlich.[24] Kurz gesagt betrafen diese Vorfälle das Auffinden mehrerer abgestürzter Fliegender Untertassen, die als außerirdisch eingestuft wurden. Kurz nach dem Luftangriff auf Los Angeles schuf die Army die Interplanetary Phenomenon Unit (IPU), um den Vorfall zu untersuchen.

Nachdem die U.S. Air Force jahrzehntelang die Existenz einer solchen Einheit geleugnet hatte, musste sie auf eine Anfrage im Rahmen des Freedom of Information Act von 1984 zugeben, dass die Interplanetary Phenomenon Unit tatsächlich existiert hatte. Lieutenant Colonel Lance R. Cornine schrieb:

»Wie Sie in Ihrem Brief vermerken, wurde die sogenannte Interplanetary Phenomenon Unit (IPU) deaktiviert, und soweit uns bekannt ist, wurden alle Aufzeichnungen, falls vorhanden, Ende der 1950er Jahre an die Air Force übertragen. Die ›Einheit‹ wurde als internes Projekt und nur als Interessensgegenstand für den stellvertretenden Stabschef für Aufklärung gebildet. Sie war nie eine ›Einheit‹ im militärischen Sinne, noch war sie jemals formell organisiert oder meldepflichtig. Sie hatte keinerlei Ermittlungsfunktion, Mission oder Autorität und führte möglicherweise überhaupt keine offiziellen Aufzeichnungen. Nur durch das institutionelle Gedächtnis besteht eine Erinnerung an diese Einheit. Wir sind daher nicht in der Lage, Ihre Fragen zum genauen Zweck der Einheit zu beantworten, als sie deaktiviert wurde, oder wer das Kommando hatte. Letzteres würde auch auf keinen Fall zutreffen, da niemand das ›Kommando‹ hatte. Wir haben keinerlei Aufzeichnungen oder Unterlagen über diese Einheit.«[25]

In Cornines Brief wurde anerkannt, dass die IPU bis Ende der 1950er Jahre existierte. Sie wurde jedoch zu einem bloßen »Interessensgegenstand« heruntergespielt, da es sich nie um eine »Einheit« der operativen Army gehandelt habe. Eine nachfolgende Anfrage im Rahmen des FOIA an das Geheimdienst- und Sicherheitskommando der U.S. Army führte am 9. April 1990 zu einer Antwort von Colonel William Guild. Er erklärte: »Alle Aufzeichnungen über die Einheit wurden dem U.S. Air Force Office of Special Investigations in Verbindung mit der Operation ›Bluebook‹ übergeben.«[26] Nach Angaben der Army Intelligence war die IPU somit eine offizielle Einheit, die in irgendeiner Weise mit dem Studium von UFOs zu tun hatte, was dem widerspricht, was die Air Force über ihre Inaktivität sagte. Laut Clifford Stone, einem Veteranen der Army, wurde die streng geheime IPU von General Douglas McArthur geleitet.[27]

Nach einer zweijährigen Untersuchung durch die Interplanetary Phenomenon Unit hatte Präsident Roosevelt Anfang 1944 die Entscheidung getroffen, die Forschung und Entwicklung der USA an Technologien erbeuteter Fliegender Untertassen bis nach dem Krieg aufzuschieben. Stattdessen sollten sich die begrenzten Kriegsressourcen auf die Entwicklung von Atomwaffen und konventionellen Waffensystemen konzentrieren. In einem durchgesickerten »Double Top Secret«-Memorandum vom 22. Februar 1944 erläuterte Roosevelt die Gründe für seine Entscheidung:

MEMORANDUM FÜR DEN SONDERAUSSCHUSS
NICHT-TERRESTRISCHE WISSENSCHAFT UND TECHNOLOGIE

»Ich stimme dem Vorschlag des Büros für wissenschaftliche Forschung und Entwicklung [Office of Scientific Research and Development, OSRD] sowie der Empfehlung von Dr. Bush und Professor Einstein zu, zum frühestmöglichen Zeitpunkt ein separates Programm einzuleiten. Ich stimme auch zu, dass die Anwendung des nicht-terrestrischen Wissens in der Atomenergie zur Vervollkommnung von Superkriegswaffen eingesetzt werden muss, um die vollständige Niederlage Deutschlands und Japans zu bewirken. In Anbetracht der bereits angefallenen Kosten für das Atombombenprogramm wäre es zum jetzigen Zeitpunkt schwierig, es ohne weitere Unterstützung des Finanzministeriums und des Militärs zu genehmigen. Ich habe daher beschlossen, auf ein solches Vorhaben zu verzichten. Aus Sicht der informierten Kräfte in den Vereinigten Staaten ist es unser Hauptziel, uns nicht auf eine derartige Forschung einzulassen, sondern den Krieg so schnell wie möglich zu gewinnen.

Es sind verschiedene Meinungen über die Schwierigkeiten aufgekommen, die ein solches Unterfangen für die bereits geleistete Forschung an neuartigen Waffenprogrammen und für Unterstützergruppen in unseren Kriegsanstrengungen aufwerfen würde, und ich stimme zu, dass jetzt nicht die Zeit dafür ist. Es ist meine persönliche Einschätzung, dass, wenn der Krieg gewonnen und der Frieden wiederhergestellt ist, eine Zeit kommen wird, in der überschüssige Mittel verfügbar sein werden, um ein Programm zu verfolgen, das sich dem Verständnis der nicht-terrestrischen Wissenschaft und Technologie widmet, die noch weitgehend unentdeckt sind. Ich hatte private Diskussionen mit Dr. Bush zu diesem Thema und bekam den Rat mehrerer bedeutender Wissenschaftler, die glauben, dass die Vereinigten Staaten jeglichen Vorteil aus solchen Wundern ziehen sollten. Ich habe die Argumente von General Marshall und anderer Mitglieder des Militärs gehört, dass die Vereinigten Staaten ihr Schicksal in dieser Angelegenheit um der Sicherheit der Nation in der Nachkriegswelt willen annehmen müssen, und ich habe die Zusicherung gegeben, dass dies der Fall sein wird.

Ich schätze die Mühe und die Zeit, die für die Erarbeitung wertvoller Einsichten in den Vorschlag aufgewendet wurden, um unsere Technologie und den nationalen Fortschritt voranzubringen und sich mit der Realität auseinanderzusetzen, dass unser Planet nicht der einzige im Universum ist, der intelligentes Leben beherbergt. Ich lobe den Ausschuss auch für die Organisation und Planung, die in Dr. Bushs Vorschlag

DOUBLE TOP SECRET

February 22, 1944.

THE WHITE HOUSE

WASHINGTON

February 22, 1944

MEMORANDUM FOR

THE SPECIAL COMMITTEE ON NON-TERRESTRIAL SCIENCE AND TECHNOLOGY

[illegible] agree with the O.S.R.D proposal of the recommendation put forward by Dr. Bush and Professor Einstein that a separate program be initiated at the earliest possible time. I also agree that application of non-terrestrial know how in atomic energy must be used in perfecting super weapons of war to affect the complete defeat of Germany and Japan. In view of the cost already incurred in the atomic bomb program, it would, at this time, be difficult to approve without further support of the Treasury Department and the military. I therefore have decided to forego such a enterprise. From the point of view of the informed members of the United States, our principle object is not to engage in exploratory research of this kind but to win the war as soon as possible.

Various points have been raised about the difficulties such an endeavor would pose to the already burdened research for advanced weapons programs and support groups in our war effort and I agree that now is not the time. It is my personal judgement that, when the war is won, and peace is once again restored, there will come a time when surplus funds may be available to pursue a program devoted to understanding non-terrestrial science and its technology which is still greatly undiscovered. I have had private discussions with Dr. Bush on this subject and the advice of several eminent scientists who believe the United States should take every advantage of such wonders that have come to us. I have heard the arguments of General Marshall and other members of the military that the United States must assume its destiny in this matter for the sake of the Nation's security in the postwar world and I have given assurances that such will be the case.

I appreciate the effort and time spent in producing valuable insights into the proposal to find ways of advancing our technology and national progress and in coming to grips with the reality that our planet is not the only one harboring intelligent life in the universe. I also commend the committee for the organization and planning that is evident in Dr. Bush's proposal and the delicate way in which it was presented. I trust the committee will appreciate the situation on which this office must render its decision.

DOUBLE TOP SECRET

Abb. 1. Franklin D. Roosevelts Memo über nicht-terrestrische Wissenschaft und Technologie (22. Februar 1944)

und der feinfühligen Art, in der er präsentiert wurde, deutlich wird. Ich vertraue darauf, dass der Ausschuss die Situation, in der dieses Büro seine Entscheidung treffen muss, zu schätzen weiß.«[28]

Bei der Überprüfung der Echtheit des Memorandums fanden Dr. Robert Wood und sein Sohn Ryan heraus, dass »Double Top Secret« zwar eine selten verwendete Klassifizierungskategorie war, aber durchaus legitim.[29] Es gab noch andere Aspekte des Memorandums, die seine Echtheit unterstützten, darunter sowohl durchgesickerte als auch freigegebene Dokumente, die den Vorfall in Los Angeles betrafen.[30]

Roosevelts Memorandum vom 22. Februar 1944 ist von großer Bedeutung, da es zeigt, dass es weitreichende Diskussionen unter Beteiligung prominenter Wissenschaftler und Militärs darüber gab, was mit den erbeuteten Fliegenden Untertassen zu tun sei. Diese Diskussionen schlossen sicherlich General Arnold in seiner Eigenschaft als kommandierender General der Army Air Force und Dr. Vannevar Bush als Präsident Roosevelts wichtigster wissenschaftlicher Berater ein.

Lassen Sie uns kurz Rückschau halten: Im Oktober 1944 ernannte General Arnold von Kármán zum Leiter der wissenschaftlichen Abteilung der Army Air Force Advisory Group, der Tsien sowohl als Berater als auch als Mitglied von dessen persönlichem Stab angehörte, um einen Plan für die Forschung und Entwicklung der Luft- und Raumfahrt nach dem Krieg auszuarbeiten. Angesichts des Inhalts von Roosevelts Memorandum vom Februar 1944 ist klar, dass Arnold wollte, von Kármán möge seine Schlussfolgerungen bezüglich der Fliegenden Untertassen, die heimlich in Wright Field für die Nachkriegsentwicklung gelagert wurden, in seinen Entwurf einbeziehen.

Es ist wichtig zu betonen, dass Tsien Teil eines kleinen dreiköpfigen wissenschaftlichen Stabes war, der direkt unter von Kármán arbeitete, sowie ein Berater des wissenschaftlichen Beirats. Tsien erhielt auch eine Sicherheitsfreigabe, um für das Office of Scientific Research and Development (OSRD) zu arbeiten. Tatsächlich wurde Tsien nach dem Krieg vom Leiter des OSRD, Dr. Vannevar Bush, für seine wissenschaftliche Arbeit belobigt.[31] Das Roosevelt-Memorandum vom

AAF SCIENTIFIC ADVISORY GROUP

Dr. Th. von Karman
Director

Colonel F. E. Glantzberg
Deputy Director, Military

Dr. H. L. Dryden
Deputy Director, Scientific

Lt Col G. T. McHugh, Executive
Capt C. H. Jackson, Jr., Secretary

CONSULTANTS

Dr. C. W. Bray
Dr. L. A. DuBridge
Dr. Pol Duwez
Dr. G. Gamow
Dr. I. A. Getting
Dr. L. P. Hammett
Dr. W. S. Hunter
Dr. I. P. Krick
Dr. D. P. MacDougall
Dr. G. A. Morton
Dr. N. M. Newmark
Dr. W. H. Pickering
Dr. E. M. Purcell
Dr. G. B. Schubauer
Dr. W. R. Sears
Dr. A. J. Stosick
Dr. W. J. Sweeney
Dr. H. S. Tsien
Dr. G. E. Valley
Dr. F. L. Wattendorf
Dr. F. Zwicky
Dr. V. K. Zworykin
Colonel D. N. Yates
Colonel W. R. Lovelace II
Lt Col A. P. Gagge
Lt Col F. W. Williams
Major T. F. Walkowicz
Capt C. N. Hasert
Mr. M. Alperin
Mr. I. L. Ashkenas
Mr. G. S. Schairer

Abb. 2. Tsiens Name ist auf der Liste der wissenschaftlichen Beratergruppe in Band 1 von »Toward New Horizons« hervorgehoben.

22. Februar 1944 ist ein wichtiger dokumentarischer Beweis, der Tsiens Arbeit mit von Kármán und das OSRD mit den Plänen der Army Air Force verbindet, erbeutete außerirdische Raumschiffe zu studieren und nachzubauen.

Versehen mit einer Top-Secret-Sicherheitsfreigabe reiste Tsien zu wissenschaftlichen Labors überall in den USA, um die Möglichkeiten der untersuchten Luftfahrttechnologien zu beurteilen. Zwischen Februar und April 1945 besuchte er zum Beispiel die RCA Laboratories, das National Advisory Committee for Aeronautics, bei dem es sich um den Vorgänger der NASA handelt, das JPL und noch andere Forschungseinrichtungen, die an Fortschritten in der Flugzeugentwicklung arbeiteten.[32] Nach seinen Reisen schrieb Tsien den Entwurf für »Future Trends of Development of Military Aircraft« (»Zukünftige Trends der Entwicklung von Militärflugzeugen«), »einen Langzeitbericht, der die Methoden von Antrieb, Kontrolle und Hochgeschwindigkeits-Aerodynamik beschreiben soll«.[33]

Als Nächstes bekam Tsien die sehr seltene Gelegenheit, aus erster Hand zu sehen, wie weit Deutschland bei der Entwicklung seiner revolutionären Luft- und Raumfahrt gekommen war.

Anmerkungen

1 Biografische Details von Tsien Hsue-shen entnommen aus »Qian Xuesen obituary: Scientis regarded as the father of China's Space programme«, https://www.theguardian.com/technology/2009/nov/01/qian-xuesen-obituary (aufgerufen am 18.10.2019)

2 W. D. Rannie, »Theodore von Kármán (1881-1963)«, http://calteches.library.caltech.edu/2237/1/rannie.pdf (aufgerufen am 19.10.2019)

3 Theodore von Kármán mit Lee Edson, *The Wind and Beyond*; Little, Brown & Company, 1967; p. 309.

4 Iris Chang, *Thread of the Silkworm*, p. 64.

5 Ebd., p. 64.

6 Ebd., p. 73.

7 Ebd., p.73.

8 Ebd., p. 75.

9 Ebd., p. 76.

10 Hsue-shen Tsien, »Supersonic Flow over an Inclined Body of Revolution«, online verfügbar unter https://tinyurl.com/wbjxnzn (aufgerufen am 20.10.2019)

11 Iris Chang, *Thread of the Silkworm*, p. 92.

12 Ebd., p. 92.

13 Ebd., p. 103.

14 Ebd., p. 104.

15 Ebd., p. 106.

16 Ebd., p. 106.

17 Theodore von Kármán mit Lee Edson, *The Wind and Beyond*; Little, Brown & Company, 1967; pgs. 267-68.

18 Zoe Krasney, »What Were the Mysterious Foo Fighters Sighted by WWII Night Flyers?«, https://tinyurl.com/y3nhdo9c (aufgerufen am 26.10.2019)

19 Theodore von Kármán mit Lee Edson, *The Wind and Beyond*; Little, Brown & Company, 1967; p. 268.

20 Ebd., p. 268.

21 Iris Chang, *Thread of the Silkworm*, p. 106.

22 Theodore von Kármán mit Lee Edson, *The Wind and Beyond*; Little, Brown & Company, 1967; p. 308.

23 Iris Chang, *Thread of the Silkworm*, p. 110.

24 Michael E. Salla, *Die Geheime Geschichte der U.S. Space Force*, AMRA Verlag, Hanau 2021; US-Ausgabe pgs. 5-12.

25 »Subject: Interplanetary Phenomenon Unit, File: UFO1723«. Online verfügbar unter http://www.textfiles.com/ufo/UFOBBS/1000/1723.ufo (aufgerufen am 15.9.2015)

26 Zitiert nach Ryan Wood, *Majic Eyes Only*, Wood Enterprises 2005, p. 4, und Timothy Good, *Above Top Secret*, William Morrow & Company 1988; p. 267.

27 Clifford Stone sagt, dass er von 1969 bis 1991 an einem UFO-Crash-Retrieval-Programm der USAF mitgewirkt hat: »Testimony of Sergeant Clifford Stone, US Army, September 2000«, in *Disclosure: Military and Government Witnesses Reveal the Greatest Secrets in Modern History*; Crossing Point Inc. 2001; pgs. 325-26.

28 Double Top Secret Memorandum vom 22. Februar 1944, online verfügbar unter http://majesticdocuments.com/pdf/fdr_22feb44.pdf (aufgerufen am 29.11.2019)

29 »Documents Dated Prior to 1948«, http://majesticdocuments.com/documents/pre1948.php (aufgerufen am 7.11.2019)

30 Siehe Michael E. Salla, *Die Geheime Geschichte der U.S. Space Force*, AMRA Verlag, Hanau 2021; US-Ausgabe pgs. 21-30.

31 Iris Chang, *Thread of the Silkworm*, pgs. 92, 118.

32 Ebd., p. 110.

33 Ebd., p. 111.

2 Dr. Tsien, Operation LUSTY & die geheime Studie über Fliegende Untertassen der Nazis

Deutschland hat möglicherweise bereits 1939 eine Fliegende Untertasse geborgen.

– General James H. Doolittle, USAF –

Im März 1945, als Nazi-Deutschland zusammenbrach, fragte General Arnold Dr. von Kármán: »Warum nicht nach Deutschland gehen und aus erster Hand herausfinden, wie weit die Deutschen tatsächlich in Forschung und Entwicklung eingestiegen sind?«[1] In der Folge stellte von Kármán ein Team von Spitzenwissenschaftlern zusammen, um deutsche Ingenieure und Techniker zu befragen, die an fortgeschrittener aerodynamischer Forschung gearbeitet hatten, und um besetzte Forschungs- und Entwicklungseinrichtungen zu inspizieren. Dieses Geheimdienstprogramm der Army Air Force erhielt offiziell den Codenamen »Operation LUSTY« (Abk. für **LU**ftwaffe **S**cience and **T**echnolog**Y**). Tsien war der einzige Ausländer in von Kármáns Wissenschaftlergruppe. Er erhielt den vorübergehenden Rang eines Colonels und wurde zum »Expertenberater« ernannt.[2]

Laut einem USAF-Merkblatt hatte Operation LUSTY zwei Teams:

»Am 22. April 1945 kombinierte die USAAF technische und nichtkriegerische Geheimdienstziele unter der Auswertungsabteilung mit dem Codenamen Lusty. Die Operation LUSTY hatte das Ziel, deutsche wissenschaftliche Dokumente, Forschungseinrichtungen und Flugzeuge zu nutzen. Die Operation hatte zwei Teams. Eines sammelte unter der Führung von Colonel Harold E. Watson, einem ehemaligen Wright Field-Testpiloten, feindliche Flugzeuge und Waffen zur weiteren Untersuchung in den Vereinigten Staaten. Das andere Team rekrutierte Wissenschaftler, sammelte Dokumente und untersuchte Einrichtungen.«[3]

Tsien war Teil des zweiten Teams. Von Ende April bis Anfang Juni 1945 bereiste er Deutschland, die Schweiz, Schweden und Norwegen, interviewte ehemalige Nazi-Wissenschaftler und inspizierte eroberte Anlagen und Geräte. Am 5. Mai gehörte Wernher von Braun zu den ersten von Tsien befragten Raketenwissenschaftlern, den er über die Raketenprogramme V1 und V2 vernahm.

Die Bedeutung dieses Treffens wurde später von der Zeitschrift *Aviation Week* in einer Ausgabe erwähnt, in der Tsien zur Person des Jahres 2007 ernannt wurde: »Niemand wusste damals, dass der Vater des zukünftigen amerikanischen Weltraumprogramms vom Vater des zukünftigen chinesischen Weltraumprogramms befragt wurde.«[4] Tsien und von Kármán besuchten die unterirdische Anlage in Nordhausen, wo die V2-Raketen zusammengebaut und von wo sie auch auf London abgefeuert worden waren. Von Kármán schrieb:

»Wir beendeten unsere Arbeit in Braunschweig und fuhren dann weiter nach Nordhausen, das im Harz liegt, etwa achtzig Kilometer südlich von Braunschweig. Hier wurden Arbeiten an V2-Raketen in einem bizarren Netzwerk unterirdischer Salzminen durchgeführt. Diese seltsame Einrichtung lieferte auch Junkers-Motoren für die Messerschmitt 263, einen deutschen Kampfjet im Zweiten Weltkrieg. Alle Arbeiten wurden in Zwangsarbeit verrichtet.«[5]

In *Thread of the Silkworm* (»Der Faden der Seidenraupe«, nicht auf Deutsch erschienen) bietet Iris Chang ausführliche Informationen zu den verschiedenen von Tsien verhörten Wissenschaftlern und den von ihm besuchten Einrichtungen.[6] Seine gesamte Aufmerksamkeit galt der Entwicklung von Technologien und Prinzipien für Überschallflug, Tsiens Hauptfachgebiet. Die Windkanäle zum Testen von Objekten, die sich mit Überschallgeschwindigkeit bewegen, waren für ihn und die U.S. Army Air Force von besonderem Interesse.

Die beiden Teams der Operation LUSTY und ihre jeweiligen Erfolge wurden von einer Reihe von Militärhistorikern diskutiert. Die Öffentlichkeit wurde jedoch nie darauf aufmerksam gemacht, dass die Operation LUSTY angeblich ein drittes Team hatte:

> »Nicht allgemein bekannt ist, dass es ein drittes Team unter dem Kommando von Colonel William Shelly gab. Dieses Team wurde als streng geheim eingestuft und außerhalb jeglicher regulären Kommandostrukturen eingesetzt. Es wurde mit der Erfassung aller Maschinen, Mitarbeiter und Dokumente im Zusammenhang mit der deutschen Forschung zu Fliegenden Untertassen beauftragt.«[7]

Der Nachweis der Existenz eines dritten Teams ist schwer zu erbringen. Während konventionelle Militärhistoriker diese in Deutschland in Entwicklung befindlichen Überschalltechnologien als Raketen und Kampfjets verstehen, haben sie Behauptungen eines deutschen Programms für Fliegende Untertassen zurückgewiesen. In einem neueren Buch von Graham Simons aus dem Jahr 2016 mit dem Titel *Operation LUSTY: The Race for Hitler's Secret Technology* (»Operation Lusty: Der Wettlauf um Hitlers geheime Technologie«, nicht auf Deutsch erschienen) werden einige Beweise für ein Programm für Fliegende Untertassen erwähnt, aber dann als unbegründetes Gerücht abgetan.

Es gab eine Reihe von Forschern, die Berichte über Fliegende Untertassen aus Deutschland und die Entwicklung dieser Fahrzeuge in geheimen Einrichtungen analysiert haben. Das Buch von Henry Stevens, *Hitler's Flying Saucers* (2003, »Hitlers Fliegende Untertassen«, nicht auf Deutsch erschienen), bietet den umfassendsten Überblick über die zahlreichen Zeitungsberichte und offiziellen Dokumente, die erschienen oder aufgetaucht sind.[8] Stevens und andere Autoren haben auch wichtige Interviews mit Wissenschaftlern wie Giuseppe Belluzzo

Abb. 3. Aufgenommen 1945 in Deutschland. Von links nach rechts: Hugh L. Dryden, Ludwig Prandtl, von Kármán und Tsien. Quelle: U.S. Army/Caltech

und Rudolph Schriever publiziert, die jeweils fast gleichzeitig im März 1950 wegen ihrer Teilnahme an den deutschen Programmen für Fliegende Untertassen bekannt wurden.[9]

Darüber hinaus hat Stevens FBI-Dokumente mit Interviews glaubwürdiger Zeugen solcher Flugmaschinen analysiert, um zu beweisen, dass die Deutschen tatsächlich flugtaugliche untertassenförmige Objekte bauten und testeten.[10] Unter diesen eindeutigen Beweisdokumenten befindet sich auch ein Bericht aus Deutschland während des Krieges. Er stammt von einem in Texas lebenden polnischen Einwanderer, der 1944 als Kriegsgefangener in einem Sicherheitsbereich eine Fliegende Untertasse sah. Ein FBI-Fernschreiben vom 7. November 1957 gibt eine Zusammenfassung des Interviews:

»OBIGES INTERVIEW ZEIGT, DASS DER KRIEGSGEFANGENE NEUNZEHNHUNDERTVIERUNDVIERZIG EIN FLUGOBJEKT BEOBACHTETE, DAS ALS KREISFÖRMIG BESCHRIEBEN WIRD, MIT SIEBZIG BIS NEUNZIG METER IM DURCHMESSER, ETWA ZWÖLF METER HOCH. DAS FAHRZEUG WURDE DABEI BEOBACHTET, WIE ES VERTIKAL LANGSAM ABHOB, UM ÜBER EINE FÜNFZEHN METER HOHE WAND INS FREIE ZU FLIEGEN UND SICH LANGSAM HORTIZONTAL AUS DEM BLICKFELD ZU ENTFERNEN ...«[11]

In historischen Zeitungsberichten finden sich eindeutige Zeugnisse dafür, dass die Prototypen der Fliegenden Untertassen der Nazis Überschallgeschwindigkeit fliegen konnten. Ein CIA-Dokument vom 12. Januar 1954 enthielt die Zusammenfassung eines Zeitungsinterviews mit dem berühmten deutschen Ingenieur George Klein, das einen Überblick über die verschiedenen Projekte mit Fliegenden Untertassen gab, an denen er im nationalsozialistischen Deutschland gearbeitet hatte:

»Eine deutsche Zeitung ... veröffentlichte kürzlich ein Interview mit George Klein, dem berühmten deutschen Ingenieur und Flugzeugexperten, der den von ihm 1941 bis 1945 durchgeführten experimentellen Bau von ›Fliegenden Untertassen‹ beschrieb. Klein gab an, anwesend gewesen zu sein, als 1945 die erste bemannte ›Fliegende Untertasse‹ abhob und innerhalb von drei Minuten eine Geschwindigkeit von zweitausend Stundenkilometern erreichte. Dieser Versuch führte zu drei Folge-Entwürfen: Einer von [Richard] Miethe war ein scheibenförmiges Flugzeug mit einem Durchmesser von einundvierzig Metern, das sich nicht drehte, ein anderer von [Klaus] Habermohl und [Rudolph] Schriever bestand aus einem großen Drehring, in dessen Mitte sich eine runde, stationäre Kabine für die Besatzung befand.«[12]

Kleins Aussage ist dem wissenschaftlichen Team der Operation LUSTY sicherlich aufgefallen, das ihn möglicherweise verhört oder auf eine Liste zur Nachverfolgung gesetzt hat.

Viele FBI-Dokumente und von der CIA gesammelte Zeitungsberichte zeigen mehr als deutlich und völlig zweifelsfrei, dass die Deut-

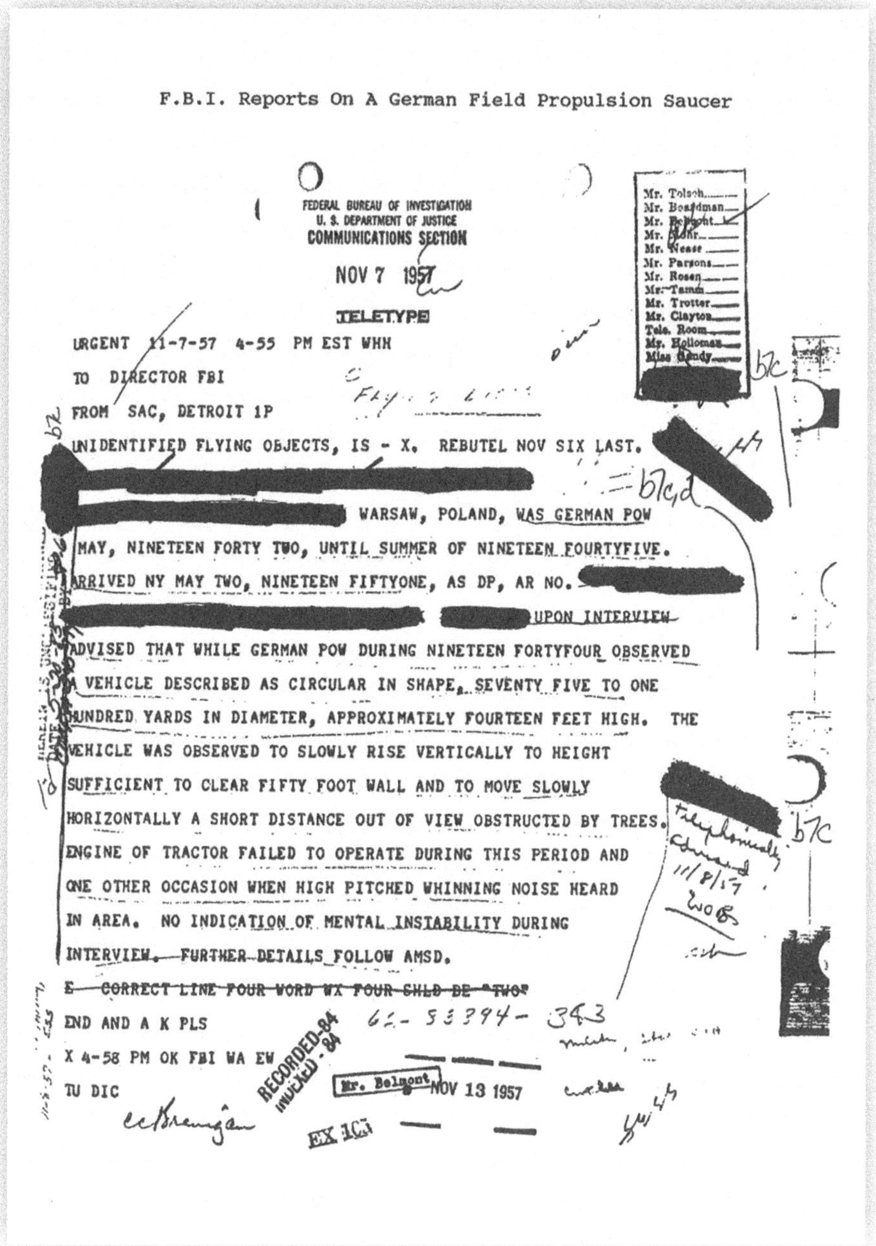

F.B.I. Reports On A German Field Propulsion Saucer

FEDERAL BUREAU OF INVESTIGATION
U. S. DEPARTMENT OF JUSTICE
COMMUNICATIONS SECTION

NOV 7 1957

TELETYPE

URGENT 11-7-57 4-55 PM EST WHH

TO DIRECTOR FBI

FROM SAC, DETROIT 1P

UNIDENTIFIED FLYING OBJECTS, IS - X. REBUTEL NOV SIX LAST.

[redacted] WARSAW, POLAND, WAS GERMAN POW MAY, NINETEEN FORTY TWO, UNTIL SUMMER OF NINETEEN FOURTYFIVE. ARRIVED NY MAY TWO, NINETEEN FIFTYONE, AS DP, AR NO. [redacted] UPON INTERVIEW ADVISED THAT WHILE GERMAN POW DURING NINETEEN FORTYFOUR OBSERVED A VEHICLE DESCRIBED AS CIRCULAR IN SHAPE, SEVENTY FIVE TO ONE HUNDRED YARDS IN DIAMETER, APPROXIMATELY FOURTEEN FEET HIGH. THE VEHICLE WAS OBSERVED TO SLOWLY RISE VERTICALLY TO HEIGHT SUFFICIENT TO CLEAR FIFTY FOOT WALL AND TO MOVE SLOWLY HORIZONTALLY A SHORT DISTANCE OUT OF VIEW OBSTRUCTED BY TREES. ENGINE OF TRACTOR FAILED TO OPERATE DURING THIS PERIOD AND ONE OTHER OCCASION WHEN HIGH PITCHED WHINNING NOISE HEARD IN AREA. NO INDICATION OF MENTAL INSTABILITY DURING INTERVIEW. FURTHER DETAILS FOLLOW AMSD.

~~E CORRECT LINE FOUR WORD WX FOUR SHLD BE "TWO"~~

END AND A K PLS

X 4-58 PM OK FBI WA EW

TU DIC

62-83894-343

RECORDED-84
INDEXED-84

Mr. Belmont NOV 13 1957

EX 103

Abb. 4. Das FBI-Fernschreiben über den polnischen Zeugen deutscher Experimente mit Fliegenden Untertassen

schen im Rahmen der Kriegsanstrengungen mehrere Fliegende Untertassen entwickelten, von denen einige Überschallgeschwindigkeit erreichen konnten. Diese Quellen bieten detaillierte Berichte über die Entwicklung und das Testen von Prototypen, aber nur wenige Informationen über den Erfolg eines Programms. Um Beweise für erfolgreiche Prototypen von Fliegenden Untertassen zu finden, müssen wir Quellen außerhalb der Informationen berücksichtigen, die CIA und FBI im Rahmen des Freedom of Information Act in ihren jeweiligen Datenbanken zur Verfügung gestellt haben.

Whistleblower berichten, dass vier Fliegende Untertassen aus Deutschland geborgen und in die USA verschifft wurden. Ein Kryptologe der Army, der das Pseudonym »Kewper« verwendet, behauptet, er sei 1958 von der CIA angeworben worden, um an UFO-Sichtungen zu arbeiten. Kewper sagt, er habe persönlich vier deutsche Fliegende Untertassen gesehen, die nach Kriegsende in die USA gebracht worden seien. Die erfahrene UFO-Forscherin Linda Moulton Howe interviewte ihn 1998 zum ersten Mal. Sie war überzeugt, dass Kewper ein glaubwürdiger Augenzeuge der Ereignisse war.[13]

Die Schiffe wurden zuerst in Wright Field untergebracht (im September 1947 in Wright-Patterson Air Force Base umbenannt). Hierhin hat Operation LUSTY erbeutetes deutsches Luft- und Raumfahrtmaterial transportiert. Bis 1958 wurden die vier Fluggeräte zur Lagerung und weiteren Untersuchung in die neu errichtete S4-Anlage in Area 51 verlegt. Hier hat Kewper sie gesehen. In einem Interview mit Howe beschreibt Kewper die verschiedenen Arten von deutschen Fliegenden Untertassen, die er erlebte:

> »Die ersten beiden Flugobjekte, die wir in Area 51 sahen, waren fast identisch. Sie waren kleiner, nicht annähernd so groß wie die im Hintergrund. Colonel Jim [von der USAF, der offizielle »Reiseleiter« in Area 51/S4] erwähnte, dass es sich bei diesen beiden um ›Vril-Fluggeräte‹ handelte. Wir fragten ihn, was ›Vril‹ sei. Der Colonel antwortete, das sei eine Untertasse, die in den 1920er und 1930er Jahren in Deutschland gebaut worden war. Dann zeigte er nach vorne und sagte, die nächsten

> drei Fluggeräte seien fremde (außerirdische) Flugobjekte, die aus Neu-Mexiko geholt worden waren. Sie waren riesig, alle lagen auf metallischen Gerüsten, um sie vom Boden fernzuhalten. Die Scheibe am Ende war ebenfalls riesig und Colonel Jim sagte, dass es sich um ein deutsches Kriegs-UFO aus dem Zweiten Weltkrieg handelte, das 1938 gebaut wurde und auf Gerüsten höher aufgebockt worden war, weil es unterhalb eine Geschützstellung hatte, die die Deutschen als ›Todesstrahl‹ bezeichneten. Es hatte eine andere Form als das andere Fluggefährt, und es hatte eine dunkle Farbe und eine größere Oberseite, die wohl um die dreieinhalb Meter hoch war. Diese Untertasse hatte einen Durchmesser von ungefähr achtzehn Metern.«[14]

Kewper beschrieb weiter, was ihm über die Bergungsorte der vier deutschen Fliegenden Untertassen gesagt worden war:

> »Colonel Jim sagte, die anderen vier seien in fremdem Gebiet gefunden worden. Er sagte, dass die deutschen Messerschmitts, *Haunebu I* und *Haunebu II*, in Deutschland erbeutet wurden. Die anderen, kleineren zwei *Vril*-Fluggeräte waren, glaube ich, auch aus Deutschland geholt worden, aber Colonel Jim tat so, als wüsste er nicht, wo diese beiden Fluggeräte gefunden wurden.«[15]

Es ist klar, dass diese Fluggeräte nach dem Zweiten Weltkrieg im Rahmen eines verdeckten Suchprogramms wie Operation LUSTY in die Vereinigten Staaten gebracht wurden. Folglich wird die Behauptung, dass die Operation LUSTY ein drittes Team hatte, das ausschließlich deutsche Fliegende Untertassen suchte und in die USA brachte, durch dokumentarische und Whistleblower-Beweise gestützt.

Dies bringt uns zu Tsiens Forschungskompetenz im Bereich Überschall und seiner Reise in das besetzte Deutschland als Teil des zweiten Teams von Operation LUSTY unter der Leitung von Kármáns. Neben Daten über Raketen und Kampfjets haben von Kármán und Tsien mit Sicherheit auch Informationen über die Prototypen deutscher Fliegender Untertassen gesammelt, die von LUSTYs mysteriösem dritten Team geborgen und heimlich in die USA transportiert worden sind. Es wäre wenig sinnvoll gewesen, wenn Wissenschaftler des zweiten Teams wichtige Nazi-Mitarbeiter über die Raketen und Jet-Antriebstechnologien befragt hätten, die von Team Eins gesammelt wurden, aber nicht über die unschätzbaren Technologien, die vom dritten Team geborgen wurden.

Man sollte stets in Erinnerung behalten, dass von Kármán General Arnolds wichtigster wissenschaftlicher Berater und Leiter seiner Beratergruppe war. Dies bedeutet, dass von Kármán und sein Team, einschließlich Tsien, Zugang zu ALLEN erbeuteten Nazi-Technologien erhalten hätten, um Arnold umfassend über die möglichen zukünftigen Anwendungen in der Luft- und Raumfahrt zu beraten. Daher könnten von Kármán, Tsien und die anderen Wissenschaftler, aus denen das zweite Team von LUSTY bestand, alle deutschen Wissenschaftler und Techniker interviewt haben, die an Projekten für Fliegende Untertassen oder deren verschiedenen für den Betrieb wesentlichen Komponenten gearbeitet hatten.

Tsien wäre definitiv fasziniert gewesen von der Möglichkeit scheibenförmiger Objekte, die Überschallgeschwindigkeit erreichen können, ohne bekannten Luftfahrtprinzipien zu entsprechen, wie beispielsweise der Erfordernis von Flügeln für den aerodynamischen Auftrieb. Die scheibenförmigen Untertassen wiesen auf einen Antigravitationseffekt hin, der auf unerwartete Weise durch eine neue Art von Antriebssystem erzeugt wird. Die deutschen Wissenschaftler und Ingenieure wären nach dem Design, der Navigation und den Antriebssystemen der Untertassen in Entwicklung gefragt worden und wie der Antigravitationseffekt erzeugt wurde. Als Tsien sich erkundigte, warum die Deutschen unter dem Gesichtspunkt bekannter aerodynamischer Prinzipien mit einem so unkonventionellen Design experimentierten, erfuhr er möglicherweise zum ersten Mal von der außerirdischen Herkunft einiger dieser Fluggeräte.

Die Geschichte bestätigt, dass Tsien Wernher von Braun nach seinem Wissen über den V2-Raketenantrieb befragte, der erstmals in Peenemünde 1941 bis 1943 entwickelt wurde und später in eine unterirdische Anlage in Nordhausen verlegt wurde, um alliierten Bombenangriffen zu entkommen. Hat von Braun etwas über das Programm der Fliegenden Untertassen der Nazis und ihre mysteriösen Ursprünge verraten? Das ist sogar äußerst wahrscheinlich, im Hinblick auf das, was von Braun der deutschen Presse 1959 offenbarte, als er zu Besuch kam. Als ein Reporter ihn nach einer ausgefallenen *Juno-II*-Rakete der US-amerikanischen NASA fragte, antwortete er:

»Wir sehen uns mit Kräften konfrontiert, die weitaus stärker sind als bisher angenommen und deren Basis uns derzeit unbekannt ist. Mehr kann ich noch nicht sagen. Wir sind jetzt damit beschäftigt, enger mit diesen Mächten in Kontakt zu treten ... «[16]

Hier deutete von Braun auf eine unbekannte, möglicherweise außerirdische Weltraummacht hin, die U.S.-Raketen stören könnte. Es ist sicher, dass von Braun auch die Rolle seines Mentors Dr. Hermann Oberth bei der Entwicklung der V2 näher erläutert hätte. Oberth, allgemein als Vater der deutschen Raketentechnik angesehen, war von 1941 bis 1943 in Peenemünde stationiert und wurde von den Nazis für sein »herausragendes, mutiges Verhalten ... während des Angriffs« alliierter Bomber während der Operation Hydra ausgezeichnet.[17]

Zusätzlich zu seinem umfassenden Wissen über Raketen und ihre Überschallflugleistung wusste Oberth auch viel über UFOs und ihre mysteriösen Ursprünge. Wahrscheinlich erstreckte sich sein Fachwissen auch auf die von der SS entwickelten Prototypen Fliegender Untertassen. Dies spiegelt sich in Interviews wider, in denen Oberth sein umfassendes Verständnis des UFO-Flugverhaltens und der Verwendung elektrischer Kraftfelder zur Beeinflussung der Schwerkraft offenbarte. In einem Interview von 1968 behauptete Oberth:

»Heute können wir keine Maschinen produzieren, die so fliegen wie UFOs. Sie fliegen mithilfe künstlicher Schwerkraftfelder. Das würde die plötzlichen Richtungsänderungen erklären ... Diese Hypothese würde auch den Aufstieg der Scheiben zu einem zylindrischen oder zigarrenförmigen Mutterschiff beim Verlassen der Erde erklären, da auf diese Weise nur ein Schwerkraftfeld für alle Scheiben erforderlich wäre.

Sie erzeugen elektrische Hochspannungs-Entladungen, um die Luft zur Seite zu drängen … und starke Magnetfelder, um die ionisierte Luft in höheren Lagen zu beeinflussen … Das würde ihre Leuchtkraft erklären … Zweitens würde es die Geräuschlosigkeit des UFO-Flugs erklären. Schließlich erklärt diese Annahme auch die starken elektrischen und magnetischen Effekte, die manchmal, aber nicht immer, in der Nähe von UFOs beobachtet werden.«[18]

Es sei hier an General Arnolds ausdrücklichen Auftrag an von Kármán erinnert, bevor er im Zuge von Operation LUSTY nach Deutschland geschickt wurde. Der General wies ihn an, sich über die Erfindungen der Deutschen in der Luft- und Raumfahrt zu informieren, zu denen neben V2-Raketen auch »die anderen elektronischen Geräte« gehörten.[19] Aus Oberths Beschreibung geht hervor, dass UFOs zu den für Arnold und die Army Air Force interessanten »elektronischen Geräten« gehören könnten, an denen die Nazis gearbeitet hatten. Auf eine Frage zur rasanten technologischen Entwicklung NS-Deutschlands vor und während des Zweiten Weltkriegs antwortete Oberth außerdem: »Wir können unseren Rekordfortschritt in bestimmten Wissenschaftsfeldern nicht allein uns zuschreiben. Uns wurde geholfen.» Auf die Frage von wem antwortete er: »Von Völkern anderer Welten.«[20]

Oberth war nicht allein in seiner Überzeugung, dass Deutschland bei der Entwicklung seiner fortschrittlichen Luft- und Raumfahrttechnologien von Außerirdischen unterstützt wurde. William Tompkins, während des Zweiten Weltkriegs ein Assistent des U.S.-Navy-Admirals Rico Botta, lieferte Briefing-Pakete aus einem Navy-Spionageprogramm an führende wissenschaftliche und militärische Institutionen in den Vereinigten Staaten. Laut Tompkins enthielten sie streng geheime Informationen darüber, wie den Deutschen von einer außerirdischen Zivilisation geholfen wurde. In seinem Buch *Selected by Extraterrestrials* (»Ausgewählt von Außerirdischen«, hier Band 1, erscheint demnächst im AMRA Verlag) schrieb Tompkins:

»Die Navy-Agenten (Spione) in Deutschland entdeckten, was diese ›Außerirdischen‹ Hitler gaben: UFOs, Antigravitationsantrieb, Strahlenwaffen, verlängertes Leben und jede Menge Programme der Gedanken- und Willensbeeinflussung. Die Reptilien machten einen Deal mit der SS des Dritten Reiches und gaben ihnen diese große Kiste voller Spielzeug, um Hitler den Rest des Planeten versklaven zu lassen.«[21]

Tompkins behauptet, er habe von 1942 bis 1944 drei oder vier Mal die Einrichtungen der Caltech (Jet Propulsion Laboratory) besucht, als er Briefing-Pakete zustellte.[22] Tsien stieß während seiner Arbeit bei der Caltech/JPL vor seinem Umzug nach Washington, D.C., oder beim Besuch von Luftfahrtanlagen Ende 1944 als Teil der Science Advisory Group wahrscheinlich auf eines der Briefing-Pakete von Tompkins. Das hat damals möglicherweise zu einer seltsamen Lektüre geführt. Als Tsien in Deutschland ankam, um die Einrichtungen der Nazis zu besichtigen und gefangene Wissenschaftler zu befragen, sah er die Beweise für die Behauptungen, dass die Deutschen an Fliegenden Untertassen mit Antigravitationstechnologien arbeiteten und von einer außerirdischen Spezies unterstützt wurden.

In meinem Buch *Antarktis – die verbotene Wahrheit* wird eine detaillierte Analyse der angeblichen SS-Dokumente gegeben, die am Ende des Kalten Krieges von einem ehemaligen Mitglied der bulgarischen Akademie der Wissenschaften veröffentlicht wurden, Vladimir Terziski.[23] 1991 behauptete Terziski, er sei in den Besitz eines ihm zugespielten Dokumentarfilms aus den SS-Archiven der Nazis gekommen, der in den Ländern des Warschauer Pakts verbreitet worden war. Er enthüllte verschiedene Arten von Fliegenden Untertassen, die im nationalsozialistischen Deutschland gebaut und getestet wurden.[24] Der Film zeigte Dokumente aus den Jahren Ende 1944 und Anfang 1945 mit detaillierten Daten zu vier unterschiedlich großen Fliegenden Untertassen, die von der SS in verschiedenen unterirdischen Forschungseinrichtungen entwickelt und getestet wurden.

Die von den Nazis gebauten und getesteten Fliegenden Untertassen übertrafen die von George Klein genannte Überschallgeschwindigkeit bei weitem. Tatsächlich waren die Flugscheiben der Serie *Vril* und der *Haunebu I-III* alle zum Überschallflug fähig und erreichten sogar die fünffache Schallgeschwindigkeit. In einem SS-Dokument sind die Produktionsstatistiken von vier Fliegenden-Untertassen-Modellen in Bezug auf die Anzahl der gebauten Modelle, die Anzahl der Testflüge und das verwendete Antriebssystem aufgeführt. Was Tsien und seine Kollegen am faszinierendsten fanden, ist die Bezugnahme auf zwei Antriebssysteme, die in den verschiedenen Modellen verwendet wurden. Die brennende Frage, die sie sich sicherlich stellten, war: Haben sich die Deutschen eine Alternative zum Raketenantrieb ausgedacht, um den Überschallflug zu erreichen?

Es gibt einen Hinweis auf ein Antriebssystem mit dem Namen »Schumann«, kurz für »Schumann-SM-Levitator«, das in anderen von Terziski veröffentlichten Dokumenten erörtert wird.[25] Dies ist ein Antriebsgerät, das angeblich von Professor Otto Schumann entwickelt wurde, der zu den deutschen Wissenschaftlern gehörte, die 1947 im Rahmen der Operation Paperclip in die USA geholt wurden – eine gemeinsame militärische Anstrengung, um deutsche Wissenschaftler nach Amerika zu bringen, die dazu beitragen konnten, Forschung und Entwicklung auf verschiedenen wissenschaftlichen Gebieten voranzutreiben. Das bedeutet, dass Schumann zwischen Mai und Juni 1945 vom wissenschaftlichen Team der Operation LUSTY interviewt wurde. Es wurde keine Aufzeichnung vom Verhör veröffentlicht, aber das LUSTY-Team muss es so weit beeindruckt haben, um ihn für die Verbringung in die USA unter Paperclip empfohlen zu haben. Tsien war sich daher des Zeugnisses von Schumann und seiner Bedeutung für das Verständnis von exotischen Antriebssystemen bewusst.

Schumanns Forschungsschwerpunkt war Hochspannungselektrostatik und Hochdruckplasma. Wir wissen, dass seine Forschung auf Flugzeugantriebe angewendet wurde, da die Army Air Force ihn 1947 in Wright Field, Ohio, unterbrachte, um dort an einem geheimen Projekt zu arbeiten. In meinem Buch *Geheime Weltraumprogramme & Allianzen mit Außerirdischen* werden Einzelheiten zum Nachbau-Programm, das bei Wright Field begonnen hatte, aufgeführt.[26] Es muss Tsien sehr fas-

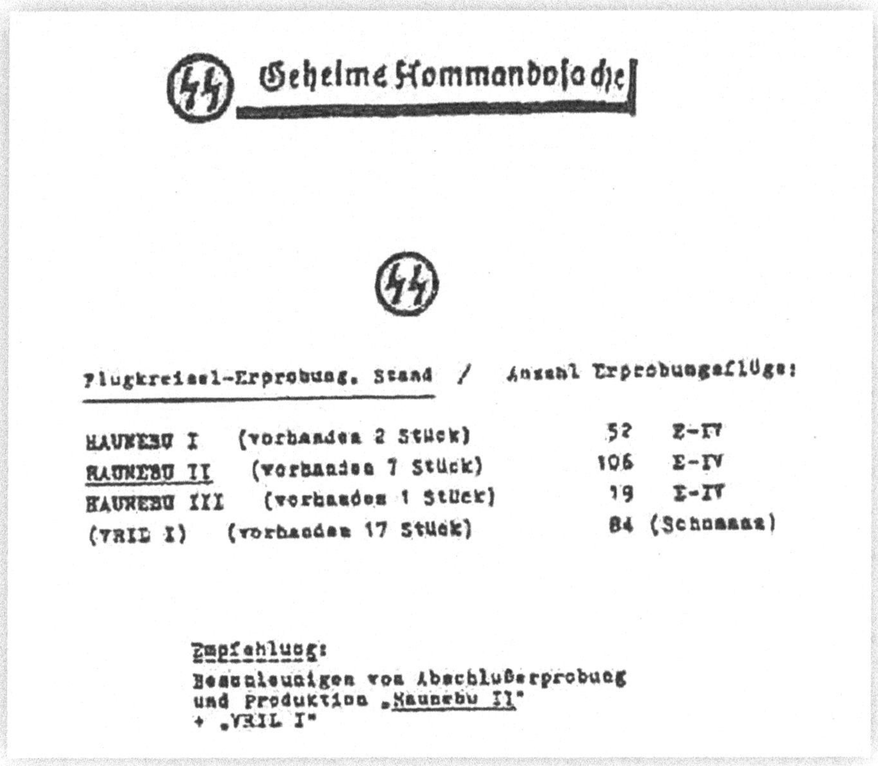

Geheime Kommandosache

Flugkreisel-Erprobung. Stand / Anzahl Erprobungsflüge:

HAUNEBU I	(vorhanden 2 Stück)	52	E-IV
HAUNEBU II	(vorhanden 7 Stück)	106	E-IV
HAUNEBU III	(vorhanden 1 Stück)	19	E-IV
(VRIL I)	(vorhanden 17 Stück)	84	(Schumann)

Empfehlung:
Beschleunigen von Abschlußerprobung
und Produktion „Haunebu II"
+ „VRIL I"

Abb. 5. Ein angebliches SS-Dokument nennt Stückzahlen der existierenden Haunebu-Flugkreisel.

ziniert haben, dass Hochspannungselektrostatik und Hochdruckplasma auf Flugzeugantriebe angewendet wurden.

Der Schumann-SM-Levitator soll ein vom deutschen Erfinder Hans Coler (alias Max Kohler) entwickeltes Nullpunkt-Energiegerät mit einem von Otto Schumann entwickelten Antriebssystem enthalten haben.[27] Es ist dokumentiert, dass Schumann Colers Nullpunkt-Energiegerät untersucht hat, das ursprünglich ausreichend elektrische Energie erzeugen sollte, um ein U-Boot anzutreiben. Im Bericht eines Unterausschusses des britischen Geheimdienstes wird bereits 1926 Schumanns begeisterte Unterstützung für das Coler-Gerät als eines wirksamen Mittels zur Erzeugung einer »neuen Energiequelle« genannt,

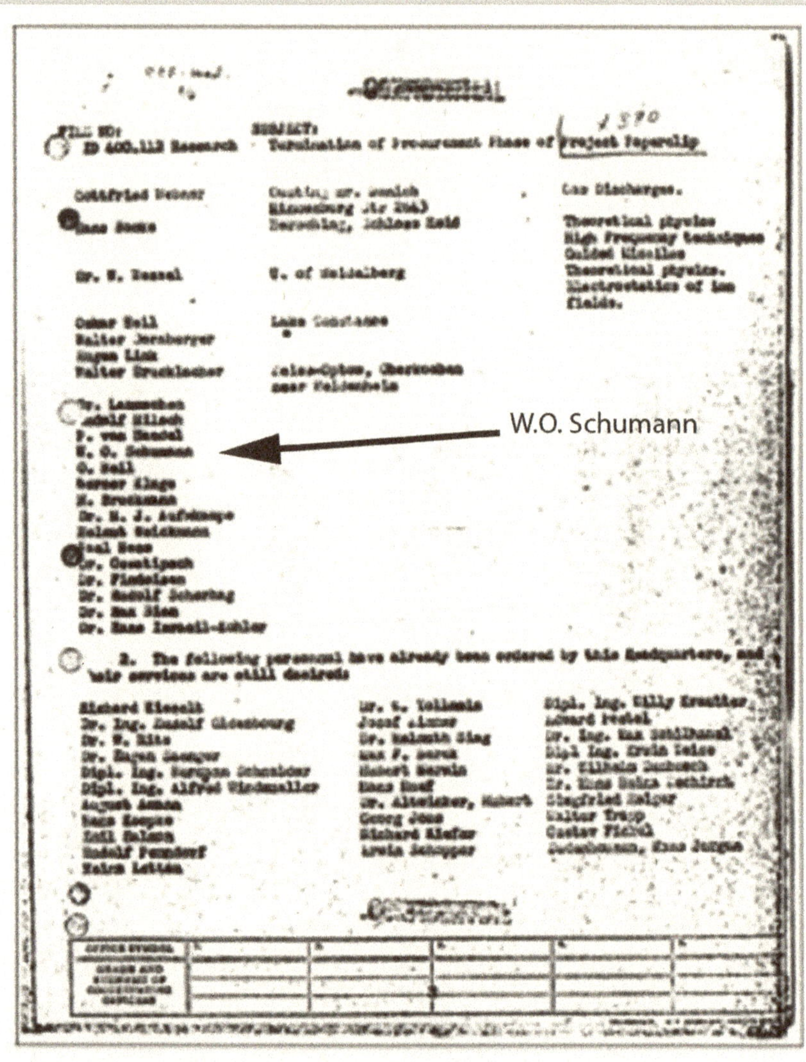

Seite zwei eines dreiseitigen freigegebenen Memorandums der Operation Paperclip vom 6. Juni 1947. Es ist eine Liste deutscher Wissenschaftler, die von der U.S. Army Air Force zur geheimen Forschung angefordert wurden. Das Auftauchen von Schumanns Name ist der Beweis dafür, dass nach seiner Befragung im Nachkriegsdeutschland sein Wissen über Luft- und Raumfahrt für die Forschung der U.S. Army Air Force für wichtig gehalten wurde. Quelle: Richard Sauder: *Hidden in Plain Sight* (2011).

Abb. 6. Dieses Dokument zeigt, dass W. O. Schumann Teil von Operation Paperclip war.

zu einer Zeit, als die deutsche Marine verdeckt ihre nächste Generation von U-Booten entwickelte:

> »Nach der vorliegenden Prüfung, die so sorgfältig wie möglich durchgeführt wurde, muss ich vermuten, dass wir uns der Nutzung einer neuen Energiequelle stellen müssen, deren weitere Entwicklungen von immenser Bedeutung sein können. Der Apparat war in allen wesentlichen Teilen sichtbar und zugänglich. Der Erfinder stimmte jedem Versuch insoweit bereitwillig zu, dass seiner Aussage nach kein Schaden an der Funktionsweise der Apparatur angerichtet werden konnte. Ich glaube nicht an eine Täuschung. Ich halte es für zweckmäßig, die Vorrichtung einem weiteren Test zu unterziehen, und ich glaube, dass sich eine Weiterentwicklung der Vorrichtung und eine dem Erfinder gewährte Unterstützung als gerechtfertigt und von großer Bedeutung erweisen werden.«[28]

Das Coler-Gerät sollte Energie erzeugen, um das Antriebssystem des von Schumann entwickelten untertassenförmigen Fluggeräts zu unterstützen, das mithilfe der Hochspannungselektrostatik einen Schub ähnlich dem Biefeld-Brown-Effekt erzeugte.[29] Kurz gesagt stammt der Biefeld-Brown-Effekt aus dem Jahr 1923, als Thomas Townsend Brown erstmals erfuhr, dass elektrostatische Hochspannungs-Entladungen einem Kondensator einen bisher unbekannten Schub in Richtung der positiv geladenen Seite verleihen können. Er arbeitete mit einem Professor für Physik an der Denison University in Ohio, Dr. Alfred Biefeld, zusammen, um seine Experimente und Messungen zu verbessern. Brown meldete im August 1927 ein britisches Patent an, das ihm im November 1928 erteilt wurde.[30] Schumanns Fachgebiet könnte ihn mit Biefelds Werk vertraut gemacht haben, das er möglicherweise übernommen hatte, um seinen Schumann-Levitator herzustellen.

Das Produktionsdokument der SS für Fliegende Untertassen zeigt, dass siebzehn *Vril-I*-Fluggeräte gebaut und vierundachtzig Mal fluggetestet wurden. Zusätzliche Dokumente zeigen die Besatzungsgröße der *Vril-I* als zwei Personen, mit einer Flugdauer von fünfeinhalb Stunden und einer Höchstgeschwindigkeit von zwölftausend Stundenkilometern.[31] Dies ist von Bedeutung angesichts von Kewpers Aussage, dass zwei der *Vril-I* zum Studium und Nachbau in die USA kamen. Da diese Fluggeräte vom dritten Team von Operation LUSTY mitgebracht wurden, haben Tsien, von Kármán und die anderen Wissenschaftler des zweiten Teams etwas über den »Schumann-SM-Levitator« erfahren, der die *Vril-I* antreibt. Es gab jedoch noch ein zweites Antriebssystem, das im SS-Dokument erwähnt wurde.

In diesem Papier wurden auch die Tests, Produktionsnummern und Antriebssysteme von drei verschiedenen *Haunebu*-Prototypen beschrieben. Die *Haunebu*-Baureihe wurde mit Antriebssystemen mit der Aufschrift »E-IV« ausgestattet, einer deutschen Bezeichnung für einen »Tachyonator-7-Antrieb«. Der UFO-Forscher Rob Arndt beschrieb den Tachyonator-7-Antrieb als …

> »… einen revolutionären elektromagnetischen Gravitationsmotor, der die freie Energiemaschine von Hans Coler zu einem Energiekonverter verbesserte, der mit einem Van De Graaf-Bandgenerator und einem Marconi-Wirbeldynamo [einem kugelförmigen Quecksilbertank] gekoppelt war, um mächtige rotierende elektromagnetische Felder zu erzeugen, die die Schwerkraft beeinflussten und die Masse reduzierten. Es wurde als Thule-Triebwerk (auch bekannt als Tachyonator-7-Antrieb) bezeichnet.«[32]

Das letzte Fluggerät der Serie, die *Haunebu III*, war angeblich in der Lage, atemberaubende vierzigtausend Stundenkilometer zu erreichen und damit die Grenze der Fluchtgeschwindigkeit von der Erde. Hervorzuheben ist, dass das Dokument irgendwann in den Jahren 1944/45 für Fluggeräte erstellt wurde, welche die SS erfolglos zu bewaffnen versucht hatte. In *Antarktis – die verbotene Wahrheit* beschreibe ich die Logistik und Struktur einer deutschen Kolonie, die während des Krieges heimlich in der Antarktis gegründet wurde. Nach dem Krieg verbesserte man in dieser geheimen Kolonie die *Haunebu*-Serie erheblich, was es möglich machte, die Schwerkraft der Erde zu überwinden und zum Mond und darüber hinaus zu reisen.[33]

Zu den Unternehmen, die Schlüsselkomponenten für die exotischen Luft- und Raumfahrtgeräte *Vril* und *Haunebu* bauten, gehörten Dornier, Siemens, I.G. Farben, Messerschmitt, Zeppelin, Krupp und andere.[34] Man kann sicherlich davon ausgehen, dass einige der Wissenschaftler und Ingenieure des Unternehmens, die an solchen Projekten arbeiteten, vom wissenschaftlichen Team der Operation LUSTY befragt und vielleicht sogar von Tsien verhört wurden.

Kurz nach seiner Rückkehr in die USA am 20. Juni 1945 begann Tsien, seinen Beitrag zu dem geheimen Bericht über die zukünftigen Entwicklungsziele der nächsten zwanzig bis fünfzig Jahre der militärischen Luftfahrt zu schreiben, den General Arnold erwartete. Tsiens nahezu unbegrenzte Präsenz durch die Science Advisory Group ermöglichte es ihm, zu beurteilen, was in führenden amerikanischen Luft- und Raumfahrtinstitutionen vor sich ging. Diese Kenntnisse beinhalteten auch, was er im besetzten Deutschland unter der Operation LUSTY gesehen hatte und was von Kármán ihm privat mitgeteilt hatte. All dies gab ihm wichtige Einblicke in die zukünftigen Luft- und Raumfahrttechnologien, die vom US-Militär umgesetzt wurden. Er war in eine einzigartige Position gelangt, um aus erster Hand zu erfahren, wie das US-Militär auf das revolutionäre Potenzial von Düsen- und Raketentriebwerken und vor allem Antigravitationsantrieb an Bord von Fliegenden Untertassen antworten würde.

Tsien gehörte zu einem ausgewählten Kader hochrangiger Wissenschaftler, die an der Gestaltung der Grundzüge der künftigen U.S. Air Force beteiligt waren, die nicht nur Überschall-Jäger und Raketen, sondern auch ein Geheimes Weltraumprogramm mit Technologien für Fliegende Untertassen besitzen sollte.

Im Herbst 1945 nahm Tsien seine Lehr- und Forschungstätigkeit an der Caltech wieder auf und wurde im November zum Associate Professor befördert. Tsien überarbeitete die wissenschaftlichen Studien, die er und seine Kollegen an der Caltech vor seiner Arbeit in Washington, D.C., bei der Science Advisory Group durchgeführt hatten, zu einem endgültigen, wegweisenden Werk über Luft- und Raumfahrt. Der Journalist Mark Wade erklärt:

»Als Tsien aus Deutschland zurückkehrte, bearbeitete er die wichtigsten Ergebnisse des Projekts in der 800-seitigen Schrift *Jet Propulsion* (»Düsenantrieb«), die in den Vereinigten Staaten zur geheimen technologischen Bibel für die Forschung an Flugzeugen und Raketen der Nachkriegszeit werden sollte.«[35]

Aus seiner Zeit bei der Science Advisory Group steuerte Tsien mindestens sechs Essays für eine durch von Kármán herausgegebene Reihe mit neun Bänden bei: *Toward New Horizons* (»Zu neuen Horizonten«, nicht auf Deutsch erschienen).[36] Es handelte sich um den nicht geheimen Teil der Planung für eine U.S. Air Force zukünftiger Jahrzehnte, die von General Arnold angefordert worden war.

Wenig überraschend, dass die deutschen Programme für Fliegende Untertassen und die hierbei verwendeten revolutionären Antigravitationsantriebe nicht erwähnt wurden. Solche Informationen werden bis heute als streng geheim eingestuft.

Wilbert Smith, ein hochrangiger Beamter des kanadischen Ministeriums für Nachrichtenwesen, gibt eine Vorstellung davon, wie ernst das Problem der Fliegenden Untertassen genommen wurde. In einem offiziellen Bericht an seine Vorgesetzten aus dem Jahr 1950 ging er auf wichtige Punkte in Bezug auf die Frage der Fliegenden Untertassen ein und identifizierte den Wissenschaftsberater von Präsident Truman, Dr. Vannevar Bush, als Leiter einer kleinen Untersuchungsgruppe:

»A. Die Angelegenheit ist das am geheimsten eingestufte Thema der Regierung der Vereinigten Staaten und wird sogar höher bewertet als die H-Bombe.

B. Es gibt Fliegende Untertassen.

C. Ihre Vorgehensweise ist unbekannt, aber eine kleine Gruppe unter der Leitung von Dr. Vannevar Bush unternimmt konzentrierte Anstrengungen.

D. Die U.S.-Behörden halten die gesamte Angelegenheit für enorm bedeutend.«[37]

Es ist wichtig darauf hinzuweisen, dass Tsien während seiner Arbeit als Mitglied der wissenschaftlichen Beratergruppe mit den Prinzipien der Atomenergie, einschließlich ihrer zerstörerischen Anwendung durch das Manhattan-Projekt, engstens vertraut war. Besonders faszinierend fand er die Möglichkeit, Atomenergie als Antriebssystem zu nutzen. Einer der Essays, die er für die mehrbändige Buchreihe *Toward New Horizons* verfasst hat, trägt den Titel »Possibility of Atomic Fuels for Aircraft Propulsion of Power Plants« (»Die Möglichkeit des Einsatzes atomarer Brennstoffe als Kraftwerke für den Antrieb von Flugzeugen«).[38] Hier hat Tsien möglicherweise bereits das, was er aus der innovativen deutschen Forschung zu neuen Antriebssystemen gelernt hatte, mit seinem Interesse an Atomenergie als revolutionärer Energieversorgung mit Luft- und Raumfahrtpotenzial kombiniert.

Von Kármán war begeistert von Tsiens Arbeit bei der Science Advisory Group und der Operation LUSTY sowie seiner Entwicklung des Entwurfs für die Army Air Force. Er übermittelte seine Zufriedenheit General Arnold, der im Dezember 1945 eine offizielle Belobigung Tsiens für die »ausgezeichnete und vollständige« Untersuchung neuer Antriebstechnologien und seinen »unschätzbaren« Beitrag zu nuklearen Antriebssystemen in die Wege leitete.[39]

Ein ähnliches Lob kam von Präsidentenberater Dr. Vannevar Bush, dem Leiter des Büros für wissenschaftliche Forschung und Entwicklung.[40] Angesichts der Enthüllung von Wilbert Smith, dass Bush eine kleine Arbeitsgruppe leitete, die die Aufsicht über den Bereich Fliegende Untertassen hatte, ist Bushs Anerkennung für Tsien durchaus bedeutsam. Kurz nach Abschluss der Operation LUSTY war dies in der Tat ein großes Lob. Von Kármán, Arnold und Bush hatten verstanden, dass das Genie von Dr. Tsien Hsue-shen entscheidend für das Verständnis deutscher Durchbrüche war, nicht nur bei Raketen- und Jetantrieben, sondern auch bei der Entwicklung Fliegender Untertassen und ihrer revolutionären Antriebssysteme.

Anmerkungen

1 Zitiert nach Iris Chang, *Thread of the Silkworm*, p. 110.

2 Siehe *New York Times*, »Key Chinese Scientist«, https://tinyurl.com/vj2bqgd (aufgerufen am 30.1.2009)

3 »Operation LUSTY«, National Museum of the United States Air Force, https://tinyurl.com/yx9lrnlx (aufgerufen am 22.10.2013)

4 *Aviation Week & Space Technology* vom 7. Januar 2008, https://archive.aviationweek.com/issue/20080107# (aufgerufen am 20.1.2020)

5 Theodore von Kármán mit Lee Edson, *The Wind and Beyond*; Little, Brown & Company, 1967; p. 279.

6 Iris Chang, *Thread of the Silkworm*, pgs. 111-16.

7 Siehe »Operation Lusty, Team 3«, http://www.airwar1946.nl/whif/L46-team3.htm (aufgerufen am 30.11.2019)

8 Henry Stevens, *Hitler's Flying Saucers: A Guide to German Flying Disks of the Second World War*, Adventures Unlimited Press 2003.

9 Ebd., pgs. 55-68.

10 Ebd., pgs. 144-65.

11 Das Dokument ist in Henry Stevens' *Hitler's Flying Saucers* enthalten, p. 151; online verfügbar unter http://p3.pstatp.com/large/363900043f7594da86eb (aufgerufen am 14.11.2017)

12 Das CIA-Dokument ist online verfügbar unter http://alien-ufo-research.com/documents/cia/german-nazi-ufo-flying-saucer-examined-by-cia.php (aufgerufen am 14.11.2017)

13 *Earthfiles*, http://www.earthfiles.com/news.php?ID=1503&category=Real+X-Files (aufgerufen am 24.9.2014)

14 *Earthfiles*, http://www.earthfiles.com/news.php?ID=1501&category=Real+X-Files (aufgerufen am 14.11.2017)

15 Ebd.

16 Zitiert nach Timothy Good, *Above Top Secret: The Worldwide UFO-Cover-Up*; Quill 1989; p. 70.

17 »Transylvanian Hermann Oberth – one of the Founding Fathers of rocketry and astronautics«, https://tinyurl.com/y5eejjjr (aufgerufen am 29.10.2019)

18 Zitiert nach Timothy Good, *Above Top Secret: The Worldwide UFO-Cover-Up*; Quill 1989; p. 370.

19 Theodore von Kármán mit Lee Edson, *The Wind and Beyond*; Little, Brown & Company, 1967; pgs. 267-68.

20 Robin Collyns, *Did Spacemen Colonize the Earth?*; Pelham Books, 1974; p. 236. – »The Aldebaran Mystery: The Nazi ET UFO-Connection«, http://ufodigest.com/news/0208/aldebaran-mystery.html (aufgerufen am 29.10.2016)

21 William Mills Tompkins, *Ausgewählt von Außerirdischen*, Band 1, AMRA Verlag, Hanau 2022; US-Ausgabe pgs. 70-71.

22 Ebd.

23 Siehe Michael E. Salla, *Antarktis – die verbotene Wahrheit*, AMRA Verlag, Hanau 2020; US-Ausgabe pgs. 56-71. – Eine kurze Biografie von Vladimir Terziski ist

online verfügbar unter http://www.whale.to/b/terziski_h.html (aufgerufen am 14.5.2017)

24 Vladimir Terziski präsentierte seine Ergebnisse in einem Workshop von 1992, der online verfügbar ist unter https://youtu.be/MPBvHjuJtB8 (aufgerufen am 25.03.2020)

25 Siehe Michael E. Salla, *Die Geheime Geschichte der U.S. Space Force*, AMRA Verlag, Hanau 2021; US-Ausgabe p. 259.

26 Ebd., US-Ausgabe pgs. 245-66.

27 Weitere Einzelheiten siehe Rob Arndt, »RFZ (Rundflugzeug) of the Thule-Vril type Series 1-7 (1937-1942)«, http://discaircraft.greyfalcon.us/RFZ.htm (aufgerufen am 1.1.2019)

28 »British Intelligence Objectives Sub-Committee: Final Report #1043«, http://tinyurl.com/yd2h6nhh (aufgerufen am 10.8.2017)

29 Ich habe den Biefeld-Brown-Effekt ausführlich erörtert in meinem Buch *Geheime Weltraumprogramme & Allianzen mit Außerirdischen*, AMRA Verlag, Hanau 2018; US-Ausgabe pgs. 19-28.

30 Paul A. LaViolette, *Secrets of Antigravity Propulsion: Tesla, UFOs and Classified Aerospace Technology*; Bear & Co. 2008; p. 9. – Dt. Ausgabe: *Verschlusssache Antigravitationsantrieb: Tesla, UFOs und die geheime Luft- und Raumfahrttechnik*, Kopp Verlag, Rottenburg 2010.

31 Rob Arndt, »Vril Series: 1, 7, 8 Odin, Vril 2 and 9 are designs«, https://www.bibliotecapleyades.net/ufo_aleman/esp_ufoaleman_6.htm (aufgerufen am 13.11.2017)

32 Rob Arndt, »Haunebu – H-Gerät, Haunebu Device (1939-1945)«, http://discaircraft.greyfalcon.us/HAUNEBU.htm (aufgerufen am 3.7.2017)

33 Siehe Michael E. Salla, *Antarktis – die verbotene Wahrheit*, AMRA Verlag, Hanau 2020; US-Ausgabe pgs. 83-103.

34 Ebd., pgs. 56-71.

35 Mark Wade, »China«, http://www.astronautix.com/c/china.html (aufgerufen am 18.10.2019)

36 Theodore von Kármán, *Toward New Horizons: A Report to the General of the Army H. H. Arnold*; US AAF 1944; https://www.governmentattic.org/vonK/TowardNewHoriz_VKarman_V1.pdf (aufgerufen am 30.10.2019)

37 »Projekt Magnet«, https://www.bibliotecapleyades.net/sociopolitica/esp_sociopol_mj12_3g7.htm (aufgerufen am 28.12.2018)

38 Tsiens Artikel erschien in Band 7 der Reihe *Toward New Horizons*; W. J. Sweeney et al., *Aircraft Fuels & Propellants*; AAF 1946; pgs. 113-17; online verfügbar unter https://tinyurl.com/y2vcsrd4 (aufgerufen am 30.10.2019)

39 Iris Chang, *Thread of the Silkworm*, p. 118.

40 Ebd., p. 118.

3 Dr. Tsien tritt dem wissenschaftlichen Beirat zur Untersuchung von UFO-Abstürzen bei

»RAAF erbeutet Fliegende Untertasse auf Ranch in der Region Roswell«

– Roswell Daily Record, 8. Juli 1947 –

Mit dem Ende des Zweiten Weltkriegs wurde die Science Advisory Group nach ihrer Abschlusssitzung am 6. Februar 1946 aufgelöst. General Arnold dankte den Mitgliedern persönlich und drückte seine Hoffnung aus, dass sie und ihre Kollegen der Air Force helfen würden, auch in Friedenszeiten »ihre Vormachtstellung aufrechtzuerhalten«.[1] Die wissenschaftliche Beratergruppe war ursprünglich unter der Voraussetzung gegründet worden, Zivilisten könnten Wissenschaftlern der U.S. Army Air Force helfen, neue Richtungen in der Luftfahrtforschung zu erkennen, um die Kriegsanstrengungen zu unterstützen. Abgesehen davon war sie unter General Arnold vor seiner geplanten Pensionierung gegründet worden. Am 9. Januar 1946 ersetzte ihn General Carl A. Spaatz als befehlshabender General.

Eine Woche nach der Auflösung der wissenschaftlichen Beratergruppe kam eine Idee auf, die von Kármán ursprünglich in *Toward New Horizons* vorgeschlagen hatte: eine ständige wissenschaftliche Gruppe in Friedenszeiten zu etablieren. Thomas A. Sturm, ein offizieller Geschichtsforscher der U.S. Air Force, schreibt:

»Dr. von Kármán befürwortete und erweiterte den Vorschlag an General Arnold später persönlich und drückte seine ›starke Überzeugung‹ aus, dass der AAF-Kommandeur häufigen wissenschaftlichen Rat benötigen würde, und eine Gruppe angesehener Wissenschaftler, die jederzeit abrufbereit sind, dies am besten tun könnte.«[2]

Arnold gab die Empfehlung von Kármáns an den damaligen Generalmajor Curtis LeMay weiter, der im Oktober 1945 als erster »stellvertretender Chef des Luftstabs für Forschung und Entwicklung« eingesetzt worden war.[3] LeMay stimmte dem Vorschlag zu und gab seine Empfehlung an General Spaatz weiter, der die Idee ebenfalls billigte und anschließend offizielle Einladungsschreiben an bedeutende Wissenschaftler verschickte, die ausgewählt worden waren, Teil der ständigen wissenschaftlichen Beratergruppe zu werden.

Im Weiteren sagte Sturm:

»Spaatz bemerkte: ›Der Erfolg der Luftstreitkräfte im jüngsten Krieg war in hohem Maße auf die Koordination unserer wissenschaftlichen, industriellen und militärischen Ressourcen zurückzuführen, und die künftige Sicherheit wird davon abhängen, ob wir in der Lage sind, diese enge und konstruktive Beziehung fortzusetzen.‹ Die neue Gruppe, die als Scientific Advisory Board (SAB) bezeichnet wird, solle dazu beitragen, diese Beziehung zu sichern, indem sie der Air Force ›Leitlinien für die Planung und Programmierung von Forschungs- und Entwicklungsaktivitäten‹ gibt.«[4]

Von Kármán folgte Spaatz' Einladung, der erste Vorsitzende des Wissenschaftlichen Beirats (SAB) zu sein, einer Vollzeitstelle, die er von März 1946 bis Dezember 1954 ausfüllte, als er in den Ruhestand ging.[5] Von Kármán setzte sich erfolgreich dafür ein, dass der Vorstand unmittelbar dem Stabschef unterstellt war, und stellte sicher, dass die Empfehlungen des SAB nicht von Karrierewissenschaftlern und -ingenieuren in den verschiedenen bürokratischen Ebenen der Air Force unterdrückt wurden.[6]

Kurz darauf empfahl von Kármán Dr. Tsien, sich dem Special Advisory Board (SAB) anzuschließen, um Ratschläge zu zukünftigen Trends bei der Entwicklung von Überschallflugzeugen und neuen Antriebssystemen beizusteuern. Von Kármán gab eine farbenfrohe Erklärung zur Rolle des SAB ab, in der dargelegt wird, was Tsien und andere Mitglieder für die USAF tun sollten:

> »Wir sind hier, um einen Blick in die Kristallkugel zu werfen ... und versuchen vorauszusehen, was in zehn Jahren passieren wird. Einige der Probleme, mit denen sich der Beirat befassen sollte, sind ... aktuelle wissenschaftliche Probleme. Wir sollten ein bestimmtes Verfahren festlegen, das es dem militärischen Establishment ermöglicht, bei dringenden Problemen die Dienste der einzelnen Beiratsmitglieder in Anspruch zu nehmen.«[7]

Im Wesentlichen sollte der SAB zivilwissenschaftliche Perspektiven für mögliche zukünftige Technologien und langfristige Pläne für deren Entwicklung liefern und Technologieprobleme lösen, auf die Wissenschaftler und Ingenieure der Air Force stoßen könnten. Tsiens Mitgliedschaft im Beirat vermittelte ihm weitere wertvolle Erfahrungen bei der Entwicklung langfristiger Pläne, zehn Jahre, zwanzig Jahre oder länger nach seiner Rückkehr nach China.

Der SAB war in fünf Gremien unterteilt, von denen jedes auf Bereiche spezialisiert war, die für die Air Force von Interesse waren. Tsien war Gründungsmitglied des Aerospace Vehicles Panel oder Ausschusses für Luft- und Raumfahrzeuge, eines Komitees, das sich auf experimentelle Überschallflugzeuge konzentrierte wie das »Raketenflugzeug« XS-1, auch bekannt als Bell X-1.[8] Die XS-1 war ein Vorläufer des Boeing-Programms X-20-Dyna-Soar, einer Version des späteren Space Shuttles, an der bereits von 1957 bis 1963 gearbeitet wurde.

Am 17. Juni 1946 nahmen Tsien und von Kármán zusammen mit vierundzwanzig anderen Beratern an der ersten Sitzung des SAB teil.[9] Die Vorstandsmitglieder wurden dann am 19. Juni nach Wright Field geflogen, um die Anlage zu besichtigen, detaillierte Informationen zu er-

APPENDIX C
MEMBERSHIP*
SCIENTIFIC ADVISORY BOARD
1946-1964

NAME	46	47	48	49	50	51	52	53	54	55	56	57	58	59	60	61	62	63	64	
Townes, Dr. Charles H.														■	■	■				MIT
Tsien, Dr. Hsue-shen	■	■	■	■																Caltech
Tullis, Dr. John L.												■	■	■	■					New Jersey Hosp.

■ Years of membership. ☒ Ex officio member or associate advisor.

Composite of extracts from Thomas Sturm, *The USAF Scientific Advisory Board: Its First Twenty Years, 1944-1964*, pp. 136,142

Abb. 7. Offizielles USAF-Dokument zur Bestätigung der SAB-Mitgliedschaft Tsien Hsue-shens von 1946 bis 1949.

halten und einen umfassenden Forschungs- und Entwicklungsplan zu erstellen. Bis 1949 besuchte Tsien während seines Dienstes im SAB häufig Wright Field und andere militärische Einrichtungen im ganzen Land, um die neuesten Entwicklungen in der Luftfahrt zu beobachten und zukünftige Entwicklungen und Probleme vorauszusehen.

Von besonderem Interesse für von Kármán und Tsien waren die deutschen Wissenschaftler, die während der Operation LUSTY verhört und anschließend in die USA gebracht worden waren. Personen wie Dr. Otto Schumann, der über Fachkenntnisse in Bezug auf elektromagnetische Energie und Antriebssysteme im Rahmen der NS-Programme für Fliegende Untertassen verfügte, standen ganz oben auf der Liste der zu kontaktierenden Personen, um die Fortschritte bei Forschungs- und Entwicklungsarbeiten zu überwachen.

Hervorzuheben ist, dass die U.S. Army Air Force, die im September 1947 zur U.S. Air Force wurde, bereits mit einem jahrzehntelangen Nachbau-Programm für die erbeuteten Fliegenden Untertassen begonnen hatte. Tsien war ein herausragender Teil dieser Arbeit, indem er eng mit von Kármán und dem Ausschuss für Luft- und Raumfahrzeuge des wissenschaftlichen Beirats zusammenarbeitete.

Die von Tsien veröffentlichten wissenschaftlichen Werke und seine geheime Arbeit bei der früheren Scientific Advisory Group hatten die Aufmerksamkeit von Dr. Jerome Hunsaker geweckt, dem Leiter der Abteilung für Luft- und Raumfahrt am MIT (von 1933 bis 1951), der

Tsien daraufhin eine außerordentliche Professur anbot und ihm eine Festanstellung versprach. Tsien akzeptierte die Position, obgleich Caltech große Anstrengungen unternahm, ihn zum Bleiben zu bewegen. In einem Brief an den Präsidenten des MIT schrieb Dr. Hunsaker: »Ich glaube, das C.I.T. [California Institute of Technology] übte erheblichen Druck auf ihn aus, es sich noch einmal zu überlegen.«[10] Trotzdem zog Tsien im September 1946 von Pasadena nach Boston und begann unter Hunsaker am MIT zu arbeiten.

Um Hunsakers Motivation, Tsien von der Caltech wegzulocken, richtig einordnen zu können, ist es wichtig zu verstehen, dass Hunsaker Teil der kleinen Gruppe von Wissenschaftlern unter Leitung von Dr. Vannevar Bush war, die das Problem der Fliegenden Untertassen untersuchten. Erinnern Sie sich an Wilbert Smiths Offenlegung von Bushs Beteiligung an einer solchen Gruppe gegenüber der kanadischen Regierung im Jahr 1950. Ein geleaktes Dokument namens »Eisenhower Briefing Document« enthüllt, dass der Namen dieser Gruppe *Majestic 12* lautete, und sowohl Hunsakers als auch Bushs Name finden sich unter den zwölf Gründungsmitgliedern.

Die Operation *Majestic 12* wurde am 24. September 1947 von Präsident Truman per Dekret offiziell eingerichtet, um die UFO-Frage zu behandeln. Das »Eisenhower Briefing Document« wie auch die Truman Executive Order wurden von dem berühmten UFO-Forscher Stanton Friedman eingehend untersucht, der zu dem Schluss kam, dass nichts gefunden wurde, was ihre Authentizität in Frage stellt.[11]

Wird die Authentizität des »Eisenhower Briefing Document« akzeptiert, wirft die Mitgliedschaft von Bush und Hunsaker mehrere interessante Fragen auf über ihr Wissen um Tsiens Arbeit bei von Kármáns wissenschaftlicher Beratergruppe und Operation LUSTY bis Anfang 1946. Es stellt sich zum Beispiel die Frage, ob Tsien nur wegen seiner innovativen Arbeit an atomaren und anderen fortschrittlichen Antriebssystemen für Überschallflugzeuge ans MIT geholt wurde oder auch deshalb, weil er mit den NS-Programmen für Fliegende Untertassen und ihren revolutionären elektromagnetischen Antriebssystemen so sehr vertraut war. Eine weitere interessante Frage ist, ob Tsien nicht

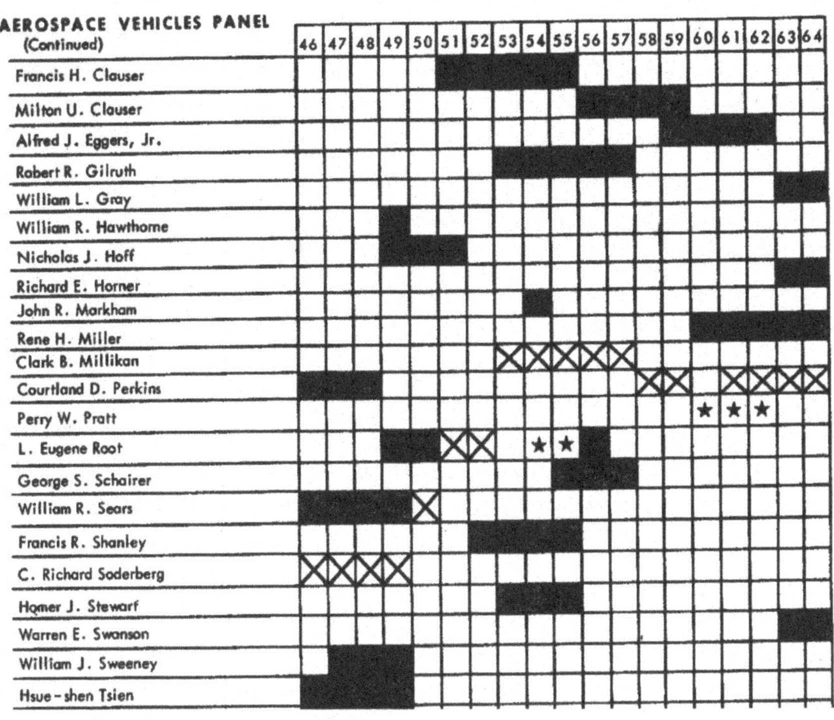

146 **APPENDIX E**

APPENDIX E (Continued)

AEROSPACE VEHICLES PANEL (Continued)	46	47	48	49	50	51	52	53	54	55	56	57	58	59	60	61	62	63	64
Francis H. Clauser						■	■	■	■	■									
Milton U. Clauser											■	■	■	■					
Alfred J. Eggers, Jr.														■	■	■	■		
Robert R. Gilruth								■	■	■	■	■							
William L. Gray																		■	■
William R. Hawthorne				■															
Nicholas J. Hoff				■	■	■													
Richard E. Horner																		■	■
John R. Markham									■										
Rene H. Miller															■	■	■	■	■
Clark B. Millikan								☒	☒	☒	☒	☒							
Courtland D. Perkins	■	■	■										☒	☒		☒	☒	☒	☒
Perry W. Pratt															★	★	★		
L. Eugene Root				■	■	☒	☒		★	★	■								
George S. Schairer										■	■	■							
William R. Sears	■	■	■	■	☒														
Francis R. Shanley							■	■	■	■									
C. Richard Soderberg	☒	☒	☒	☒															
Homer J. Stewarf								■	■	■									
Warren E. Swanson																		■	■
William J. Sweeney		■	■	■															
Hsue-shen Tsien	■	■	■	■															

* ■ - Years of membership. ☒ - Tenure as chairman. ★ - Liaison member.

(See Appendix D for precise panel names for particular years.)

Composite of extracts from Thomas Sturm, *The USAF Scientific Advisory Board: Its First Twenty Years, 1944-1964*, pp. 146-47

Abb. 8. Offizielles USAF-Dokument zur Bestätigung der Mitgliedschaft Tsien Hsue-shens von 1946 bis 1949 im SAB-Gremium für Luft- und Raumfahrzeuge.

nur Berater des wissenschaftlichen Beirats der Air Force war, sondern auch Berater von Hunsaker und der *Majestic 12*-Gruppe, während er bis 1949 am MIT arbeitete.

Es ist klar, dass Tsiens Arbeit an der Operation LUSTY und dessen Verständnis des revolutionären Potenzials der NS-Programme für Fliegende Untertassen Hunsaker sehr beeindruckt hatten. Während Tsiens weithin anerkannte konventionelle Arbeit an Raketen, Jet-Antrieben und Kernenergie beeindruckend genug war und ihn zu einem »aufgehenden Stern« auf dem Gebiet der Luftfahrt machte, war es seine geheime Arbeit über Fliegende-Untertassen-Technologie, die für Hunsaker von besonderem Interesse war.[12] Um die von den Nazis und außerirdischen Besuchern entwickelten Untertassentechnologien besser zu verstehen, brauchte Hunsaker Tsiens Hilfe. Dies war besonders wichtig, da Geheimdienstquellen zu dieser Zeit berichteten, dass die Nazis in der Antarktis heimlich eine Basis mit Fliegenden Untertassen errichtet hatten, die mit Überschall fliegen konnten und mit Energiewaffen ausgerüstet waren. Wie *Operation Highjump* Ende 1946 und Anfang 1947 anschaulich demonstrierte, konnte nichts im Arsenal des US-Militärs mit dem mithalten, was die Nazis mithilfe ihrer außerirdischen Verbündeten heimlich in der Antarktis entwickelt hatten.[13]

Tsien war nicht nur für die U.S. Air Force wichtig, um Untertassentechnologien zu studieren, sondern die *Majestic 12*-Gruppe brauchte Tsiens Input, um zukünftige Richtlinien und Prioritäten zu entwickeln und so auf die nationale Sicherheitsbedrohung durch die NS-Kolonie und ihre außerirdischen Verbündeten reagieren zu können.

Eines der Themen, die sofortige Aufmerksamkeit erforderten, waren mögliche Anwendungen der Kernenergie, über die Tsien durch seine Zusammenarbeit mit dem Manhattan-Projekt informiert war. Tsiens Arbeit über die Kernenergie als tragfähiges Antriebssystem bei der Entwicklung zukünftiger Flugzeuge erregte die Aufmerksamkeit vieler. Iris Chang schreibt:

»Tsien bereitete auch eine Reihe von Vorträgen über nuklear angetriebene Raketen vor, die er später am MIT und im Johns Hopkins Labora-

TOP SECRET / MAJIC
EYES ONLY

002

* TOP SECRET *

EYES ONLY

COPY ONE OF ONE.

SUBJECT: OPERATION MAJESTIC-12 PRELIMINARY BRIEFING FOR PRESIDENT-ELECT EISENHOWER.

DOCUMENT PREPARED 18 NOVEMBER, 1952.

BRIEFING OFFICER: ADM. ROSCOE H. HILLENKOETTER (MJ-1)

NOTE: This document has been prepared as a preliminary briefing only. It should be regarded as introductory to a full operations briefing intended to follow.

* * * * * *

OPERATION MAJESTIC-12 is a TOP SECRET Research and Development/ Intelligence operation responsible directly and only to the President of the United States. Operations of the project are carried out under control of the Majestic-12 (Majic-12) Group which was established by special classified executive order of President Truman on 24 September, 1947, upon recommendation by Dr. Vannevar Bush and Secretary James Forrestal. (See Attachment "A".) Members of the Majestic-12 Group were designated as follows:

Adm. Roscoe H. Hillenkoetter
Dr. Vannevar Bush
Secy. James V. Forrestal*
Gen. Nathan F. Twining
Gen. Hoyt S. Vandenberg
Dr. Detlev Bronk
Dr. Jerome Hunsaker
Mr. Sidney W. Souers
Mr. Gordon Gray
Dr. Donald Menzel
Gen. Robert M. Montague
Dr. Lloyd V. Berkner

The death of Secretary Forrestal on 22 May, 1949, created a vacancy which remained unfilled until 01 August, 1950, upon which date Gen. Walter B. Smith was designated as permanent replacement.

* TOP SECRET *

TOP SECRET / MAJIC

EYES ONLY

EYES ONLY

T52-EXEMPT (E)

002

Abb. 9. Vannevar Bush und Jerome Hunsaker treten als Gründungsmitglieder von MJ-12 auf.

tory in Silver Springs, Maryland, hielt – Vorträge, die die Fantasie seiner Zuhörer in einem solchen Ausmaß anregten, dass sie ihnen jahrzehntelang in Erinnerung blieben.«[14]

Tsiens Unterrichtsstil war kompromisslos und für seine Schüler schwer zu verstehen. Nicht wenige fühlten sich von ihm eingeschüchtert, so dass sie es nicht wagten, Fragen zu stellen. Trotzdem wurde Tsiens Brillanz nie in Frage gestellt und er stach weiterhin hervor.

Im Mai 1947 wurde Tsien zum ordentlichen Professor am MIT befördert, was die meisten Professoren erst nach zwanzig Jahren Lehre und Forschung erreichen konnten. Mit nur fünfunddreißig Jahren war Tsien einer der jüngsten Professoren, die jemals eine Amtszeit am MIT erhalten hatten.[15] Während seiner Zeit an dieser Institution arbeitete Tsien weiterhin mit von Kármán und dem SAB zusammen, um wegweisende Luftfahrtstudien durchzuführen. Diese Arbeit umfasste eine aktive Untersuchung sowohl der UFO-Sichtungen als auch der Abstürze in der Gegend von Neu-Mexiko.

Zum Glück gibt es Unterlagen, die belegen, dass von Kármán und der SAB direkt an UFO-Studien beteiligt waren.

Ein Dokument vom 12. Mai 1949, das 1975 von der USAF freigegeben und veröffentlicht wurde, zeigt, dass von Kármán eine Untersuchung zu UFOs durch den SAB leitete. In dem vom Generalinspektor des 17. Bezirksbüros für Sonderermittlungen der Kirtland Air Force Base herausgegebenen Dokument heißt es:

»Am 27. und 28. April 1948 besuchte Dr. Joseph Kaplan von der Universität von Kalifornien, Mitglied des Wissenschaftlichen Beirats der USAF, dieses Bezirksbüro und andere staatliche und militärische Einrichtungen in der Region [die Sandia-Basis der Atomenergie-Kommission und die Los Alamos National Laboratories]. Ziel des Besuchs war es, die Untersuchungsberichte und die Umstände der nicht identifizierten Himmelsphänomene zu überprüfen, die in diesem Gebiet in den letzten fünf Monaten beobachtet wurden, und dabei Empfehlungen zu geben, ob eine wissenschaftliche Untersuchung der Vorkommnisse ratsam sei. Die

Untersuchung wurde auf Anordnung von Dr. Theodore von Kármán, Sekretär des Wissenschaftlichen Beirats der USAF, durchgeführt.«[16]

Dieses Dokument ist von entscheidender Bedeutung, da es schlüssig belegt, dass von Kármán verschiedenen Wissenschaftlern, die mit dem SAB zusammenarbeiteten, den Befehl erteilte, verschiedene Aspekte des UFO-Phänomens zu untersuchen. Es bestätigt, dass der Vorstand das UFO- oder Fliegende Untertassen-Phänomen sowie seine Auswirkungen auf die Luftfahrtforschung erörterte. Das Thema fiel direkt in den Verantwortungsbereich des Luft- und Raumfahrt-Gremiums, dem Tsien bis 1949 angehörte. Tsien war dort an sehr geheimen Diskussionen über UFO-Sichtungen beteiligt. Er nahm auch an den Untersuchungen der abgestürzten Fliegenden Untertassen teil, die von der (Army) Air Force heimlich geborgen wurden.

Es gibt zwei offen gelegte Dokumente, die von Kármán und den SAB mit streng geheimen Studien der Trümmer, die bei Abstürzen von Untertassen im Bundesstaat Neu-Mexiko gefunden wurden, in Verbindung bringen. Eines der Dokumente ist auf den 16. Juli 1947 datiert und trägt den Titel »Air Accident Report on Flying Disk Aircraft near the White Sands Proving Ground, New Mexico« (»Flugunfallbericht über Fliegende Scheiben in der Nähe des White Sands-Testgeländes, Neu-Mexiko«).[17] Es wurde als »streng geheim« eingestuft und von Lieutenant General Nathan Twining herausgegeben, der zu dieser Zeit für das Luftmaterialkommando der Army Air Force mit Sitz in Wright Field in Dayton, Ohio, verantwortlich war. In dem Flugunfallbericht heißt es:

»Auf Anordnung der Präsidialrichtlinie vom 9. Juli 1947 wurde von den leitenden Mitarbeitern dieses Kommandos eine vorläufige Untersuchung einer geborgenen ›Flugscheibe‹ und der Überreste einer möglichen zweiten Scheibe durchgeführt. Die in diesem Bericht enthaltenen Daten wurden vom technischen Personal von T-2 und dem Flugzeuglabor der Engineering Division T-3 bereitgestellt. Zusätzliche Daten wurden vom wissenschaftlichen Personal des Jet Propulsion Laboratory, CIT und der wissenschaftlichen Beratergruppe (SAB) der Army Air Force unter Leitung von Dr. Theodore von Kármán zur Verfügung gestellt. Weitere Analysen wurden darüber hinaus von Mitarbeitern aus Forschung und Entwicklung durchgeführt …

Bei der Untersuchung des Innenraums des Fluggeräts wurde ein Bereich mit einem möglichen atomaren Antrieb entdeckt. Zumindest ist dies die Meinung von Dr. Oppenheimer und Dr. von Kármán.«[18]

Der Bericht verbindet klar von Kármán und das SAB, dem er vorstand, mit Studien und Analysen der an zwei Absturzstellen gefundenen Flugscheiben. Außerdem stellt er eine Verbindung her zwischen JPL/Caltech und MIT durch ihre jeweiligen Studien von Untertassen-Trümmern. Zu jener Zeit war Tsien Professor am MIT, aber er ging im Herbst 1949 als Goddard-Professor für Jet Propulsion ans JPL zurück. Im Hinblick auf seine Pionierarbeit sowohl beim MIT als auch für JPL/Caltech und seine gleichzeitige Mitgliedschaft im SAB hat er mit großer Wahrscheinlichkeit mit der Bündelung der wissenschaftlichen Erkenntnisse über Untertassen zwischen den beiden Elite-Institutionen zu tun gehabt.

Ein Bereich von gemeinsamem Interesse zwischen JPL/Caltech und MIT war die Möglichkeit von Flugzeugen mit Atomantrieb. Fast zwei Jahre zuvor, im Dezember 1945, hatte Tsien seine »Möglichkeit des Einsatzes atomarer Brennstoffe als Kraftwerke für den Antrieb von Flugzeugen« geschrieben.[19]

Die Entdeckung eines außerirdischen Raumfahrzeugs mit Atomantrieb hätte bei Tsien viel Aufregung ausgelöst und ihm bestätigt, dass seine frühere Idee nicht nur machbar, sondern unglaublicherweise von einer Zivilisation außerhalb des Planeten sogar tatsächlich schon realisiert worden war.

Laut Dr. Robert Wood und Ryan Wood, die allgemein als die weltweit führenden Experten für die Authentifizierung von geleakten UFO-bezogenen *Majestic*-Dokumenten angesehen werden, wird der Absturzbericht mit der Bewertung »mittlere bis hohe Authentizität« eingestuft.[20] Sie erklären:

1. As ordered by Presidential Directive, dated 9 July 1947, a preliminary investigation of a recovered "Flying Disc" and remains of a possible second disc, was conducted by the senior staff of this command. The data furnished in this report was provided by the engineering staff personnel of T-2 and Aircraft Laboratory, Engineering Division T-[illegible] Additional data was supplied by the scientific personnel of the Jet Propulsion Laboratory, CIT and the Army Air Forces Scientific Advisory Group, headed by Dr. Theodore von Karman. Further analysis was conducte[d] by personnel from Research and Development.

2. It is the collective view of this investigative body, that the aircraft recovered by the Army and Air Force units near Victorio Peak and Socorro, New Mexico, are not of US manufacture for the following reasons:

a. The circular, disc-shaped "planform" design does not resemb[le] any design currently under development by this command nor of any Navy project.

b. The lack of any external propulsion system, power plant, intake, exhaust either for propeller or jet propulsion, warrants this vi[ew].

c. The inability of the German scientists from Fort Bliss and White Sands Proving Ground to make a positive identification of a secret German V weapon out of these discs. Though the possibility that the Russians have managed to develop such a craft, remains. The lack of any markings, ID numbers or instructions in Cyrillic, has placed serious doub[t] in the minds of many, that the objects recovered are not of Russian manufacture either.

d. Upon examination of the interior of the craft, a compartment exhibiting a possible atomic engine was discovered. At least this is the opinion of Dr. Oppeheimer and Dr. von Karman. A possibility exists that part of the craft itself comprises the propulsion system, thus allowing the reactor to function as a heat exchanger and permitting the storage of energy into a substance for later use. This may allow the converting of mass into energy, unlike the release of energy of our atomic bombs. The description of the power room is as follows:

(1) A doughnut shaped tube approximately thity-five feet in diameter, made of what appears to be a plastic material, surrounding a central core (see sketch in TAB 1). This tube was translucent, approximately one inch thick. The tube appeared to be filled with a clear substance, possibly a heavy water. A large rod centere[d] inside the tube, was wrapped in a coil of what appears to be of copper material, ran through the circumference of the tube. This may be the reactor control mechanism or a storage battery. There were no moving parts discernable within the [illegible]

22

Abb. 10. Der Flugunfallbericht, der Theodore von Kármán und das wissenschaftliche Beratergremium mit Untersuchungen abgestürzter Untertassen in Verbindung bringt.

»Mittleres bis hohes Niveau bedeutet, dass eine beträchtliche Menge an Untersuchungen und Tests gemacht wurde und es starke Anzeichen für Authentizität in Bezug auf Inhalt, Forensik, Typografie, Sensationsgehalt und so weiter gibt. Obwohl einige Anachronismen identifiziert wurden, scheinen sie nicht zu dominieren.«[21]

Während ihre »mittelhohe« Bewertung für den Flugunfallbericht vom Juli 1947 »starke Anzeichen von Authentizität« anzeigt, gibt es immer noch Gründe für Zweifel, wie sie von Skeptikern geäußert werden.[22] Bei einem zweiten Dokument liegt der Fall anders. Dies ist die umfassende militärische und wissenschaftliche Untersuchung der abgestürzten Untertassen aus dem ursprünglichen Flugunfallbericht.[23]

Die Woods gaben dem zweiten Dokument mit dem Titel *White Hot Report*, datiert auf den 19. September 1947, die Echtheits-Bewertung »hohe Authentizität«.[24] Sie erklären diese Bewertung wie folgt:

»Dies bedeutet, dass praktisch alle verfügbaren Untersuchungskanäle und -ideen verfolgt wurden und sich das Dokument bei jedem Test als authentisch erwiesen hat. Beispielsweise weisen Tests in Papier, Tinte, nicht sichtbarem Inhalt, Handschrift, Typografie und Schriftarten der Zeit, korrekter Formatierung und forensischer Linguistik (ohne Anzeichen von Anachronismen) auf ein Höchstmaß an Authentizität hin. Auf dieser Ebene werden auch Zeugen hinzugezogen, die das Dokument in ›offizieller‹ Eigenschaft gesehen oder gelesen haben und eine entsprechende eidesstattliche Erklärung unterzeichnen oder unterschreiben.«[25]

Akzeptiert man das positive Ergebnis des Wood-Teams bei der Echtheitsprüfung des *White Hot Report*, dann ist es logisch anzunehmen, dass der Flugunfallbericht – sein Vorläufer bei den Crash-Untersuchungen in Neu-Mexiko – ebenfalls echt ist. Während einige dennoch weiterhin die Echtheit des *White Hot Report* und des Flugunfallberichts bestreiten, ist hervorzuheben, dass das freigegebene USAF-Dokument vom 12. Mai 1949, das von Kármáns Bericht bestätigt, er habe eine wissenschaftliche Studie über UFOs angeordnet, *unbestritten* ist. Wichtig ist, dass beide *Majestic*-Dokumente als authentische Untersuchungen zu abgestürzten UFOs bestätigt werden und Teil einer größeren wissenschaftlichen Untersuchung waren, die von Kármán anordnete. Infolgedessen halte ich beide *Majestic*-Berichte für echt und werde nun den Inhalt des *White Hot Report* sowie die darin enthaltenen Informationen über die Rolle Kármáns, Tsiens und des wissenschaftlichen Beirats bei der Untersuchung von UFO-Abstürzen untersuchen.

Der *White Hot Report* wurde wie schon sein Vorgängerbericht von Lieutenant General Nathan Twining in Auftrag gegeben. Dr. von Kármán spielte erneut die wichtigste Rolle dabei als wissenschaftlicher Chef der Air Force und Experte für exotische Antriebssysteme und UFOs. Im *White Hot Report* werden zwölf hochrangige Militärangehörige als Teilnehmer einer von Twining geleiteten Mission zur Analyse der Untertassentrümmer von mehreren Absturzstellen in Neu-Mexiko benannt, einschließlich des berühmten UFO-Absturzes bei Roswell im Juli 1947. Diese Mission wurde außerdem von vier angesehenen Wissenschaftlern unterstützt, die zu der umfassenden Studie beigetragen haben: »Dr. Theodore von Kármán, Dr. J. Robert Oppenheimer, Dr. James H. Doolittle, Professor Albert Einstein.«

Der *White Hot Report* ist in fünf verschiedene Bereiche unterteilt: I. Geheimdienstliche Einschätzung; II. Technische Bewertung; III. Wissenschaftliche Wahrscheinlichkeit; IV. Politische Überlegungen; V. Nationale Sicherheit. Von Kármán trug zur technischen Bewertung und zu den wissenschaftlichen Wahrscheinlichkeiten der geborgenen Fluggeräte bei. Der Abschnitt Wissenschaftliche Wahrscheinlichkeit beginnt mit der Feststellung:

> »1. Auf der Grundlage aller verfügbaren Beweise, die von aufgefundenen Exponaten stammen, die derzeit von AMC, AFSWP, NSPA, AEC, ONR, NACA, RAND, USAAF, SAG und MIT untersucht werden, werden sie als außerirdisch eingestuft. Die Technologie liegt außerhalb des Bereichs der US-amerikanischen Wissenschaft, selbst der von deutscher Raketen- und Flugzeugentwicklung.«[26]

Die Schlussfolgerung, dass die Trümmer als außerirdisch eingestuft und an einer Reihe wissenschaftlicher Einrichtungen untersucht wurden, ist im Hinblick auf Dr. Tsiens Beteiligung von großer Bedeutung. Er war selbst unmittelbar an zwei der im *White Hot Report* genannten Institutionen beteiligt, der SAG (Scientific Advisory Group/Board) und dem MIT. Seine Mitgliedschaft im »Aerospace Vehicles Panel« des wissenschaftlichen Beirats, des Ausschusses über Fluggeräte in Luft- und Raumfahrt, spielt eine wichtige Rolle, denn dies ist das Gremium, das das größte Fachwissen bei der Identifizierung der Luftfahrtkomponenten einer abgestürzten Fliegenden Untertasse gehabt und dem Stabschef der Air Force daher auch Empfehlungen für einen langfristigen Forschungs- und Entwicklungsplan gegeben hätte.

Der *White Hot Report* besagt auch, dass die Trümmer am AMC (Air Materiel Command) mit Sitz in Wright Field untersucht wurden, das Tsien häufig in seiner Eigenschaft als Berater des wissenschaftlichen Beirats besuchte. Man kann sicher darauf schließen, dass Tsiens Mitgliedschaft im Aerospace Vehicles Panel ihm Zugang zu den gefundenen Fluggeräten verschaffte, die in Wright Field gelagert wurden. In der Tat ist es sehr wahrscheinlich, dass von Kármán sich mit Tsien beraten hat, bevor er seinen Beitrag zum *White Hot Report* fertiggestellt hat.

Im diesem Bericht heißt es darüber hinaus:

> »2. Interplanetare Raumfahrt ist möglich, sofern ausreichende Mittel zur Verfügung stehen, die erforderlichen Ressourcen zur Verfügung gestellt werden und das nationale Interesse geweckt wird …
>
> 6. Die Gesetze der Physik und Genetik könnten ihren Ursprung in einer höher strukturierten Ordnung haben als bisher angenommen.«[27]

Diese Punkte sind von großer Bedeutung, da von Kármán und die von ihm konsultierten Kollegen, besonders Tsien und Mitglieder des Luft- und Raumfahrt-Gremiums, der Ansicht waren, dass der Bau interplanetarer Raumfahrzeuge machbar sei und man nur die erforderlichen Mittel und Ressourcen benötige. Darüber hinaus glaubten sie, dass ein neuer Ansatz für die Gesetze der Physik und Genetik einschließlich

Abb. 11. Dr. Theodore von Kármán. Erster Vorsitzender der Science Advisory Group, des wissenschaftlichen Beirats der SAB (1946-1954). Quelle: USAF

eines besseren Verständnisses esoterischer Themen wie außersinnliche Wahrnehmung und Telepathie ein solches wissenschaftliches Unterfangen unterstützen würde. Jahrzehnte später in China befürwortete Tsien eine systematische Untersuchung von außersinnlicher Wahrnehmung und Telepathie als integrale Bestandteile eines verbesserten wissenschaftlichen Verständnisses des Universums – eine Studie, die er als »Somatische Wissenschaft« bezeichnete.[28]

Angesichts der Verantwortung des wissenschaftlichen Beirats für die Entwicklung langfristiger Pläne zur Erforschung und Entwicklung zukünftiger Luft- und Raumfahrttechnologien kann gefolgert werden, dass ein streng geheimer Plan für den Nachbau der in Neu-Mexiko geborgenen außerirdischen Raumfahrzeuge und der gefundenen Fliegenden Untertassen der Nazis existierte, die alle auf der Wright Field/

Wright-Patterson Air Force Base untersucht wurden. Aufgrund von Tsiens Position im Aerospace Vehicles Panel und seines früheren Beitrags zu von Kármáns Entwurf in *Toward New Horizons* (1944-1945) hätte er eine Schlüsselrolle bei der Erstellung eines solchen langfristigen Nachbauplans durch von Kármán gespielt. Im Wesentlichen half von Kármáns wissenschaftlicher Beirat der Air Force bei der Entwicklung ihres ersten geheimen Forschungs- und Entwicklungs-Plans (F&E) für ein »Geheimes Weltraumprogramm«, das auf dem Nachbau erbeuteter deutscher und außerirdischer Raumfahrzeuge beruhte, und Dr. Tsien war direkt an den Bemühungen beteiligt.

An dieser Stelle lohnt es sich, das wissenschaftliche Fachwissen zusammenzufassen, das Tsien durch seine verschiedenen historischen Verbindungen mit von Kármán, der Caltech, dem JPL, dem wissenschaftlichen Beirat und dem MIT zum Thema Fliegende Untertassen gewonnen hatte. Erstens war Tsien als Mitglied der Kerngruppe der Doktoranden, die mit der Caltech-Raketengruppe von Kármán zusammenarbeiteten, die schließlich 1944 zum JPL fusionierte, auf dem neuesten Stand der Entwicklung neuer Antriebstechnologien. Es ist sehr wahrscheinlich, dass er während dieser Zeit Informationen aus den Briefing-Paketen bekam, die William Tompkins im Auftrag der U.S. Navy an führende Luftfahrtinstitutionen verteilte. Tompkins behauptet, es wäre darin um Überschallantriebsysteme gegangen, die zu dieser Zeit von den Nazis entwickelt wurden.

Zweitens bereiste Tsien als Mitarbeiter der wissenschaftlichen Beratergruppe von Kármáns von Ende 1944 bis Februar 1946 verschiedene Einrichtungen in den USA, die wegweisende Forschung in der Luftfahrt durchführten. Während dieser Besuche stieß er in den USA auf Informationen über die Abstürze Fliegender Untertassen, die außerirdischen Ursprungs waren und nach Kriegsende für weitere Studien und Entwicklungen vorgesehen waren.

Drittens erfuhr Tsien als Mitglied des wissenschaftlichen Teams von Operation LUSTY, das von April bis Juli 1945 nach Deutschland reiste, was die Deutschen in ihren zahlreichen Überschall-Luftfahrtprogrammen entwickelt hatten. Dies schloss die Fliegenden Untertassen

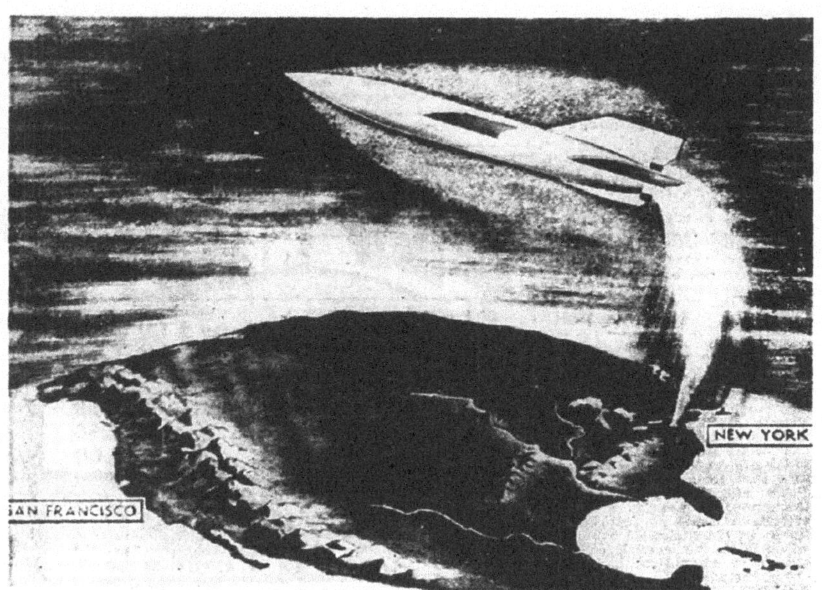

ARTIST'S CONCEPTION OF ROCKET PLANE OF FUTURE IN FLIGHT
80-Foot Creation Based On Sketch By California Professor

10,000-MPH SPEED ENVISIONED

Rocket To Span U.S. In One Hour Seen

BY HOWARD W. BLAKESLEE
(Associated Press Science Editor)

NEW YORK, Dec. 1 — A rocket airplane to fly from New York to San Francisco in less than an hour was described to the American Society of Mechanical Engineers today.

It will travel almost 10,000 miles an hour, but will land at only 150.

The shape is a fat, sharp-pointed pencil, 80 feet long, 9 feet wide. A pair of small wings is set midway between point and tail. The tail fins are as big as the wings, and the vertical tail fin is bigger.

This outline drawing was shown to the American Rocket Society section of the meeting by Dr. Hsue-Shen Tsien, of the California Institute of Technology. He is Robert H. Goddard professor at the Daniel and Florence Guggenheim jet propulsion center.

* * *

The ship hasn't been built. But it is a lot closer than engineers suspected.

"Thre requirements," said Dr. Tsien, "are not at all beyond the grasp of present day technology."

The plane would travel 1,200 miles under rocket power, and then glide 1,800 miles farther. Most of the first 1,200 miles would be up above the atmosphere, somewhere over 30 miles. This part would be a big, flat arch in the blue.

The glide would start at 27 miles altitude. This is where there is a tiny amount of air, enough to gently begin slowing the ship, but not enough to burn her up by friction.

* * *

The ship takes off weighing 50 tons. But by the time she begins the glide, she weighs only 13. The rest is fuel that has been burned.

Dr. Tsien said the best take-off would be vertically upward. He said the early part of this rise might best be by drive of a ram-jet engine, which is a flying stovepipe, or almost hollow tube. The ram-jet advantage while the ship is ascending through the air is that it burns mostly air, and so saves carrying fuel.

After getting above the air the rocket fuel will be hydrogen with either oxygen or fluorine, all of them liquid.

All the power drive is done in a few minutes. After that the ship is a projectile until the glide begins.

Abb. 12. Interview mit Tsien Hsue-shen über sein Raketenflugzeug in den »Miami News« vom 1. Dezember 1949 (erste Seite)

mit ein, die von LUSTYs drittem Team gefunden und in die USA verschifft wurden. Die Nazi-Prototypen wurden in die Wright-Field-Einrichtung der Army Air Force gebracht, die Tsien von 1944 bis 1946 häufig als Mitglied der wissenschaftlichen Beratergruppe besuchte. Die Prinzipien hinter den Überschallantriebsystemen der deutschen Prototypen waren für Tsien von besonderem Interesse.

Viertens arbeitete Tsien als Berater des wissenschaftlichen Beirats von 1946 bis 1949 eng mit von Kármán zusammen, um die revolutionären Antriebssysteme, ihre möglichen Anwendungen und die zukünftige Forschung und Entwicklung in den nächsten fünfzig Jahren zu analysieren. Wie das freigegebene Dokument der Air Force vom 12. Mai 1949 bestätigt, untersuchten von Kármán und der wissenschaftliche Beirat aktiv UFO-Sichtungen.[29] Wie die beiden *Majestic*-Dokumente zeigen, untersuchten und analysierten von Kármán und der Wissenschaftsbeirat auch aktiv die Überreste geborgener außerirdischer Raumschiffe, die nach Wright Field gebracht wurden.

Schließlich könnte Tsiens Luftfahrtkompetenz für seine Position als neu beförderter ordentlicher Professor (1947) am MIT unter Jerome Hunsaker von unschätzbarem Wert gewesen sein, der nur wenige Monate nach dem UFO-Absturz von Roswell Gründungsmitglied der *Majestic 12*-Gruppe wurde. Hunsaker und andere *Majestic 12*-Mitglieder mussten ein langfristiges Programm entwickeln, um auf zwei kritische Situationen zu reagieren: *die außerirdischen Besucher und die Anwesenheit von Nazis in der Antarktis, die begonnen hatten, U.S.-Territorium zu überfliegen.* So wie Tsien von Kármán und dem wissenschaftlichen Beirat bei der Entwicklung eines jahrzehntelangen Entwicklungsplans für außerirdische Raumfahrzeuge geholfen hatte, hat Tsien möglicherweise Hunsaker und der *Majestic 12*-Gruppe bei der Entwicklung ähnlicher langfristiger Pläne geholfen, die auf seiner Analyse der Trümmerteile beruhten, die zum Studium an das MIT gebracht wurden, wie aus dem *White Hot Report* hervorgeht.

Die bahnbrechende Beschäftigung Tsiens mit Fliegenden Untertassen und ihren exotischen Antriebstechnologien in den USA erklärt sein späteres Interesse an UFO-Sichtungen und paranormalen Themen wie außersinnlicher Wahrnehmung und Telepathie.[30] Wie wir in späteren Kapiteln sehen werden, wurden UFOs zu einem Thema von großem Interesse für Tsien und die Führer der Kommunistischen Partei in der Volksrepublik China.

Nach drei Jahren am MIT (1946-1949) nahm Tsien ein Angebot an, im Sommer 1949 als Robert H. Goddard-Professor für Jet Propulsion an die Caltech zurückzukehren. Hier wurde er zur nationalen Berühmtheit, als er mit seinen Ideen von Raketenflugzeugen, die in einer Stunde von New York nach Los Angeles fliegen könnten, mit Wernher von Braun konkurrierte. Auf dem Höhepunkt von Tsiens Prominentenstatus und seinem akademischen Erfolg in den USA kam es jedoch zu einer Katastrophe.

Anmerkungen

1 Thomas A. Sturm, *The USAF Scientific Advisory Board: Its First Twenty Years 1944-64*; USAF Historical Division Liaison Office 1967; p. 13.

2 Ebd., p. 14.

3 Zur Rolle von General Curtis LeMay beim Aufbau des Projekts RAND und der zukünftigen Forschung und Entwicklung von Technologien für Fliegende Untertassen siehe Michael E. Salla, *Die Geheime Geschichte der U.S. Space Force*, AMRA Verlag, Hanau 2021; US-Ausgabe pgs. 45-48.

4 Thomas A. Sturm, *The USAF Scientific Advisory Board: Its First Twenty Years 1944-64*; USAF Historical Division Liaison Office 1967; p. 15.

5 Ebd., p. 134.

6 Dieser Mechanismus der Berichterstattung wurde in der Verordnung 20-30 der U.S. Air Force formalisiert, die am 14. Mai 1948 verabschiedet wurde. Siehe Thomas A. Sturm, *The USAF Scientific Advisory Board: Its First Twenty Years 1944-64*; USAF Historical Division Liaison Office 1967; p. 159.

7 Ebd., p. 24.

8 Ebd., pgs. 24, 147.

9 Iris Chang, *Thread of the Silkworm*, p. 120.

10 Ebd., p. 120.

11 Stanton Friedman, *Top Secret/MAJIC: Operation Majestic-12 and the United States Government's UFO-Cover-Up*; Marlowe & Company [1996] 2005; pgs. 56-85.

12 Iris Chang, *Thread of the Silkworm*, p. 123.

13 Weitere Einzelheiten über die Operation Highjump und die deutsche Antarktisbasis finden Sie in Michael E. Salla, *Antarktis – die verbotene Wahrheit*, AMRA Verlag, Hanau 2020; US-Ausgabe pgs. 83-114.

14 Iris Chang, *Thread of the Silkworm*, p. 123.

15 Ebd., p. 130.

16 Dokument online verfügbar unter https://tinyurl.com/yxab2mv9 (aufgerufen am 29.10.2019)

17 »Air Accident Report on Flying Disk Aircraft near the White Sands Proving Ground, New Mexico«, https://tinyurl.com/y4a8tpre (aufgerufen am 30.10.2019)

18 Ebd.

19 Dies wurde veröffentlicht in Theodore von Kármán, *Toward New Horizons: A Report to the General of the Army H. H. Arnold*; US AAF 1944; https://www.governmentattic.org/vonK/TowardNewHoriz_VKarman_V1.pdf (aufgerufen am 30.10.2019)

20 »The Majestic Documents«, https://tinyurl.com/yyggo9ul (aufgerufen am 30.10.2019)

21 »Introduction to Authenticity Ratings«, https://tinyurl.com/y6ggdund (aufgerufen am 30.10.2019)

22 Eine Sammlung von Artikeln über die Echtheit der Majestic-Dokumente finden Sie unter http://ufoevidence.org/topics/Majestic.htm (aufgerufen am 2.11.2019)

23 »Air Accident Report on Flying Disk Aircraft near the White Sands Proving Ground, New Mexico«, https://tinyurl.com/y4a8tpre (aufgerufen am 30.10.2019)

24 »The Majestic Documents«, https://tinyurl.com/yyggo9ul (aufgerufen am 30.10.2019)

25 »Introduction to Authenticity Ratings«, https://tinyurl.com/y6ggdund (aufgerufen am 30.10.2019)

26 »Twinings ›White Hot‹ Report: Mission Assessment of Recovered Lenticular Aerodyne Objects«, http://majesticdocuments.com/pdf/twining_whitehotreport.pdf (aufgerufen am 02.11.2019)

27 Ebd.

28 CIA, »Parapsychological Research in the People's Republic of China«, https://www.cia.gov/readingroom/document/cia-rdp96-00792r000400260006-0 (aufgerufen am 2.11.2019)

29 Dokument online verfügbar unter https://tinyurl.com/yxab2mv9 (aufgerufen am 29.10.2019)

30 Siehe Dwayne Day, »A Dragon in Winter«, http://www.thespacereview.com/article/1035/1 (aufgerufen am 30.11.2019)

4 Das Unglück schlägt zu: Dr. Tsiens Verhaftung und Abschiebung nach China

»Es war das Dümmste, was dieses Land jemals getan hat«, sagte der frühere Navyminister Dan Kimball später, »er war nicht mehr Kommunist als ich, und wir haben ihn gezwungen zu gehen.«

– The New Yorker, 3. November 2009 –

Am 6. Juni 1950, als er in seinem Caltech-Büro saß, dem gleichen Raum, den von Kármán zuvor besetzt hatte, wurde Tsien von zwei FBI-Agenten besucht. Ihm wurde gesagt, dass mehrere Personen, mit denen er sich in den 1930er Jahren bei der Caltech angefreundet hatte, Mitglieder der Kommunistischen Partei von Pasadena waren. Die Agenten behaupteten, Tsiens Name stehe auf einer Mitgliederliste unter dem Pseudonym »John Decker« und er werde verdächtigt, Kommunist zu sein. Tsien bestritt die Anschuldigungen energisch und behauptete, er sei absolut gegen den internationalen Kommunismus. Der »russische Kommunismus« war nach Tsiens Meinung »nichts anderes als eine totalitäre Regierungsform, und im Verhältnis zur demokratischen oder freien Regierung sei er ›böse‹«.[1]

Trotz des Mangels an konkreten Beweisen, die seine Verbindungen zum Kommunismus belegten, sorgte das FBI dafür, dass Tsiens Sicherheitsfreigaben sofort widerrufen wurden. Tsiens Fähigkeit, seine bahnbrechende Luftfahrtforschung an der Caltech fortzusetzen, wurde über Nacht zerstört. Chang schreibt über die Reaktion der Caltech auf die Anschuldigungen des FBI:

> »Die Fakultät und die Verwaltung der Caltech waren fassungslos, als sie die Neuigkeiten erfuhren. Tsien, ein Kommunist? Einige glaubten, Tsien sei die aristokratischste Person, die sie kannten. Und war er nicht mit der Tochter eines Militärstrategen verheiratet, der unter Chiang Kai-shek gearbeitet hatte? Nein, Tsien war die letzte Person – die allerletzte Person –, die das Caltech-Establishment verdächtigt hätte, ein Kommunist zu sein.«[2]

Zwei Wochen später kündigte Tsien an, dass er an der Caltech zurücktreten und nach China zurückkehren werde. Einige bestärkte das in der Annahme, dass der Verdacht des FBI, er sei Kommunist und möglicherweise ein Spion, der Wahrheit entsprach. Warum schließlich ins kommunistische China zurückkehren, wenn man kein Kommunist war? Andere, die Tsien besser kannten, stellten klar, dass er aus »einer Kombination aus Stolz, Wut, Verwirrung und Angst heraus handelte, alles Emotionen, die zu der Person passten, zu der Tsien geworden war«.[3] Darüber hinaus gab es starke persönliche Gründe für die Rückkehr, da sein kranker Vater seine kleinen Enkelkinder noch nicht gesehen hatte und um die Rückkehr seines Sohnes bat. Amerikanische Beamte vermuteten, dass die kommunistischen Behörden Tsiens Vater unter Druck setzten, seinen Sohn zu bitten, nach Hause zu kommen. Anscheinend war es unter kommunistischen Behörden inzwischen üblich, chinesische Staatsangehörige mit technischem Fachwissen dazu zu bringen, von Universitäten weltweit zurückzukehren, um zur Modernisierung Chinas beizutragen.

Die Caltech-Verwaltung und von Kármán sprangen zu Tsiens Verteidigung ein. Der Präsident der Caltech, Lee DuBridge, fasste die Ansichten von Kármáns und der meisten anderen in seiner Fakultät am besten zusammen:

> »Es ist eine ganz und gar lächerliche Situation, dass einem der größten Raketen- und Jet-Antriebsexperten des Landes nicht nur die Möglichkeit

> verweigert wird, auf dem von ihm gewählten Gebiet zu arbeiten, er wird durch diese Verweigerung auch noch gezwungen, in das besetzte China zurückzukehren, um dem kommunistischen Regime dort seine Talente zur Verfügung zu stellen.«[4]

Unglücklicherweise für die Caltech, von Kármán und die USA war aber genau dies letztlich der Fall.

Für Tsien verschärfte sich die Lage weiter. Vor seiner Abreise nach China versuchte er noch, seine persönlichen Besitztümer wie Bücher, Papiere und Notizen nach Hongkong zu schicken. Als die Umzugsunternehmen jedoch einige der als »geheim« und »vertraulich« gekennzeichneten Papiere bemerkten, wurden die Zollbeamten benachrichtigt. Acht Koffer mit Papieren wurden vom amerikanischen Zoll mit der Begründung beschlagnahmt, sie verstießen gegen eine Reihe von Bundesgesetzen, einschließlich Spionage.

Ein Bundesrichter stimmte zu, und am 25. August 1950 wurde ein Haftbefehl gegen Tsien erlassen.

Das hätte zu keinem schlimmeren Zeitpunkt passieren können, da der Ausbruch des Koreakrieges zu Reaktionen gegen alle führte, denen kommunistische Sympathien vorgeworfen wurden. Auf Presseanfragen gab Tsien eine Erklärung zum Inhalt der inkriminierten Kisten:

> »Es gibt keine Codebücher, Signalbücher oder Pläne. Es gibt einige Zeichnungen, Logarithmentabellen und dergleichen, die jemand möglicherweise mit Codes verwechselt hat. Ich wollte meine persönlichen Notizen, von denen viele Vorlesungsnotizen waren, sowie anderes Material mitnehmen, um es zu studieren, während ich weg war. Ich habe mit Sicherheit nicht versucht, etwas Geheimes mitzunehmen.«[5]

Die Presse, die Tsien erst Monate zuvor als visionären Raketenwissenschaftler gefeiert hatte, brandmarkte ihn nun als möglichen kommunistischen Spion. Nachdem der Haftbefehl ausgestellt worden war, wurde Tsien zwei Wochen lang in ein Einwanderungsgefängnis gesperrt, bevor er gegen eine Kaution in der erstaunlichen Höhe von

25.000 US-Dollar freigelassen wurde – das entspricht im Jahr 2020 über 250.000 US-Dollar.

Trotz der rechtlichen Entscheidung, dass in seinen persönlichen Notizen nichts Geheimes gefunden wurde, beschloss der Immigration and Naturalisation Service, die Behörde für Einwanderung und Einbürgerung (INS), Tsien nach dem Subversive Control Act von 1950 abzuschieben, da er angeblich Mitglied der Kommunistischen Partei war, als er 1948 in die USA einreiste.[6]

Von 1950 bis 1955 lebte Tsien in einer juristischen Schwebe, die durch widersprüchliche bürokratische Anforderungen geschaffen wurde. Das Außenministerium erlaubte ihm aufgrund seiner umfassenden Kenntnisse der geheimen U.S.-Luftfahrtforschung nicht, nach China auszureisen, doch lebte er nach dem INS-Urteil unter der ständigen Drohung der sofortigen Deportation. Tsien durfte weiter an der Caltech unterrichten, konnte jedoch keine Luftfahrtforschungen durchführen, da seine Sicherheitsfreigaben nie wiederhergestellt worden waren. Erst nach dem Ende des Koreakrieges, am 27. Juli 1953, wurden die Verhandlungen zwischen China und den USA über Kriegsgefangene zum Auslöser, der zu seiner endgültigen Ausreise führte.

Im Juni 1955 genehmigte Präsident Dwight W. Eisenhower privat die Freilassung von Tsien und anderen chinesischen Staatsangehörigen mit wichtigen technischen Informationen, die dem kommunistischen Regime helfen könnten. Eisenhower war informiert worden, dass eine solche Geste wesentlich sei, um die Freilassung amerikanischer Kriegsgefangener zu erreichen. Am 4. August 1955 schrieb das INS an Tsien und teilte ihm mit, dass er die Vereinigten Staaten verlassen könne.[7]

In der Zwischenzeit hatte Tsien es geschafft, einen Brief an die Schwester seiner Frau zu senden, in dem er die kommunistischen Behörden aufforderte, ihn bei der Rückkehr auf das chinesische Festland zu unterstützen. Am 8. August 1955 wurde bei den Verhandlungen in Genf Tsiens Brief vom chinesischen Botschafter Wang Ping-nan ausdrücklich zur Sprache gebracht, zur Überraschung der amerikanischen Delegation unter der Leitung von Botschafter Alexis Johnson: »Der Brief, behauptete Wang, war ein anschaulicher Beweis dafür, dass viele chinesische Wissen-

Oakland Tribune, Friday, Sept. 8, 1950 D 5

Chinese Scientist Held as Red As U.S. Colleague Is Convicted

LOS ANGELES, Sept. 8.—(AP)— The Government today accused a Chinese research scientist of being an alien communist as another top-flight physicist was convicted of lying about former communist party ties.

Dr. Hsue-Shen Tsien, 40, head of the jet propulsion center at California Institute of Technology, was held at Terminal Island.

Immigration service agents arrested him only two weeks after customs officials seized eight packing cases of scientific papers which Tsien tried to ship to Shanghai, in communist China.

Meanwhile, Dr. Sidney Weinbaum was jailed without bail and awaited sentencing Tuesday on three counts of perjury and one count of fraud. A Federal Jury decided yesterday that the former Caltech physicist lied when he told an Army security officer last year that he had never been a communist.

The Russian-born Weinbaum, 52, said he would appeal the verdict.

The Weinbaum and Tsien cases were not related, authorities said. Tsien's work was with the Guggenheim jet propulsion center and concerned with pure scientific research. Weinbaum had worked in the top secret jet propulsion laboratory at the institution.

Bank Officer Dead

SCARSDAL, N.Y., Sept. 8.—(AP)— Dudley F. Fowler, 60, trust officer of the City Bank Farmers Trust Company of New York and member of the War Department's board of contract adjustments after World War I, died last night.

Abb. 13. Nationale Zeitungen wie die »Oakland Tribune« berichteten über Tsiens Verhaftung und die Verhandlungen in Genf.

schaftler in den USA, die in das Mutterland zurückkehren wollten, dazu nicht in der Lage waren.«[8] Im September 1955 reiste Tsien im Rahmen eines Abkommens, bei dem er gegen elf gefangene amerikanische Flieger ausgetauscht wurde, nach China aus. Als Chinas Premierminister Chou

En-Lai Jahre später über die Genfer Verhandlungen sprach, erklärte er triumphierend: »Wir hatten Tsien Hsue-shen zurückgewonnen. Allein das hat die Gespräche gelohnt.«[9]

Was Tsien bei seiner Rückkehr nach China mitbrachte, war nicht nur sein umfassendes Wissen über die Bemühungen der USA, Raketen- und Jetantriebsprogramme zu entwickeln, es waren auch seine Kenntnisse der bahnbrechenden Forschungen Nazi-Deutschlands an Fliegenden Untertassen sowie der amerikanischen Studien über nach dem Absturz geborgene außerirdische Fluggeräte.

Es lohnt sich, einmal über die außergewöhnlichen Umstände zu spekulieren, die zu Tsiens Ausweisung geführt haben, und darüber, ob es eine verborgene Gruppe oder einen Geheimdienst gab, die dieses traurige Ergebnis bewusst herbeiführte. Es gibt drei Szenarien, die berücksichtigt werden sollten. Erstens führte nach der vorherrschenden Ansicht eine Kombination aus unglücklichen Zufällen, dem Einsetzen des McCarthyismus, Rassendiskriminierung und einem erstaunlich schlechten Urteilsvermögen von Einwanderungs- und FBI-Beamten dazu, dass Tsien gezielt aus seiner Wahlheimat vertrieben wurde. Im Grunde war es also nichts als Zufall und Pech.

Eine zweite Möglichkeit besteht jedoch darin, dass ein versteckter langfristiger Plan China helfen sollte, die technologische Lücke zur UdSSR und zu den Vereinigten Staaten zu schließen, damit China eines Tages diesen Supermächten in Bezug auf ihre globale Vorherrschaft Konkurrenz machen könnte. Dieses Szenario hat historische Wurzeln: Eine mächtige Gruppe versteckter Kontrolleure – auch bekannt als Deep State oder Illuminati – hat rivalisierende Zentren globaler Macht aufgebaut, um sie gegeneinander auszuspielen und so Krieg, Armut und Hungersnot auf der ganzen Welt aufrechtzuerhalten.

Dieser Standpunkt spiegelt sich am besten in dem Buch *Die Götter von Eden – eine neue Betrachtung der Menschheitsgeschichte* von William Bramley wider, der die Menschheit über viele tausend Jahre hinweg als von einer finsteren Gruppe von Außerirdischen, die er »die Wächter« nennt, manipuliert sieht.[10] Diese Gruppe betrieb Tsiens unglückliche und umstrittene Abreise aus den USA, um ihn dazu zu bringen, all seine geheimen Informationen mit einem totalitären Staat zu teilen, der zu einer Atommacht werden wollte. Das Ziel Chinas war es, so schnell wie möglich militärischen und technologischen Gleichstand mit den USA zu erreichen, um die beiden Länder in einen künftigen apokalyptischen Krieg zu treiben. Diese pessimistische Variante verleiht Tsien die Rolle eines unwissenden Handlangers in einem Langzeitplan des Deep State.

Die dritte Möglichkeit besteht darin, dass es eine nichtmenschliche planetare Intelligenz gibt, die versucht, ein Gleichgewicht zwischen den Großmächten herzustellen, um den globalen Frieden, die Gleichheit und den Überfluss zu fördern. Dieser Standpunkt spiegelt sich in der Arbeit von James Lovelock und seiner *Gaia-Hypothese* wider, die erstmals in seinem einflussreichen Buch *Gaia – A New Look at Life on Earth* (»Gaia – ein neuer Blick auf das Leben auf der Erde«, nicht auf Deutsch erschienen) erklärt wurde.[11] Lovelock glaubt, dass »Homöostase«, also Gleichgewicht, ein planetarischer Prozess ist, der einsetzt, wenn Gaia – die Seele der Erde – fühlt, dass sie auf kritische Weise aus dem Gleichgewicht geraten ist. Während Lovelock glaubt, dass Homöostase ein mechanischer Selbstregulierungsprozess ist, der auf Makroebene zwischen lebenden Organismen und ihrer anorganischen Umgebung abläuft, könnte ein solcher Prozess aber genauso durch eine nichtmenschliche Intelligenz enormen Ausmaßes herbeigeführt werden, die auf Mikroebene daran arbeitet, die menschlichen und planetarischen Angelegenheiten zu führen.

Letztere Perspektive spiegelt sich am besten in der Arbeit des deutschen Philosophen Georg Wilhelm Friedrich Hegel (1770-1831) wider, der behauptete, ein »Weltgeist« (Zeitgeist) leite die menschlichen Angelegenheiten durch »Personen der Weltgeschichte«, so dass die Menschheit mit wachsendem Selbstbewusstsein zu einer kollektiven Manifestation des Absoluten Geistes wird.[12] Dies ist die optimistischste der drei Möglichkeiten, die die außergewöhnlichen Umstände hinter Tsiens Ausweisung erklären und ihn zu einer welthistorischen Figur macht, deren Aufgabe es war, einen Planeten ins Gleichgewicht zu bringen, der lange Zeit von westlichen Mächten und Materialismus dominiert wurde.

Tsien Hsue-shen wird zufällig zum Zielobjekt des FBI.

Tsien Hsue-shen wird zum Zielobjekt des FBI, weil der Deep State China in einen künftigen Atomkrieg mit den USA hinein manipulieren will.

Tsien Hsue-shen wird vom Zeitgeist dazu auserwählt, China zu helfen, das planetare Gleichgewicht wiederherzustellen.

Abb. 14. Matroschka-Puppen bieten Erklärungen für Tsien Hsue-shens Verhaftung und Abschiebung aus den USA (1950-1955).

Tsiens Beteiligung an der Errichtung Geheimer Weltraumprogramme sowohl in den USA als auch in China wäre damit Teil des Plans einer höheren Intelligenz, um dem Planeten mehr Harmonie und eine tiefere Manifestation des »Absoluten Geistes« zu verleihen.

War Tsien das unglückliche Opfer von Zufallsereignissen? War er eine Marionette, die von einer finsteren Gruppe globaler Kontrolleure manipuliert wurde? Oder war er eine »Person der Weltgeschichte«, die von einem planetarischen Zeitgeist ausgewählt wurde, um Frieden und Harmonie auf globaler Ebene zu erreichen? Es ist durchaus möglich, dass alle drei Erklärungen zutreffend sind, wie hier am Beispiel der Matroschka-Puppe gezeigt wird, bei der hinter der offensichtlichsten Erklärung als Zufall noch erheblich tiefere Erklärungen zu finden sein könnten.

Anmerkungen

1 Iris Chang, *Thread of the Silkworm*, p. 149.
2 Ebd., p. 150.
3 Ebd., p. 151.
4 John Pomfret, *The Beautiful Country and the Middle Kingdom: America and China, 1776 to the present*; Henry Holt & Company 2016; pgs. 401-402.
5 Iris Chang, *Thread of the Silkworm*, p. 157.
6 Ebd., p. 166.
7 Ebd., p. 188.
8 Ebd., p. 188.
9 Ebd., p. 189.
10 William Bramley, *Gods of Eden*; Avon Books 1989; p. 38. – Dt. Ausgabe: *Die Götter von Eden*, In der Tat Verlag, Peiting 1995.
11 James Lovelock, *Gaia: A New Look at Life on Earth*, Oxford University Press 1979. – Auf Deutsch liegt in der Bibliothek der Nachhaltigkeit ein faszinierender Nachfolgetitel des Autors vor: *Das Gaia-Prinzip, die Biographie unseres Planeten*, oekom Verlag, München 2021, mit einer Einführung von Ugo Bardi; die Übersetzung beruht auf *The Ages of Gaia*, einem Buch von 1988, das auf Deutsch erstmals im Verlag Artemis & Winkler, Zürich/München 1991, erschien.
12 Siehe »Georg Wilhelm Friedrich Hegel«, https://plato.stanford.edu/entries/hegel/ (aufgerufen am 4.11.2019)

5 Tsien legt den Grundstein für Chinas Aktivitäten im Weltraum

Der Traum von gestern ist die Hoffnung von heute und die Realität von morgen.

– Robert Goddard, Erbauer der ersten Raketen in den USA –

Nach Tsien Hsue-shens folgenreicher Rückkehr in die Volksrepublik China im Oktober 1955 war das unmittelbarste Problem, mit dem er konfrontiert war, die Rückständigkeit des Landes bei der Entwicklung von Raketen und anderen modernen Luft- und Raumfahrttechnologien. Fortan sollte Tsien nicht länger Spitzenforschung in führenden Luftfahrtinstituten betreiben.

Stattdessen folgte er einem ähnlichen Karriereweg wie sein Mentor von Kármán, der seine akademische Karriere geopfert hatte, um die USAF bei der Vorbereitung auf das Überschallzeitalter von Raketen, Flugzeugen mit Düsenantrieb und zukünftigen Raumschiffen mit neuartigen und unbekannten Antriebssystemen zu unterstützen.

Tsien half nun dem chinesischen Militär, einen ähnlichen Forschungs- und Entwicklungsweg (F&E) einzuschlagen wie in dem über Jahrzehnte reichenden Plan, der 1944 für die U.S. Air Force erstellt worden war und den von Kármán in seiner Buchreihe *Toward New Horizons* mit Tsiens Hilfe dargelegt hatte.

Es überrascht nicht, dass Tsiens Plan …

»… für die chinesische wissenschaftliche Forschung eine frappierende Ähnlichkeit mit dem monumentalen Plan für die U.S.-Luftverteidigung hatte, an dem er erst zehn Jahre zuvor gearbeitet hatte.«[1]

Letztlich kombinierte Tsien zwei Vorbilder, denen er während seines zwanzigjährigen Aufenthalts in Amerika begegnet war. Zunächst wurde er »der von Kármán Chinas«, indem er einen mehrjährigen Plan zur Entwicklung der Luftfahrt für die Volksbefreiungsarmee (VBA) erstellte.[2] Später half er der VBA auch dabei, die schwierigere Aufgabe des Nachbaus von Technologien für Fliegende Untertassen zu beginnen, die in Chinas Besitz gekommen waren. Zweitens wurde Tsien zum »von Braun Chinas«, indem er den Bau ballistischer Raketensysteme direkt überwachte, die unweigerlich das Rückgrat des künftigen »öffentlichen« Weltraumprogramms des Landes bilden mussten.[3]

Chou En-Lai, unter Staatspräsident Mao Tse-tung der Premierminister der Volksrepublik China von 1949 bis zu beider Tod 1976, veranlasste die Spitzen der Kommunistischen Partei, Tsien sofort in die chinesische Akademie der Wissenschaften aufzunehmen, und wies ihm eine Führungsrolle in Chinas neuem Programm für Atomwaffen und ballistische Raketen zu. Tsien begann seine monumentale Aufgabe mit der Gründung des »Instituts für Mechanik« in Peking, das sich auf »angewandte Mechanik und die Entwicklung der Hochgeschwindigkeits-Aerodynamik für Verteidigungszwecke« konzentrierte.[4]

Das Institut begann seine Arbeit am 5. Januar 1956 mit Tsien als Gründungsdirektor. Wenige Monate später unterstützte Chou En-Lai auch Tsiens Vorschlag an die Führung der KPCh, der Kommunistischen Partei Chinas, eine Forschungseinrichtung für Luftfahrt- und Raketenentwicklung aufzubauen.

Chou En-Lai beaufsichtigte den Vorgang innerhalb der KP, die Schaffung der »Fünften Akademie des Ministeriums für nationale Verteidigung« zu genehmigen, die am 8. Oktober 1956 mit Tsien als Gründungsdirektor ins Leben gerufen wurde.

In seinem Buch *China's Space Program* (»Chinas Weltraumprogramm«, nicht auf Deutsch erschienen) fasst Brian Harvey die Bedeutung dieser Veranstaltungsreihe für die offizielle Geburt des chinesischen Weltraumprogramms zusammen:

> »Im April 1956 leitete Chou En-Lai eine Sitzung der Militärkommission des Zentralkomitees, zu der Tsien Hsue-shen eingeladen wurde, um das Potenzial von Lenkflugkörpern und Raketen zu skizzieren. Innerhalb weniger Tage hatte die Regierung eine staatliche Kommission für Luftfahrtindustrie zur Entwicklung der Luft- und Raketenabwehr des Landes ernannt …
>
> Am 8. Oktober 1956 richtete das Zentralkomitee der Kommunistischen Partei Chinas unter dem Vorsitz von Mao Tse-tung die Fünfte Forschungsakademie des Verteidigungsministeriums ein, um die Anstrengungen im Weltraum zu entwickeln. Dieses Datum ist jetzt offiziell in China als Geburtstag des chinesischen Weltraumprogramms markiert.[5]

Tsien wurde rasch »einer der mächtigsten Wissenschaftler des Landes, der als Verbindungsstelle zwischen der wissenschaftlichen Gemeinschaft und den höchsten Regierungsebenen diente«.[6]

Ein Foto, das Tsien in einer unbekannten Militäruniform zeigt, wie er 1956 neben Mao Tse-tung sitzt, verdeutlicht seine Bedeutung für die chinesische Führung.[7] Tsien traf Mao insgesamt sechs Mal und unterrichtete ihn persönlich in den Naturwissenschaften. Er verhielt sich Mao und der Kommunistischen Partei gegenüber während seiner gesamten Karriere sehr respektvoll, und dies schützte ihn und seine Luft- und Weltraumprogramme bei den Turbulenzen späterer Jahre.

Tsien war auch maßgeblich daran beteiligt, dass die Sowjetunion China technische und wissenschaftliche Hilfe leistete.

Schon Anfang der 1950er Jahre hatte China mit den Sowjets über den Kauf eines Teils von deren Raketentechnologie verhandelt, aber erst im September 1956, nach Tsiens Ankunft, verkauften sie China zwei R1-Raketen. Es waren Nachbildungen der V2-Raketen, die Tsien elf Jahre zuvor in Nordhausen gesehen hatte, als er an der Operation LUSTY teilnahm. Tsien erkannte sofort, dass die Sowjets veraltete Technologie an China verkauften. Modernere Technologie war erwünscht,

Abb. 15. Tsien Hsue-shen 1956 neben Mao Tse-tung

aber Chinas Führung verstand, dass sie im Gegenzug etwas Wertvolles anbieten musste. Tsiens Wissen davon, was die USA entwickelten, wurde zu dem notwendigen Faktor, um ein chinesisch-sowjetisches Abkommen zu erreichen.

Es ist völlig verständlich, warum Moskau stark an Tsiens umfassendem Wissen über Amerikas Raketenprogramm, dessen Atomwaffenforschung, Erkenntnissen über die deutschen Untertassen-Prototypen und geheimen Studien zu exotischen Antriebssystemen in erbeuteten Fliegenden Untertassen interessiert war. Chinas Bereitschaft, Tsien zu erlauben, nach Moskau zu reisen, um dort einen Teil dieses Wissens weiterzugeben, war ein entscheidender Faktor bei den Verhandlungen mit der UdSSR, die dazu führten, dass ein historisches dreißigjähriges Abkommen über technische Hilfe für China erzielt wurde. Zu dieser Zeit gab es in China keinerlei technisches Fachwissen zu Atomwaffen und ballistischen Raketen.[8]

Tsien war unmittelbar an der Vereinbarung des Abkommens über technische Hilfe mit der Sowjetunion beteiligt, das für die Einrichtung eines chinesischen Programms für nukleare und ballistische Raketen von wesentlicher Bedeutung war. Aufgrund dieses am 15. Oktober 1956 unterzeichneten Abkommens begann die Sowjetunion mit der Übertragung von Raketentechnologien nach China und vergab Stipendien an chinesische Studenten, die an sowjetischen Universitäten Naturwissenschaften studieren konnten.[9] Darüber hinaus stellten die Sowjets zwei R2-Raketen zur Verfügung, ihre verbesserte Version der

V2-Rakete, die nachts heimlich an Tsiens Fünfte Akademie ausgeliefert wurden. Im Sommer 1957 reiste Tsien persönlich als Mitglied einer chinesischen Militärdelegation in die UdSSR, um einige seiner umfassenden Kenntnisse über die amerikanischen Nachbau-Bemühungen für Fliegende Untertassen vorzustellen. Die Sowjets intensivierten ihre Unterstützung und übergaben bis 1958 schließlich über zehntausend Bände mit Bauplänen und technischen Dokumenten zum Bau, Testen und Starten der R2s an China, zusammen mit weiteren zwölf R2s, die die Fünfte Akademie gekauft hatte.[10]

Iris Chang beschreibt das große Ausmaß der Forschung und Entwicklung, die unter Tsien an der Fünften Akademie stattfand:

> »Zwischen April 1958 und April 1959 zog die chinesische Volksbefreiungsarmee (VBA) mehr als dreitausend technische Fachkräfte und Kader von anderen Stellen ab, die Tsien zusammen mit dreihundert Ingenieurexperten aus der Industrie bei der Fünften Akademie unterstützten.«[11]

Auch wenn die Entwicklung ballistischer Raketen in China Vorrang hatte, steht doch fest, dass Tsien einige KP-Funktionäre und hochrangige Wissenschaftler der Fünften Akademie mit seinen Kenntnissen des amerikanischen Nachbau-Programms verblüffte. Problematisch erwies sich für ihn aber Mao Tse-tungs tiefe Skepsis gegenüber dem Paranormalen, der Religion und den Geschichten über Antigravitationsfluggeräte, die zum UFO-Phänomen gehören. Mao und andere hochrangige Parteibeamte glaubten, UFOs seien ein westlicher Trick, um die kommunistischen Nationen zu täuschen, wie Wendelle Stevens und Paul Dong, die Autoren von *UFOs Over Modern China* (»UFOs über dem heutigen China«, nicht auf Deutsch erschienen), betonten.[12] Chou En-Lai, eine weitaus pragmatischere Persönlichkeit als der radikalere Mao, verstand die Bedeutung der Fliegenden-Untertassen-Programme der USA und der Sowjetunion und war möglicherweise eher mit Tsiens Außenseiterposition einverstanden.

Tsiens Wissen über Raketen, Düsentriebwerke und Kernenergie wurde zwar als entscheidend für die zukünftige wissenschaftliche und militärische Entwicklung Chinas angesehen, aber gleichzeitig unterstützten Mao und die Führung der Kommunistischen Partei ihn nicht besonders, leisteten vielleicht sogar Widerstand dagegen, dass Tsien mit wertvollen staatlichen Mitteln das Phänomen der Fliegenden Untertassen untersuchte. Wenn es um die Sowjetunion ging, war die Situation jedoch eine ganz andere.

Aus den durchgesickerten SS-Dokumenten der Nazis über die Herstellung verschiedener *Vril-* und *Haunebu*-Fluggeräte, die in Kapitel 2 erörtert wurden, wissen wir, dass siebenundzwanzig von ihnen von der SS getestet worden waren. Wir wissen auch, dass die USA vier Modelle von Fliegenden Untertassen der Nazis gefunden hatten, die von Operation LUSTYs mysteriösem dritten Team in die USA gebracht worden waren, möglicherweise während der sechs Tage, als Pattons dritte Armee Pilsens Skoda-Werke besetzte.

Es ist bekannt, dass die Sowjets einige der streng geheimen Einrichtungen überrannten, die die SS unterhalb des Eulengebirges in Niederschlesien errichtet hatte, damals ein Teil Deutschlands, heute in Polen gelegen. Es ist außerdem bekannt, dass sieben separate Tunnelsysteme für den Bau von »Superwaffen« angelegt wurden, die unter das Gesamtprojekt namens »Riese« fielen. Das berüchtigte Nazi-Glocken-Projekt wurde in den Einrichtungen des Eulengebirges zusammen mit anderen Projekten im Zusammenhang mit Prototypen Fliegender Untertassen entwickelt.[13] Die Sowjets hatten mehrere deutsche Prototypen Fliegender Untertassen erbeutet und ein unabhängiges Forschungs- und Entwicklungsprogramm begonnen, das diese Technologien umfasste. Es ist sehr wahrscheinlich, dass die Sowjets genau wie die Amerikaner auch außerirdische Artefakte oder sogar abgestürzte Raumschiffe entdeckten und diese in ihren geheimen Einrichtungen untersuchten.

Der Austausch des Wissens mit Tsien über die erbeuteten Nazi-Untertassen und mögliche außerirdische Schiffe war für die Sowjets sicherlich sinnvoll. Tsien hatte einen einzigartigen Einblick in das, was die U.S. Air Force im Hinblick auf ihre zukünftige Forschung und Entwicklung der exotischen Technologien in den erbeuteten Nazi-Untertassen und außerirdischen Schiffen tat.

Es ist daher anzunehmen, dass Tsien einiges von dem, was er gelernt hatte, mit den Sowjets teilte, die ihm im Gegenzug einige ihrer eigenen Forschungsergebnisse über erbeutete Untertassen der Nazis und möglicherweise außerirdische Flugobjekte für die zukünftige Entwicklung in China lieferten, nun da Ressourcen verfügbar und eine unterstützende politische Führung vorhanden war.

Auch war es für die Sowjets sinnvoll, so viele Informationen wie möglich von Tsien zu erhalten, um die Technologien zu verstehen, die den konventionellen Antriebssystemen, die damals für Flugzeuge und Raketen entwickelt wurden, um Jahrzehnte voraus waren. Die USA verfügten über enorme finanzielle Ressourcen und Fachwissen, um ihre Forschung und Entwicklung der erbeuteten Fliegenden Untertassen rasch voranzutreiben. Beunruhigender war die Nachricht in den 1950er Jahren, dass zwischen den USA und der deutschen abtrünnigen Kolonie in der Antarktis Vereinbarungen getroffen worden waren, an denen die außerirdischen Verbündeten der Kolonie beteiligt waren.[14]

Im August 1960, weniger als vier Jahre nach Unterzeichnung des dreißigjährigen Hilfsabkommens, zog sich die Sowjetunion zurück und stellte die weitere technische Zusammenarbeit mit China aufgrund wachsender ideologischer Unterschiede ein. Chruschtschow und Mao hatten einen Streit darüber, inwieweit die Sowjets China bei der Entwicklung von Atomwaffen helfen sollten. Chruschtschow glaubte, Mao sei rücksichtslos und bereit, Atomwaffen einzusetzen, um ideologische Ziele zu erreichen. Brian Harvey erklärt, was passiert ist:

> »Das dreißigjährige unerschütterliche chinesisch-sowjetische Abkommen endete im August 1960 unter Tränen. Kein einzelner Grund erklärte den Zusammenbruch der Beziehung. Die Weigerung der Sowjetunion, spezielle Nukleartechnik zu liefern, verärgerte Mao und scheint der Hauptgrund gewesen zu sein. Chruschtschow seinerseits war immer mehr davon überzeugt, dass China die Absicht hatte, Atomwaffen bei der erstbesten Gelegenheit auch einzusetzen. Vierzehnhundert sowjetische technische Berater kehrten am 12. August abrupt nach Hause zurück, nahmen ihre Dokumente mit und zerkleinerten alles, was sie nicht tragen

konnten. Über zweihundert gemeinsame Projekte wurden abgesagt. Der Abzug der Sowjets aus der Fünften Akademie erfolgte anscheinend friedlich und war Anlass für echtes Bedauern auf beiden Seiten. Zu dieser Zeit aufgenommene Fotos zeigen, wie herzlich sich die Wissenschaftler voneinander verabschiedeten.«[15]

Trotz des Ausfalls hatte Tsien dank der massiven technischen Hilfe der Sowjets eine modifizierte Version der sowjetischen R2 (auch bekannt als SS-2-Vorläufer) entwickelt, die als DF-1 bezeichnet wurde. Es handelte sich um die erste Rakete in Chinas Serie *Dongfeng* (»Ostwind«), und sie wurde am 5. November 1960 erfolgreich vom neu errichteten Jiuquan Satellite Launch Center mitten in der Wüste Gobi in der abgelegenen Provinz Gansu aus gestartet. Es wurde sogar eigens eine Eisenbahn gebaut, die Jiuquan direkt mit Tsiens Fünfter Akademie in Peking verbindet. So wurden Materialien heimlich per Bahn zum Testen an den entfernten Ort transportiert.

Oberflächlich betrachtet ist es schwer zu verstehen, warum die Sowjets dem Hilfsabkommen überhaupt zugestimmt haben, da Russland und China in Zentralasien seit Langem geopolitische Rivalen waren. Würde China sein Militär mit Atomwaffen modernisieren, könnte es schließlich die sowjetischen Interessen in der Region bedrohen. Während die UdSSR und China kommunistische Ideen teilten, boten die nationalen Interessen zwischen den beiden führenden kommunistischen Nationen doch jede Menge Zündstoff. Dies gilt insbesondere für Chruschtschows Auffassung, dass Mao ein stalinistischer Despot war, der bereit war, Millionen von Menschen in einem Atomkrieg zu opfern, um seine Ziele zu erreichen.

Eine überzeugende Antwort darauf, warum die Sowjets das technische Abkommen unterzeichnet haben, ist, dass sie von der direkten Zusammenarbeit mit Dr. Tsien Hsue-shen profitieren konnten. Sein Wissen aus erster Hand über die unbekannten Antriebssysteme, die die USA heimlich untersucht hatten, sowie die fortschrittlichen Technologien, die die Deutschen vor ihrem Zusammenbruch heimlich in die Antarktis (und nach Südamerika) verlagert hatten, waren für die

Sowjets von unschätzbarem Wert. Durch die Etablierung eines technischen Abkommens, das aufgrund geopolitischer Differenzen nur von kurzer Dauer war, hatten die Sowjets ihr Ziel erreicht. Tsien hatte wertvolle Informationen geliefert, die ihnen halfen, die Forschung und Entwicklung exotischer Antriebstechnologien, die sie schon besaßen, weiter voranzutreiben.

Trotz Chinas Kenntnis der wissenschaftlichen Bemühungen der USA, die Technologien für Fliegende Untertassen zu verstehen, und Russlands eigenen Forschungs- und Entwicklungsarbeiten im Zusammenhang mit ähnlichen exotischen Technologien bestand die erste Priorität für Maos China darin, ein Atomwaffenprogramm und ein funktionierendes System konventioneller Raketen zu entwickeln, die auf verbesserten Versionen der DF-1 beruhten. Mehr als zwei Jahrzehnte sollten aber noch vergehen, bis die chinesische Wissenschaft bereit war, die schwierigeren Probleme der exotischen Untertassen-Antriebssysteme anzugehen.

Ein Grund war: China konnte nicht hoffen, ebenso enorme Mengen an Ressourcen in die Forschung und Entwicklung von Antigravitationsraumschiffen stecken zu können wie die Vereinigten Staaten. Außerdem hegte Mao eine beträchtliche Skepsis gegenüber der Realität des UFO-Phänomens. So dauerte es Jahrzehnte, bis China die notwendige wirtschaftliche und technische Grundlage hatte, die ungefähr dem entsprach, was Tsien von der U.S. Air Force kannte. In dieser Zeit ging er weiter der Aufgabe nach, China bei der Entwicklung konventioneller Raketen zu unterstützen, die als Startsysteme für Atomraketen eingesetzt werden sollten, und entwickelte ein Weltraumprogramm, mit dem Satelliten in den Orbit geschickt werden konnten.

China befand sich nun in einer sehr ähnlichen Position wie die Vereinigten Staaten, nachdem sie Fliegende Untertassen in Cape Girardeau, Missouri (1941), und Los Angeles (1942) an sich gebracht und erfahren hatten, dass Nazi-Deutschland versuchte, Technologien von Fliegenden Untertassen zu Kriegswaffen zu machen. Präsident Roosevelt hatte entschieden, die gesamte Forschung und Entwicklung bis nach dem Krieg zu verschieben, da für die Entwicklung solcher Technologien große Ausgaben erforderlich waren. Die Entwicklung konventioneller Atomwaffen hatte Priorität, wie sein Memorandum von 1944 an den »Sonderausschuss für nicht-terrestrische Wissenschaft und Technologie« deutlich machte.[16]

Tsien hatte als Mitarbeiter und Berater der Scientific Advisory Group von Kármáns während des Zweiten Weltkriegs aus der Grundsatzdebatte, ob es wissenschaftlich machbar sei, erbeutete Technologien für Fliegende Untertassen aufzurüsten, viel gelernt.

Während Roosevelt dem US-Militär befohlen hatte, eine derart komplexe wissenschaftliche Aufgabe noch nicht zu verfolgen, entschieden sich Hitler und die Nazis für ein solches Vorgehen, wie ich in *Antarktis – die verbotene Wahrheit* erklärt habe.[17] Der Erfolg der Alliierten im Zweiten Weltkrieg bestätigte Roosevelts Politik. Doch infolgedessen begann das US-Militär erst nach dem Zweiten Weltkrieg ernsthaft mit seinen Forschungs- und Entwicklungsprogrammen für Fliegende-Untertassen-Technologien, und Tsien spielte dabei eine herausragende Rolle als Teil des persönlichen Stabes von Kármáns.

Von 1944 bis 1949 war Tsien Mitglied der Scientific Advisory Group und des Scientific Advisory Board der Army Air Force und verfügte über genaue Kenntnisse der Politik der nationalen Sicherheitseinrichtungen der USA, was dazu führte, dass er ähnliche Prioritäten für China vorschlug. Vorrang wurde der Entwicklung des chinesischen Arsenals an nuklearen und konventionellen Waffen und später der Bewältigung der schwierigeren wissenschaftlichen Aufgabe des Nachbaus von Technologien für Fliegende Untertassen eingeräumt, sobald Chinas Wirtschaft und technische Grundlage ausreichend gewachsen waren.

In der Zwischenzeit überwachten Tsien und diejenigen Wissenschaftler der Fünften Akademie, die er mit Unterstützung Chou En-Lais ins Vertrauen zog, die UFO-Aktivitäten auf chinesischem Territorium heimlich, erwarben historische Dokumente über antike Technologien und außerirdische Kontakte und studierten alle außerirdischen Technologien, die in ihren Besitz gelangten.

Tsiens geheimes Interesse am UFO-Phänomen wurde Jahre später in Reden bekräftigt, die er nach Maos Tod 1976 hielt, in denen er öffentlich »darauf drängte, UFO-Studien in den Unterricht der Geowissenschaften einzubeziehen«.[18] Wenn es um das UFO-Phänomen geht, besitzt China eine äußerst reiche Geschichte mit vielen historischen Hinweisen darauf, dass alte Zivilisationen infolge außerirdischer Kontakte hoch entwickelte Luftfahrttechnologien und sogar Antigravitationsraumschiffe entwickelt hatten.

Anmerkungen

1 Iris Chang, *Thread of the Silkworm*, p. 211.
2 Ebd., p. 206.
3 Ebd., pgs. 206-210.
4 Ebd., p. 211.
5 Brian Harvey, *China's Space Program From Conception to Manned Spaceflight*; Springer Praxis 2004; p. 22.
6 Iris Chang, *Thread of the Silkworm*, p. 212.
7 Siehe *New York Times*, online verfügbar unter https://www.cia.gov/library/readingroom/docs/CIA-RDP75-0 1 0149R000100790005-3.pdf (aufgerufen am 19.10.2019)
8 Siehe Dwayne A. Day, »A Dragon in Winter«, http://www.thespacereview.com/article/1035/1 (aufgerufen am 25.10.2019)
9 Mark Wade, »China«, http://www.astronautix.com/c/china.html (aufgerufen am 18.2.2019)
10 Iris Chang, *Thread of the Silkworm*, p. 214.
11 Ebd., p. 214.
12 Wendelle Stevens und Paul Dong, *UFOs Over Modern China*; UFO Photo Archives 1978; p. 30.
13 Siehe Jerome London, »Project Riese: The Nazis' Half-Finished Underground City«, https://thoughtcatalog.com/jeremy-london/2019/08/project-riese/ (aufgerufen am 5.11.2019)
14 Zur Erörterung dieser Vereinbarungen siehe Michael E. Salla, *Die Geheime Geschichte der U.S. Space Force*, AMRA Verlag, Hanau 2021; US-Ausgabe pgs. 167-86.
15 Brian Harvey, *China's Space Program From Conception to Manned Spaceflight*; Springer Praxis 2004; p. 34.
16 Siehe »Memorandum for the Special Committee on Non-Terrestrial Science and Technology«, http://majesticdocuments.com/pdf/fdr_22feb44.pdf (aufgerufen am 1.12.2019)
17 Michael E. Salla, *Antarktis – die verbotene Wahrheit*, AMRA Verlag, Hanau 2020, pgs. 56-71.
18 Iris Chang, *Thread of the Silkworm*, p. 256.

6 UFOs in Chinas Altertum

Huang Ti, einer der alten legendären Kaiser, erlangte Unsterblichkeit, indem er eine fantastische Kreatur mit dem Körper eines Pferdes und den Flügeln eines Drachen bestieg … stark genug, um auch seine Frauen und Minister, mehr als siebzig Personen, zu transportieren.

– Berthold Laufer, 1928 –

Bemerkenswerterweise zeigen historische Aufzeichnungen aus dem alten China, dass nicht nur UFOs gesichtet wurden, sondern von frühen Erfindern auch Luftschiffe gebaut wurden. In seinem Buch *The Prehistory of Aviation* (»Die Frühzeit der Luftfahrt«, nicht auf Deutsch erschienen) untersuchte Berthold Laufer, Ph.D., ein führender deutsch-amerikanischer Sinologe am Chicago Field Museum, chinesische Aufzeichnungen über die Luftfahrt des Altertums.[1] Dabei fand er mehrere Hinweise darauf, dass chinesische Kaiser Flugmaschinen bauten oder benutzten. Laufer beschreibt die älteste erhaltene Aufzeichnung:

> »Der chinesische Kaiser Shun, der im dritten Jahrtausend v.Chr. (2258-2208 v.Chr.) lebte, war nicht nur der erste Flieger der aufgezeichneten Geschichte, sondern auch der allererste, der erfolgreich mit einem Fallschirm absprang – ein Experiment, das in unserer Kulturepoche erst 1783 durchgeführt und damit wiederholt wurde.«[2]

Nach alten Aufzeichnungen, die Laufer untersuchte, entkam Shun seinem grausamen Vater und seiner Stiefmutter mit einem »Fluggerät nach dem Prinzip des Vogelfluges«. Zwei Töchter von Kaiser Yao – dessen Name für Chinas goldenes Zeitalter steht – halfen Shun beim Bau und lehrten ihn die »Kunst des Fliegens wie ein Vogel«.[3]

Die Annalen der Bambusbücher beschreiben Shuns Abenteuer mit seiner Flugmaschine, was darauf hindeutet, dass es sich um einen echten Apparat handelte und seine Prinzipien nur wenigen Auserwählten mit dem richtigen Charakter und der richtigen Tugend beigebracht wurden. Laufer beschreibt auch chinesische Legenden über eine mysteriöse Rasse fliegender Menschen oder Vogelmenschen, die den geflügelten Figuren in assyrisch-babylonischen Aufzeichnungen mit Vogel- oder Menschenköpfen ähneln und Anweisungen zum Bau von Flugmaschinen und zur Erlangung der Unsterblichkeit gaben.[4] Chinesische Aufzeichnungen weisen auf ihren Ursprung in den Kunlun-Bergen hin, die sich über dreitausend Kilometer vom nördlichen Rand des tibetischen Plateaus bis zu den südlichen Ebenen der Provinz Shaanxi erstrecken und der Aufenthaltsort dieser mysteriösen Vogelmenschen sein sollen. In einem späteren Kapitel wird die Bedeutung dieser Legenden deutlich, wenn ich die mysteriösen Pyramiden der Provinz Shaanxi und die darin erhaltenen fortschrittlichen Technologien diskutiere. Laut Laufer besaßen noch mehrere andere frühe chinesische Kaiser diese Flugmaschinen:

> »Das *Ti Wang Shi Ki* (»Geschichte der alten Kaiser«), geschrieben von Huangfu Mi (215-282 n.Chr.), enthält diesen Hinweis: ›Ki-kung Shi war in der Lage, einen fliegenden Streitwagen zu bauen, der von einem guten Wind angetrieben wurde und eine große Strecke zurücklegte. Zur Zeit des Kaisers Cheng Tang (1766-1754 v.Chr., Gründer der Shang-Dynastie) blies der Westwind Ki-kungs Streitwagen bis nach Yu-chou (Ho-nan). Der Kaiser befahl, diesen Streitwagen zu zerstören, damit er dem Volk nicht bekannt werde. Zehn Jahre später, als der Ostwind wehte, ließ der Kaiser einen weiteren Streitwagen dieser Art von Ki-kung bauen und schickte ihn darin zurück.‹«[5]

Ki-kungs Streitwagen scheint eine Art Segelflugzeug gewesen zu sein, das der Kaiser zum Staatsgeheimnis erklärte und von dem das einfache Volk nichts erfahren durfte. Diese Passage zeigt also, dass die alten chinesischen Herrscher dafür sorgten, dass fliegende Streitwagen nur auf Eliten beschränkt waren. Laufer verbindet diese Flugobjekte und andere alte Luftschiffe mit moderneren Technologien, die von chinesischen Erfindern im vorindustriellen Zeitalter entwickelt wurden.

Nach diesen historischen Aufzeichnungen waren einige der Flugobjekte so weit fortgeschritten, dass sie zur Raumfahrt fähig waren, was darauf hinweist, dass die ersten Raumschiffe vor Jahrtausenden von den Chinesen und anderen alten Kulturen auf der ganzen Welt gebaut wurden. Andrew Tomas, der Autor des Buches *Wir sind nicht die Ersten*, bezog sich auf einen alten chinesischen Erfinder, Hou Yi, der ein Raumschiff baute, das den Mond erreichen konnte:

> »Im Jahr 2309 v.Chr. beschloss er, mit einem Himmelsvogel zum Mond zu fliegen. Dieser Vogel informierte ihn über die genauen Zeiten des Aufgangs, Höhepunkts und Untergangs der Sonne ... Hou Yi erkundete den Weltraum, indem er ›den Strom der leuchtenden Luft aufbaute‹. Der Ausstoß einer feurigen Rakete? ... Auf dem Mond sah der chinesische Astronaut den ›gefroren aussehenden Horizont‹ und baute dort den ›Palast der großen Kälte‹«.[6]

Chinesische Aufzeichnungen aus der Zeit von Hou Yis fantastischem Abenteuer sprechen auch von einem riesigen Flugschiff, das über einen Zeitraum von zwölf Jahren hinweg in der Luft schwebte oder über dem Meer seine Bahnen zog:

> »Ein riesiges Schiff erschien auf dem Meer nachts mit strahlenden Lichtern, die tagsüber gelöscht wurden. Es konnte auch zum Mond und zu den Sternen segeln, daher der Name ›ein Schiff, das zwischen den Sternen hängt‹ oder ›das Boot zum Mond‹. Dieses riesige Schiff, das am Himmel fliegen oder über die Meere segeln konnte, wurde zwölf Jahre lang gesehen.«[7]

Aber woher bezogen chinesische Erfinder vor über vier Jahrtausenden eigentlich ihre Ideen für den Bau von Raumfahrzeugen? Anscheinend wurde den alten Chinesen wie den modernen Menschen von mysteriösen Wesen, »Vogelmenschen« oder außerirdischen Besuchern geholfen, die fortschrittliche Technologien mitbrachten, welche sie teilen oder eintauschen wollten, um Unterstützung beim Aufbau ihrer Präsenz auf der Erde zu erhalten.

Der bekannteste Fall betrifft die Dropa (auch bekannt als Dzopa), die vor etwa zwölftausend Jahren in einer abgelegenen Grenzregion zwischen China und Tibet abgestürzt sein sollen.

Der deutsche Forscher, Entdecker und Reiseführer Hartwig Hausdorf, Autor des Buches *Das chinesische Roswell*, hat viele Informationen über die Außerirdischen zusammengestellt, die nach einer Bruchlandung im Bayan-Har-Gebirge im Hochland von Tibet eine Basis errichtet und sich mit einem lokalen indigenen Stamm namens Ham vermischt haben sollen, von dem eine Hybridrasse namens Dropa abstammt.[8] Hausdorf zitiert einen chinesischen Archäologen, Chi Pu Tei, der 1937/38 eine offizielle Expedition in diese abgelegene Bergregion führte, wo man eine Höhle mit Inschriften an den Wänden fand, Sarkophage mit den Skelettresten einer ein Meter zwanzig kleinen, dürren humanoiden Rasse mit unverhältnismäßig großen Köpfen, ähnlich den Grauen oder Greys, und 716 scheibenförmige Steine von dreißig Zentimetern Durchmesser mit Löchern in der Mitte.

Die Scheiben hatten komplizierte Spiralrillen mit winzigen Hieroglyphen darin. Jede Scheibe schien ein komplettes Buch darzustellen. Chi Pu Tie und sein Team konnten keine davon übersetzen, aber es war trotzdem eine fantastische Entdeckung. Angesichts der Ereignisse im Zusammenhang mit der japanischen Besatzung, dem Zweiten Weltkrieg und dem Bürgerkrieg in China versuchte Chi Pu Tei erst nach der Machtübernahme der Kommunistischen Partei im Jahr 1949, seine Ergebnisse zu veröffentlichen. Anscheinend war die chinesische Akademie der Wissenschaften von Chi Pu Teis angeblicher Entdeckung nicht sehr beeindruckt und veröffentlichte seine Arbeit, in der die Funde detailliert beschrieben wurden, nicht.[9]

Im Jahr 1958 interessierte sich allerdings ein anderer Archäologe, Tsum Un Nui von der Pekinger Akademie für Vorgeschichte, für die von Chi Pu Tei entdeckten Scheiben.[10]

Nach vier Jahren des Studiums behauptete Nui, einige der komplizierten Steinscheiben entschlüsselt zu haben. Sie sollen Details der Bruchlandung der Dropa und ihrer Kreuzung mit der lokalen Bevölkerung enthalten. Auf einer soll stehen:

»Die Dropa kamen in ihren Luftschiffen aus den Wolken. Vor Sonnenaufgang versteckten sich unsere Männer, Frauen und Kinder zehn Mal in den Höhlen. Als sie endlich die Gebärdensprache der Dropa verstanden, stellten sie fest, dass die Neuankömmlinge friedliche Absichten hatten ...«[11]

Der belgische Autor, Radiomoderator und Kommentator Phillip Coppens (1971-2012) sagte, ein Artikel von Nui sei 1962 erschienen, nachdem die Pekinger Akademie für Vorgeschichte zwei Jahre Verspätung verursacht hatte.[12] Der Titel lautete: »Die kartellierte Schrift, die sich auf das Raumschiff bezieht, das, wie auf den Scheiben geschrieben steht, vor 12.000 Jahren auf der Erde gelandet ist.«[13] Nach Coppens geschah danach Folgendes: »Professor Um Nui wurde offenbar gezwungen (oder er beschloss), seine Position aufzugeben, und kehrte in seine Heimat Japan zurück, wo er kurz darauf starb.«[14]

Weder Professor Nuis Durchbruch von 1962 noch sein Bericht wurden bestätigt. Es ist jedoch bekannt, dass der erste veröffentlichte Hinweis auf die Dropa-Geschichte in einem deutschen Zeitschriftenartikel veröffentlicht wurde, der im Juli 1962 erschien.

Die Zeitschrift hieß *Vegetarisches Universum*, und der Artikel trug den Titel: »UFOs in der Vorgeschichte?«[15]

Darüber hinaus veröffentlichte die englischsprachige Ausgabe von *Russian Digest*, die in Botschaften der Sowjetunion auf der ganzen Welt gelesen werden konnte, 1962 eine Geschichte über die Dropa-Steine. Laut dem unabhängigen Archäologen David Hatcher Childress war die sowjetische Veröffentlichung sehr wahrscheinlich die Quelle für den deutschen Artikel.[16] Wie Coppens in einem späteren Artikel aus dem Jahr 2008 hervorhebt, in dem er die Kontroverse um die Dropa-Steine erneut aufgriff, »geschah 1962 etwas, das zu einem Bericht durch eine chinesische oder japanische Quelle führte«.[17]

Coppens berichtet, dass einem Team sowjetischer Wissenschaftler unter der Leitung von Dr. Wjatscheslaw Saizew Zugang zu mehreren der Scheiben gewährt wurde, die zur Analyse an die UdSSR geschickt worden waren. Die Analyse ergab, dass die Steinscheiben ungewöhnlich viel Kobalt und andere Metalle enthielten. Am faszinierendsten war, was passierte, nachdem Dr. Saizew die Scheiben auf eine Maschine ähnlich einem Grammophon legte:

> »Beim Einschalten ›vibrierten‹ oder ›summten‹ die Scheiben, als ob eine spezielle elektrische Ladung in einem bestimmten Rhythmus durch die Scheiben gedrückt worden wäre, oder wie ein Wissenschaftler feststellte, ›als ob sie Teil eines Stromkreises wären‹. Irgendwie waren sie einmal hohen elektrischen Ladungen ausgesetzt gewesen.«[18]

Die Ergebnisse wurden in einer anderen sowjetischen Zeitschrift veröffentlicht, aber der Beginn der Kulturrevolution im Jahr 1966 führte zu Chaos in der chinesischen Wissenschaftsgemeinschaft, und alle Untersuchungen der Scheiben kamen zum Stillstand.

Ein großer Durchbruch gelang 1974, als ein österreichischer Ingenieur, Ernst Wegerer, zwei der Scheiben im Banpo-Museum in Xi'an, Provinz Shaanxi, fand und vier Fotos von ihnen machte. Die Fotos wurden anschließend von Erich von Däniken veröffentlicht, und zum ersten Mal konnte die breite Öffentlichkeit die mysteriösen Dropa-Scheiben sehen.

An dieser Stelle lohnt es sich, die Dropa-Scheiben von den häufiger vorkommenden Bi-Scheiben aus Jade zu unterscheiden, die in anderen Regionen Westchinas entdeckt wurden. Hatcher Childress erklärt den Unterschied zwischen den Dropa- und Bi-Scheiben, die beide in der Nähe von Skelettresten ehemaliger chinesischer Herrscher und Eliten gefunden wurden:

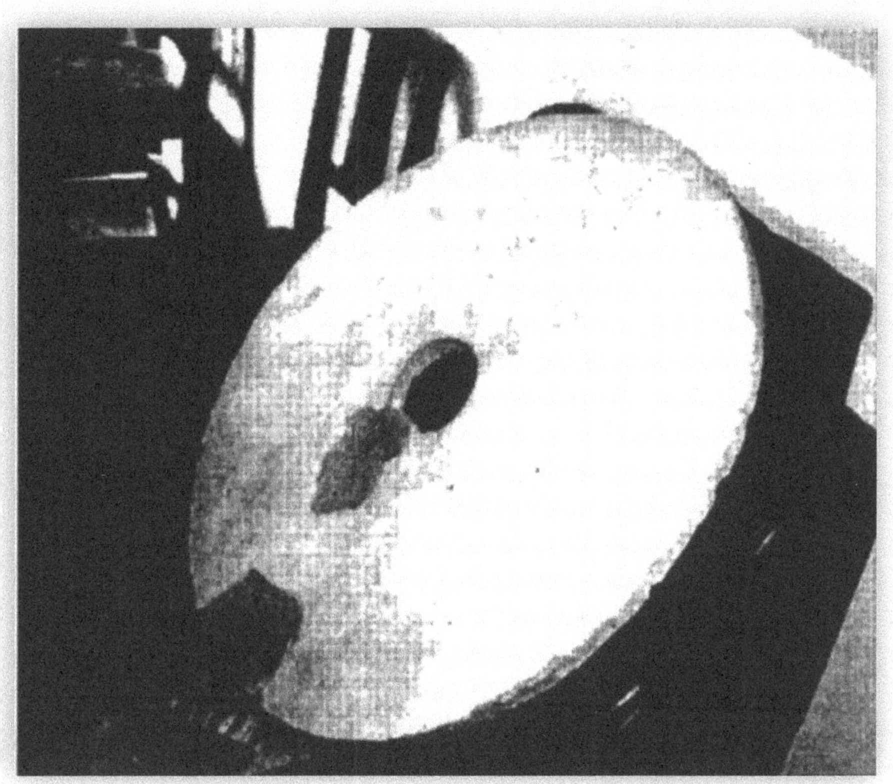

Abb. 16. Foto eines Dropa-Steins von Ernst Wegerer

»Unter den Skeletten wurden Steinscheiben gefunden. Es handelt sich um Jadescheiben mit einem Durchmesser von mehreren Zoll bis zu dreißig Zentimeter oder mehr und normalerweise mit einem Loch in der Mitte. Einige sind aufwendig geschnitzt, wie es auch bei den Dropa-Scheiben der Fall gewesen sein soll, aber sie tragen keine Hieroglyphen. Was ihr Zweck war und wie sie hergestellt wurden, blieb den Archäologen ein Rätsel.«[19]

Im März 1994 reiste Hartwig Hausdorf mit Kopien der von Wegerer aufgenommenen Fotos nach Xi'an, um nach den Scheiben zu suchen, die er persönlich als echt bestätigen wollte. Hausdorf beschreibt, was geschah, als er im Museum ankam:

»In Xi'an besuchten wir das Banpo-Museum auf der Suche nach den Scheiben, die Wegerer zwei Jahrzehnte zuvor fotografiert hatte. Aber unser Optimismus wurde nicht belohnt. Nirgendwo konnten wir Spuren der Scheiben finden … Wir befragten unsere Führer und Professor Wang Zhijun, den Direktor des Museums. Zuerst bestritten sie, dass die Scheiben überhaupt existierten! Nachdem wir ihnen eine Stunde lang unsere Fotos gezeigt hatten, erklärte Zhijun, dass einer seiner Vorgänger Wegerer tatsächlich die Erlaubnis gegeben habe, die Scheiben zu fotografieren und dass sie wirklich existierten oder existiert hatten. Kurz nachdem er Wegerer die Erlaubnis gegeben hatte, die Scheiben zu fotografieren, wurde dieser Direktor zum Rücktritt aufgefordert. Wir erfuhren, dass er seitdem spurlos verschwunden war.«[20]

Hausdorf konnte nicht nur bestätigen, dass die Scheiben vorhanden waren, sondern auch, dass die chinesischen Behörden eine Geheimhaltungsrichtlinie für sie und ihre Inhalte eingeführt hatten:

»Direktor Zhijun zeigte uns – als ihm klar wurde, dass wir erst gehen würden, wenn wir alles wussten, was es zu wissen gab – ein archäologisches Buch, in dem Fotos der Scheiben zu sehen waren. Danach brachte er uns in ein nahegelegenes Zentrum, wo die Artefakte des Museums gereinigt und katalogisiert wurden. Auf einem Stuhl stand die vergrößerte Kopie einer Steinscheibe. Er deutete an, dass vor einigen Jahren Order ›von oben‹ gekommen sei, dass alle Spuren der Scheiben ausgelöscht werden müssten und dass er offiziell bekanntgeben solle, dass alles eine große Lüge sei.«[21]

Es ist verständlich, warum die chinesischen Behörden verhindern wollten, dass irgendwelche Informationen über die Dropa-Steine in westliche Länder gelangten. Aus Sicht der nationalen Sicherheit könnten die Informationen auf den Dropa-Steinen von den USA und anderen Geheimdiensten verwendet werden, um ihre Wissensbasis über außerirdisches Leben und Technologie zu erweitern. Für China, das weit hinter den geheimen Programmen der USA und der Sowjetunion zurück war, lieferten die Dropa-Steine eine wesentliche Datenbasis, mit der sie die technologische Lücke schließen konnten. Während die Chinesen 1964 zunächst mit den Sowjets zusammenarbeiteten, um zu verstehen, wie Informationen auf den Dropa-Steinen gespeichert wurden, schränkte die anhaltende Verschlechterung der Beziehungen aufgrund ideologischer und Grenzkonflikte den weiteren Zugang sowjetischer Wissenschaftler ein.

Eine wichtige Randnotiz der Dropa-Geschichte ist die Kontroverse um das 1978 erschienene Buch *Sungods in Exile* (»Sonnengötter im Exil«, nicht auf Deutsch erschienen), das eine Expedition ins Bayan-Har-Gebirge von 1947 beschreibt, die von einem Dr. Karyl Robin-Evans geleitet wurde, der Kontakt mit dem Dropa-Volk aufnahm. *Sungods in Exile* verursachte beträchtliches Aufsehen und wurde schließlich zu einem Schwindel erklärt, ausgedacht vom Inhaber des Urheberrechts, einem unterbeschäftigten britischen Schauspieler.[22] Einige glauben, dass dieser Scherz nur dazu diente, von der wachsenden Popularität der Geschichten um vorzeitliche Astronauten zu profitieren. Coppens wirft jedoch die wahrscheinlichere Möglichkeit auf, dass das Buch eine offiziell genehmigte Desinformationsmaßnahme zur Diskreditierung der Dropa-Steine im Allgemeinen war und eingesetzt wurde, um Forscher davon abzuhalten, die wahre Geschichte weiter zu untersuchen.[23]

Dennoch wurden zusätzliche Untersuchungen durchgeführt, um wichtige Details über die fantastische Dropa-Steingeschichte zu bestätigen. Im Jahr 2008 schrieb Phillip Coppens einen Folgeartikel zu seinem ursprünglichen Artikel im *Nexus Magazine* von 1995/96 und präsentierte neue Erkenntnisse. Am faszinierendsten war die mögliche Wiederentdeckung des ursprünglichen Dropa-Stammes, der erstmals 1937/38 von Professor Chi Pu Tei angetroffen worden war, der mutmaßlichen Nachkommen der Dropa-Außerirdischen (Greys), die vor zwölftausend Jahren gelandet und sich mit einem lokalen Stamm vermischt haben sollen. Coppens erklärt, was geschehen war:

> »Im November 1995 meldete die Associated Press (AP), dass in der Provinz Sichuan etwa einhundertzwanzig ›Zwergwesen‹ entdeckt worden

> seien, in einem sogenannten ›Dorf der Zwerge‹. Der größte Erwachsene in diesem Dorf war ein Meter fünfzehn groß, der kleinste dreiundsechzigeinhalb Zentimeter.
>
> Das Dorf liegt nur wenige hundert Kilometer vom Bayan-Har-Gebirge entfernt. Obwohl China sich inzwischen mehr öffnet, bleibt das gesamte Gebiet einschließlich des Dorfes für Ausländer gesperrt.«[24]

Es ist durchaus plausibel, dass die chinesischen Behörden den Zwergenstamm umgesiedelt haben, der ursprünglich in der Nähe des Gebietes beheimatet war, in dem die Dropa-Steine zum ersten Mal gefunden wurden. Der Dropa-Stamm wie auch die Dropa-Steine gaben der chinesischen Regierung eine große Menge an Informationen über das Leben und die Technologie der antiken außerirdischen Besucher. Die Abneigung des Vorsitzenden Mao gegen paranormale Themen, UFOs und Religion brachte es jedoch mit sich, dass die Informationen in den Dropa-Steinen und vom Dropa-Stamm eine Zeit lang als unwissenschaftlich galten. Erkenntnisse im Zusammenhang mit den Dropa wurden vielleicht sogar als konterrevolutionär eingestuft und während der Kulturrevolution gezielt angegriffen.

Aufgrund der verfügbaren Informationen kann der Schluss gezogen werden, dass die Dropa-Steine authentische Aufzeichnungen Außerirdischer sind, die vor zwölftausend Jahren in China abstürzten und eine Kolonie gründeten. Die kleine Dropa-Rasse, die den heute bekannten Greys physiologisch ähnelt, schuf unter Verwendung ihrer fortschrittlichen Technologien mit dem indigenen Dropa-Stamm eine Hybridrasse und kam später mit größeren Menschengruppen in Westchina in Kontakt.

Es besteht kein Zweifel, dass die ursprünglichen Dropa-Außerirdischen ihre fortschrittlichen Technologien nutzten, um sich vor aggressiven lokalen Stämmen zu schützen, und Bündnisse mit mächtigen Anführern schlossen, die im Laufe der Jahrtausende die ersten chinesischen Königreiche gründeten.

Daher ist es sehr wahrscheinlich, dass hinter den fantastischen Flugmaschinen, die in alten chinesischen Aufzeichnungen beschrieben wur-

Abb. 17. Modell eines Flugzeugs aus Stroh

den, Dropa-Technologien stecken. Wie Hatcher Childress in seinem Buch *Vimana – Flying Machines of the Ancients* (»Vimana – Flugmaschinen der Alten«, nicht auf Deutsch erschienen) ausführlich beschrieb, wurden diese frühen Flugmaschinen auf der ganzen Welt gefunden und waren wahrscheinlich das Ergebnis von Beziehungen zwischen Außerirdischen und einheimischen Eliten, die beim Aufbau der ersten Weltraumprogramme der Menschheit Hilfe bekamen.[25]

Die Dropa-Steine selbst scheinen eine fortschrittliche Kommunikationstechnologie zu sein, durch die große Mengen an Informationen gespeichert werden können, ähnlich einer modernen CD oder DVD. Wenn das stimmt, ist jeder der 716 Dropa-Steine ein komplettes Buch, das vom Leben und den Technologien einer fortschrittlichen außerirdischen Zivilisation und ihrer Anpassung an das Leben auf der Erde berichtet. Die Dropa-Steine, die als historisches Bindeglied fungieren, enthalten wahrscheinlich Informationen über die technologischen Komponenten funktionaler Raumfahrzeuge, die später weitergegeben wurden, um die Entwicklung der von verschiedenen alten chinesischen Erfindern hergestellten Fluggeräte zu ermöglichen.

Die Bi-Steine aus Jade könnten eine abgeleitete Kommunikationstechnologie sein, die auf den Dropa-Steinen beruht, doch weniger ausgefeilte Technologien verwendet, als sie chinesischen Erfindern in den folgenden Jahrtausenden zur Verfügung standen. Alternativ könnte es sich bei den Jadesteinen auch um grobe Imitationen handeln, die analog zu einem Cargo-Kult hergestellt wurden, bei dem primitive Menschen die ihnen verfügbaren Ressourcen nutzen, um eine fortschrittliche Technologie zu replizieren, die sie nicht verstehen, aber mit den Göttern in Zusammenhang bringen.

So ist zum Beispiel bekannt, dass einige pazifische Inselstämme Flugzeugkopien aus Stroh bauten, beruhend auf ihren ersten Sichtungen amerikanischer Kampfjets während des Zweiten Weltkriegs, die mit den Göttern in Verbindung gebracht wurden.

Die Informationen in den Dropa-Steinen und die verschiedenen alten chinesischen Aufzeichnungen über Luftfahrttechnologien waren zweifellos hilfreich für chinesische Behörden, die daran interessiert waren, das moderne UFO-Phänomen und seine Anwendungen in Chinas wachsender Luft- und Raumfahrtindustrie zu verstehen.

Ohne jeden Zweifel wurde Tsien an der Fünften Akademie schon früh auf diese alten Schätze aufmerksam. Und er hätte natürlich alles, was er jemals gelernt hatte, in seinen langfristigen Plan für ein Weltraumprogramm aufgenommen, das auf nachgebauten außerirdischen Technologien beruhte, und auf den Tag gewartet, an dem eine geeignetere politische Führung Chinas an die Macht kam.

Anmerkungen

1 Berthold Laufer, *The Prehistory of Aviation*; University of Illinois 1928.
2 Ebd., p. 14.
3 Ebd., p. 14.
4 Ebd., pgs. 15-17.
5 Ebd., p. 19.
6 David Hatcher Childress, *Vimana: Flying Machines of the Ancients*; Adventures Unlimited Press 2013; pgs. 59-60.
7 Ebd., p. 60.
8 Hartwig Hausdorf, *The Chinese Roswell*; New Paradigm Books 1998. – Dt. Ausgabe: *Das chinesische Roswell: Neue außerirdische Spuren in Ostasien*, Herbig Verlag, München 2013 (Nachdruck).

9 David Hatcher Childress, *Vimana: Flying Machines of the Ancients*; Adventures Unlimited Press 2013; p. 217.

10 Siehe April Holloway, »The Mysterious Dropa Stones – Fact or Fiction, Ancient Origins«, https://tinyurl.com/yy3aso3x (aufgerufen am 3.10.2019)

11 Zitiert nach David Hatcher Childress, *Vimana: Flying Machines of the Ancients*; Adventures Unlimited Press 2013; p. 218.

12 Beachten Sie, dass Coppens in seinem ersten Artikel im *Nexus Magazine*, der 1995/1996 erschien (»The Strange Stone Discs of Baian-Kara-Un«), »1964« als Datum der ursprünglichen Veröffentlichung der Arbeit von Professor Tsum Un Nui angibt. Er änderte dies jedoch zu 1962 in seinem aktualisierten Essay, der zwölf Jahre später veröffentlicht wurde. Siehe Phillip Coppens, »The Dropa tribe and their stone discs revisited«, *Nexus Magazine*, Vol. 15, No. 6, October/November 2008; online verfügbar unter https://tinyurl.com/wy2w3h7 (aufgerufen am 3.10.2019)

13 Phillip (alias Filip) Coppens, »The Strange Stone Discs of Baian-Kara-Un«, *Nexus Magazine*, Dezember 1995/Januar 1996, p. 59; online verfügbar unter https://tinyurl.com/yyelhmce (aufgerufen am 3.10.2019)

14 Phillip Coppens, »The Dropa tribe and their stone discs revisited«, *Nexus Magazine*, Vol. 15, No. 6, October/November 2008; online verfügbar unter https://tinyurl.com/wy2w3h7 (aufgerufen am 3.10.2019)

15 Ebd.

16 David Hatcher Childress, *Vimana: Flying Machines of the Ancients*; Adventures Unlimited Press 2013; p. 219.

17 Phillip Coppens, »The Dropa tribe and their stone discs revisited«, *Nexus Magazine*, Vol. 15, No. 6, October/November 2008; online verfügbar unter https://tinyurl.com/wy2w3h7 (aufgerufen am 3.10.2019)

18 Ebd., p. 60.

19 David Hatcher Childress, *Vimana: Flying Machines of the Ancients*; Adventures Unlimited Press 2013; p. 227.

20 Phillip (Filip) Coppens, »The Strange Stone Discs of Baian-Kara-Un«, *Nexus Magazine*, Dezember 1995/Januar 1996, p. 60-61; online verfügbar unter https://tinyurl.com/yyelhmce (aufgerufen am 3.10.2019)

21 Ebd., p. 61.

22 David Hatcher Childress, *Vimana: Flying Machines of the Ancients*; Adventures Unlimited Press 2013; pgs. 219-25.

23 Phillip Coppens, »The Dropa tribe and their stone discs revisited«, *Nexus Magazine*, Vol. 15, No. 6, October/November 2008; online verfügbar unter https://tinyurl.com/wy2w3h7 (aufgerufen am 3.10.2019)

24 Ebd.

25 David Hatcher Childress, *Vimana: Flying Machines of the Ancients*; Adventures Unlimited Press 2013.

7 Moderne UFO-Sichtungen in China

Die offizielle Linie, die damals vertreten wurde, war, dass das UFO-Phänomen eine List des Westens sei. Derartige Geschichten allen Ernstes zu melden, ließ auf persönliche Leichtgläubigkeit schließen und darauf, für Propagandatricks anfällig zu sein … Es galt als »konterrevolutionär«, von solchen Dingen zu sprechen.

– Lt. Colonel a. D. Wendelle Stevens und Paul Dong –

Die erste detaillierte Auflistung moderner UFO-Sichtungen in China, von der Zeit des Zweiten Weltkriegs bis 1983, findet man in dem Buch *UFOs Over Modern China* (»UFOs über dem heutigen China«, nicht auf Deutsch erschienen).

Es wurde gemeinsam geschrieben vom ehemaligen U.S. Air Force-Piloten Lieutenant Colonel Wendelle Stevens und dem chinesischen UFO-Forscher Paul Dong alias Moon Wai. Die Autoren untersuchten auch den Wandel in der offiziellen Haltung der Regierung, der sich während der drei verschiedenen politischen Epochen innerhalb der Zeitspanne zwischen dem Zweiten Weltkrieg und Anfang der 1980er Jahre vollzogen hatte.[1] Als während der Kriegsjahre die ersten UFO-Sichtungen stattfanden, stellten sie für die breite Bevölkerung sowie die Führung der Nationalen Volkspartei Chinas noch ein unbekanntes und ungewohntes Phänomen dar. Es herrschte allgemeine Offenheit, und es gab keinerlei politische Vorgaben hinsichtlich dieser ungewöhnlichen Sichtungen am Himmel. Die Probleme des Krieges hatten jedoch Vorrang, und so wurden die Sichtungen im Allgemeinen überhaupt nicht weiter untersucht, oder die Zeugen sprachen bis zum Ende des Konflikts nicht darüber.

Die erste politische Ära umfasste die Kriegs- und Nachkriegsjahre bis 1949, als die Herrschaft der Nationalen Volkspartei Chinas zu Ende ging. UFO-Sichtungen tauchten erstmals 1947 in den Zeitungen auf, und in der Folge meldeten sich Zeugen aus den Jahren des Zweiten Weltkriegs, um über das zu berichten, was sie gesehen hatten.

Die früheste Sichtung während des Krieges in China ereignete sich im September 1943 während der japanischen Besatzung, als mehrere Zeugen eine »Fliegende Pfanne«, wie Fliegende Untertassen dort genannt werden, in Qing Xi'an in der Provinz Hebei sahen.

Beide Seiten nahmen an, dass es sich dabei um eine neue Waffe des Feindes handelte. In einem Brief beschreibt einer der Zeugen, ein chinesischer Lehrer, was geschah:

> »Es war zur Zeit des Widerstandes und des Krieges gegen die japanische Aggression. Irgendwann nach sieben Uhr abends an einem Tag im September jenes Jahres – wir hatten gerade unser Abendessen beendet – sahen wir plötzlich ein Objekt, das sich nur fünf oder sechs Meter über dem Boden befand, während es von Osten nach Westen flog. Es strahlte ein weißes Licht aus, das sich nicht sehr weit ausbreitete. Die Mitte des Objekts hatte die Form einer Pfanne (mit einer Kuppel), und es konnte aufsteigen und sich in der Luft drehen. Nach vielen Diskussionen kamen wir zu dem Schluss, dass es sich um eine ›Fliegende Pfanne‹ handelte, eine neue, von den Japanern erfundene Waffe. (Die Japaner beobachteten das Phänomen ebenfalls, und es gelang ihnen sogar, dieses Phänomen zu fotografieren, um es zu untersuchen und diese neue chinesische Waffe zu identifizieren.)«[2]

Stevens und Dong beschreiben weitere UFO-Sichtungen in den Jahren 1944 und 1945, als während des Krieges noch mehr »Fliegende Pfannen« gesichtet wurden.[3]

Der erste Zeitungsbericht erschien am 14. Juli 1947, wenige Wochen nach der berühmten Sichtung von Kenneth Arnold, der neun Nurflügler in Formation über dem Mount Rainier im Staat Washington beobachtete – ein Ereignis, das eine weltweite Welle des Interesses an Berichten über Fliegende Untertassen auslöste. Stevens und Dong beschreiben den chinesischen Pressebericht wie folgt:

> »*Associated Press, 14. Juli 1947:* … ›Ein enormer (Fliegender) Teller strahlte (während er flog) Lichtstrahlen in alle Richtungen aus und blendete alle, die ihn sahen.‹ … Dies war eine der letzten Depeschen von Associated Press, die in China datiert wurden, herausgegeben vom chinesischen Staatspalast. Es war der einzige chinesische UFO-Bericht aus erster Hand, der veröffentlicht wurde, bevor der Sieg der chinesischen [Kultur-]Revolution China in Bezug auf UFO-Nachrichten von der westlichen Welt isolierte.«[4]

Die UFO-Sichtungen setzten sich fort mit Vorfällen, die sich im Herbst 1947 in der Provinz Jiangxi und während der Erntezeit 1949 in der Provinz Henan ereigneten.[5]

Die zweite politische Ära der UFO-Sichtungen in China begann 1949 nach Mao Tse-tungs Erfolg im Bürgerkrieg. Die Haltung von Mao und der Kommunistischen Partei war ausgesprochen skeptisch gegenüber solchen Berichten, und die Führung vertrat die Ansicht, dass das UFO-Phänomen ein »westlicher Trick« sei.[6] Wer UFOs meldete oder sie untersuchte, riskierte nicht nur, als leichtgläubig angesehen zu werden, sondern wurde auch gnadenlos als Konterrevolutionär gebrandmarkt. Somit verschwanden UFO-Berichte erwartungsgemäß ganz aus den nationalen Medien, und Zeugen hörten auf, darüber zu sprechen. Diese offizielle Skepsis der Regierung erreichte ihren Höhepunkt während der Kulturrevolution von 1966 bis 1976, als sich die Wissenschaft der puritanischen kommunistischen Ideologie unterwarf. Die Annahme von Fliegenden Untertassen und außerirdischem Leben galt als eine Doktrin des Buddhismus und anderer religiöser Glaubenssysteme, die zerstört werden sollten.

All dies machte Tsien Hsue-shens heimliche Bemühungen, an der Fünften Akademie so viel wie möglich über Chinas UFOs zu erfahren, um seinen eigenen Plan für die spätere Entwicklung chinesischer Antigravitationsfluggeräte voranzutreiben, sehr schwierig, wenn nicht gar unmöglich. Erst nach Maos Tod 1976 und dem Ende der Kulturrevolution entspannte sich die offizielle Haltung der Regierung etwas, und die Arbeit an Tsiens Fünfter Akademie (1964 in Siebte Maschinenindustrie umbenannt) konnte Fortschritte verzeichnen.

Nun, mit dem Beginn der dritten politischen Ära, wurden wieder UFO-Berichte in chinesischen Zeitungen gebracht. Die Öffentlichkeit erfuhr zum ersten Mal von UFO-Sichtungen aus den Jahren von Maos Herrschaft sowie von den großen Anstrengungen, die die chinesischen Regierungsbehörden unternommen hatten, um das öffentliche Interesse an UFOs zu unterdrücken. Ein Vorfall vom Oktober 1963, bei dem ein Zivilflugzeug fünfzehn Minuten lang von drei leuchtenden UFOs verfolgt wurde, ist ein typisches Beispiel dafür, wie in Maos China mit UFO-Sichtungen umgegangen wurde. Die Piloten gaben der chinesischen Zivilluftfahrtbehörde über Funk eine detaillierte Beschreibung und erstatteten nach der Landung Bericht. Bedeutsam ist, dass den Piloten und Passagieren »befohlen wurde, mit niemandem über den Vorfall zu sprechen«.[7] Dieser Fall zeigt, dass die chinesischen Behörden das UFO-Phänomen vertuschen wollten, indem sie glaubwürdige Zeugen wie diese Piloten zum Schweigen brachten.

Am 1. Januar 1964 wurde in der Nähe von Shanghai ein riesiges zigarrenförmiges UFO beobachtet, das langsam in südwestlicher Richtung flog. MIG-Militärflugzeuge wurden losgeschickt, um das Raumschiff abzufangen und zum Landen zu zwingen – ohne Erfolg.[8] Die offizielle Erklärung identifizierte es als amerikanische Rakete, was einmal mehr veranschaulicht, dass die chinesischen Behörden fest entschlossen waren, die UFO-Sichtungen zu vertuschen.

Der Autor Timothy Good, ein Veteran unter den UFO-Forschern, schildert einen weiteren faszinierenden chinesischen Vorfall, den er in seinem Buch *Jenseits von Top Secret* mit dem Titel »Kampfstationen« überschrieben hat:

»Anfang 1968 sahen vier Artilleristen der Küstenwache der Marinegarnison in Luda, Provinz Liaoning in Nordchina, ein goldenes, leuchtendes, ovales Objekt, das vorüberflog und eine dünne Spur in der Luft hinterließ. Es stieg dann mit unglaublicher Geschwindigkeit steil auf und verschwand schließlich. In dem Moment, als das Objekt zu klettern begann, fielen alle Kommunikations- und Radarsysteme aus und verursachten fast einen Unfall in der Flotte. Die Marinepatrouille wurde in Alarmbereitschaft versetzt, und der Flottenkommandant befahl seinen Männern, sich auf einen Kampf vorzubereiten. Eine halbe Stunde später normalisierten sich Kommunikation und Radar wieder. Berichten zufolge sah eine Zwei-Mann-Patrouille der Küstenwache das UFO an der Südküste landen und feuerte mit automatischen Gewehren und Maschinengewehren, aber zur Untersuchung geschickte Soldaten fanden keine Spur des Objekts.«[9]

Besonders bemerkenswert ist an diesem UFO-Vorfall, dass das Fluggerät eine Art elektromagnetisches Impulsfeld (EMP) erzeugte, das alle elektronischen Kommunikations- und Radarsysteme dreißig Minuten lang neutralisierte. Die Auswirkungen einer solchen Technologie auf die nationale Sicherheit sind dem chinesischen Militär oder Tsien im Jahr 1964 bestimmt nicht entgangen.

Ein weiterer Vorfall betraf eine UFO-Landung in der Wüste Gobi nahe der sowjetischen Grenze Mitte April 1968. Ein Augenzeugenbericht wurde von Gu Ying zur Verfügung gestellt, einem Dolmetscher der New China Agency, der zu diesem Zeitpunkt in einem Pionierregiment an einem Bewässerungskanal arbeitete:

»Ich sah eine große Scheibe züngelnder Flammen, die langsam im Sand der Gobi landete. Sie hatte eine leuchtend rot-orangene Farbe und scheinbar einen Durchmesser von drei Metern … Da sie weniger als einen Kilometer von uns entfernt war, konnten wir die Details deutlich erkennen. Die Landung erfolgte ganz plötzlich, und der Kommandeur der Kompanie rief das Hauptquartier des Regiments an, das Motorradtruppen entsandte, um sich ihr zu nähern.

Ohne Zweifel wurde die Ankunft der Motorradfahrer bemerkt, weil sie plötzlich wie ein Pfeil aufstieg und am Himmel verschwand. Da die Nordgrenze [zur UdSSR] durch diese Region verläuft, waren die meisten Zeugen der Ansicht, dass dies eine neue Aufklärungsmaschine des Feindes im Norden war, die den Fortschritt der Arbeiten am Kanal inspizierte. Wir wussten damals nichts über UFOs …

Wir haben rein politisch gedacht und geglaubt, dass dies eine Art Vorbereitung eines möglichen feindlichen Angriff aus dem Norden bedeutete. Die Soldaten, die lange in der Gobi stationiert waren, hatten diese Dinge schon vorher gesehen, und die großen Feuerbälle am Himmel waren für sie nicht so ungewöhnlich. Aber Landung und Start waren eine neue Wendung.«[10]

Dieser UFO-Vorfall ereignete sich in einer Zeit zunehmender Spannungen entlang der Grenze zwischen China und der UdSSR, die von März bis August 1969 in militärischen Kämpfen gipfelten, als die beiden herausragenden kommunistischen Staaten der Welt am Rande eines umfassenden Krieges standen.[11]

Angesichts der schnell wachsenden Spannungen zu dieser Zeit wäre man selbstredend zu dem Schluss gelangt, dass der Ursprung des UFOs eine neue Form der Überwachungstechnologie war, die von den Sowjets entwickelt wurde. Eine solche technologische Entwicklung, ob von der UdSSR oder anderen Ursprungs, hätte Chinas militärische Abwehr sicherlich dazu gebracht, UFO-Berichte ernsthaft zu studieren, besonders in Gebieten nahe der sowjetischen Grenze und der Mongolei.

Weitere Sichtungen und Landungen von UFOs fanden in der Nähe der Grenzregion statt und laut Timothy Good wurde von China auch »eine spezielle militärische UFO-Studiengruppe gebildet, um die Sichtungen im Grenzgebiet zu verfolgen«.[12] Tsiens Mitwirkung ist nicht ganz klar, aber er könnte an ihrer Entstehung beteiligt gewesen sein. Sollte das nicht der Fall gewesen sein, wäre er jedenfalls zweifellos über die Ergebnisse der Gruppe informiert worden.

UFO-Sichtungen fanden in den 1970er Jahren regelmäßig statt, während China dabei war, seine diplomatischen Beziehungen zu den

Vereinigten Staaten zu verbessern. Angesichts der unmittelbaren Erfahrung von Tsien mit USAF-Programmen zum Nachbau Fliegender Untertassen ist es so gut wie sicher, dass das chinesische Militär zu dem Schluss kam, einige UFO-Sichtungen stammten von neuen Überwachungstechnologien, die entweder von den USA oder der UdSSR entwickelt wurden. Ein UFO-Vorfall im Jahr 1977 wurde definitiv für die Sichtung eines neuen amerikanischen Fluggerätes gehalten, das von Taiwan aus gestartet war, wie Stevens und Dong erklären:

> »An einem Abend im Jahr 1977 flog ein nicht identifiziertes Flugobjekt von der Größe des Vollmonds, das hell am Abendhimmel strahlte, über die Meerenge aus Taiwan heran und landete lautlos auf einem Hügel in der Provinz Fujian. Dreihundert Soldaten umzingelten sofort den Hügel mit der Absicht, es aufzubringen. Der verantwortliche Captain befahl: ›Feuern Sie nicht, bevor ich es befehle.‹ Ein in der Nähe stehender Lieutenant fragte: ›Werden wir es uns schnappen?‹, ›Ja, es könnte eine Art Geheimwaffe sein, die Amerika Taiwan liefert‹, antwortete der Captain zuversichtlich. Als sich die Soldaten näherten, wurde das UFO heller und strahlte noch mehr. Einige der Männer konnten wegen des grellen Lichts nichts erkennen. Vielen war schwindelig. ›Captain, sollen wir den Männern befehlen zu schießen?‹, fragte der Lieutenant. ›Wir können uns nicht weiter nähern.‹ Der Captain dachte schnell nach und sagte: ›Befehlen Sie unseren Männern zuerst, in Deckung zu gehen.‹ In diesem Moment kam ein unbeschreibliches Geräusch von dem UFO – ein Geräusch, das dem Heulen des Windes und dem Rattern laufender Motoren ähnelte. Das Licht wurde noch greller. Der Captain befahl den Männern, das Feuer auf das Zielobjekt zu eröffnen. Für kurze Zeit hallte der Lärm von Schüssen durch die Berge, aber das Objekt auf dem Hügel blieb intakt. Plötzlich stieg es auf in die Luft, wodurch die ganze Umgebung beschienen wurde. Es flog davon, und zwanzig Sekunden später war es nicht mehr zu sehen.«[13]

Vorfälle wie diese UFO-Landung aus dem Jahr 1977 hatten tiefgreifende Auswirkungen auf die Führung innerhalb des chinesischen Militärs (VBA) und der Kommunistischen Partei Chinas (KPCh), und sie zeigten die eigentliche Schwere des Problems. Der Aufbau von diplomatischen und Handelsbeziehungen zu den USA sollte bald als entscheidend für die Weiterentwicklung der chinesischen Forschungs- und Entwicklungsbemühungen angesehen werden. Dies würde zukünftige Übernahmen fortschrittlicher Luft- und Raumfahrttechnologien erleichtern, von denen angenommen wurde, dass sie sich im Besitz der USA und der UdSSR befänden.

Maos Tod im September 1976, die Inhaftierung der von Maos Witwe angeführten Viererbande und das Ende der Kulturrevolution leiteten eine aufregende neue Ära der Offenheit und des offiziellen Interesses der Regierung an UFO-Sichtungen in China ein. Diese neue Ära der Offenheit der Regierung brachte Tsien nun wiederum wichtige neue Möglichkeiten, dessen Forschungs- und Entwicklungs-Vorschlag für ein chinesisches Weltraumprogramm mit neuartigen Antriebstechnologien während der Mao-Ära im Wesentlichen eingemottet worden war. Tsien unterstützte die UFO-Forschung und begrüßte 1980 die Gründung der China UFO Research Organization (CURO), in der Wissenschaftler und Ingenieure UFO-Berichte mit wichtigen Details zu Herkunft, Leistung und Merkmalen der gesichteten UFO-Flugkörper analysieren konnten.

Ein 1982 im *Chinese Journal of UFO Research* veröffentlichtes Editorial hält die Aufregung über den offiziellen Start der wissenschaftlichen Forschung zu UFOs in China fest:

> »Ab 1947 gab es Berichte aus allen Teilen der Welt über das Auftreten nicht identifizierter Flugobjekte, wobei China die einzige Ausnahme bildete, denn hier schwieg die Presse zu diesem Thema. Das bedeutet jedoch nicht, dass UFOs nicht auch dieses Land besucht hätten, und es fehlte auch nicht an privat weitergegebenen Berichten [siehe UFO-Berichte vor 1947]«.
>
> Mit dem Sturz der Viererbande und der anschließenden Emanzipation der Wissenschaft wurde das Verbot der Berichterstattung über das UFO-Phänomen in der Presse aufgehoben. Das Gespräch über das The-

ma wurde nicht länger als sinnloses Gerücht abgetan. UFOs, die längst andere Länder und Regionen heimsuchten, tauchten nun auch über den riesigen neuneinhalb Millionen Quadratkilometern Chinas auf. Tatsache ist, dass sie China mit ungefähr der gleichen Häufigkeit besucht haben, in der sie in anderen Ländern gesichtet wurden …

Seit 1976, mit der Emanzipation der Wissenschaft, wurden UFOs in großer Zahl am chinesischen Himmel gemeldet, besonders 1980. Die UFOs spukten an Chinas Himmel herum und sorgten bei den mehr als einer Milliarde Einwohnern für Aufsehen. Die daraus resultierende Überraschung und Neugier löste einen Drang nach Wissen aus. Die Menschen verlangten nach Erklärungen für diese Phänomene. Sie wollten, dass Wissenschaftler forschen und die Berichte kommuniziert und das Wissen populär gemacht wird. Folglich wurde im Mai jenes Jahres [1980] die chinesische UFO-Forschungsorganisation CURO gegründet, ein Jahr später folgte die Veröffentlichung eines zweimonatlichen Magazins, des *Journal of UFO Research*, von dem in einem regelrechten Panikkauf sofort dreihunderttausend Exemplare weggingen.«[14]

Die CURO wurde innerhalb der Chinesischen Akademie der Sozialwissenschaften organisiert und stand ab 1986 unter der Leitung von Dr. Sun Shili, einem ehemaligen Professor für internationalen Handel an der Pekinger Universität für internationale Wirtschaftswissenschaften, der auch für den Vorsitzenden Mao als Übersetzer bei einem Besuch einer spanischen Delegation gearbeitet hatte.[15]

Die Online-Datenbank der CIA mit den gemäß dem Freedom of Information Act veröffentlichten Dokumenten enthält Übersetzungen von Berichten des chinesischen Nachrichtendienstes Xinhua. Diese Berichte zeigen, wie staatlich anerkannte UFO-Organisationen Berichte über nicht identifizierte Objekte aus einer wissenschaftlichen Perspektive untersuchten, die mit der Ideologie der Kommunistischen Partei übereinstimmte. Ein Bericht vom 13. Mai 1992 mit dem Betreff »TREFFEN DER CHINA UFO SOCIETY, UM WISSENSCHAFTLICHE STUDIEN FORTZUSETZEN« besagt:

»DER VIERTE NATIONALE KONGRESS DER CHINA UFO SOCIETY, DER HEUTE BEENDET WURDE, BEKRÄFTIGT, DASS CHINA IM STUDIUM DES UFO-PHÄNOMENS IMMER DEM FÜHRENDEN PRINZIP DES DIALEKTISCHEN MATERIALISMUS UND EINER PRAKTISCHEN UND NATURWISSENSCHAFTLICHEN THEORIE ALS GRUNDLAGEN DIESER STUDIEN FOLGEN WIRD …

ES WIRD BERICHTET, DASS BIS JETZT ETWA VIERHUNDERTTAUSEND MENSCHEN AUF DER GANZEN WELT BEHAUPTEN, UFOS GESEHEN ZU HABEN. IM VERGANGENEN JAHRZEHNT UND DAVOR WURDEN IN CHINA MEHR ALS FÜNFTAUSEND BERICHTE ÜBER UFOS REGISTRIERT. IM LETZEN JAHRZEHNT HABEN CHINESISCHE WISSENSCHAFTLER GEFORDERT, DAS UFO-PHÄNOMEN MIT WISSENSCHAFTLICHER METHODIK ZU BEHANDELN. CHINESISCHE WISSENSCHAFTLER HABEN WICHTIGE ERGEBNISSE IN DER ERFORSCHUNG DIESER SELTSAMEN KUGELBLITZE ERREICHT.[16]

Es ist bezeichnend, dass von 1982 bis 1992 über fünftausend UFO-Berichte erstellt wurden und chinesische Wissenschaftler das Phänomen aktiv untersuchten. Darüber hinaus erkannte Xinhua das Phänomen dieser seltsamen Kugelblitze als etwas an, das in Verbindung mit UFO-Berichten untersucht wurde. Wikipedia gibt die folgende Beschreibung des eigenartigen Phänomens »Kugelblitz«:

»Der Begriff bezieht sich auf Berichte über lumineszierende, kugelförmige Objekte, die von erbsengroß bis zu mehreren Metern Durchmesser variieren. Obwohl das Phänomen normalerweise mit Gewittern verbunden ist, dauert es erheblich länger als der Sekundenbruchteil eines Blitzes. Wissenschaftliche Daten zu natürlichen Kugelblitzen sind aufgrund von deren Seltenheit und Unvorhersehbarkeit nach wie vor rar. Die Vermutung ihrer Existenz hängt von gemeldeten öffentlichen Sichtungen ab, die zu inkonsistenten Ergebnissen geführt haben. Aufgrund von Inkonsistenzen und des Mangels an verlässlichen Daten ist die wahre Natur des Kugelblitzes unbekannt.«[17]

Man sollte sich hier vor Augen führen, dass Kugelblitze zwar eine Hypothese sind, die in vielen westlichen Ländern sehr oft zur Erklärung von UFO-Berichten herangezogen wird, dass es aber eine wichtige Bestätigung und Anerkennung ganz anderer Hintergründe darstellt, wenn chinesische Wissenschaftler wichtige Durchbrüche bei der Untersuchung von Kugelblitzen erzielen.

Bei Kugelblitzen zählen die Auswirkungen der Hochspannungselektrostatik. Einer dieser Effekte äußert sich als Elektrogravitationsantrieb, der allgemein als Biefield-Brown-Effekt bekannt ist und den ich in meinen Büchern *Geheime Weltraumprogramme & Allianzen mit Außerirdischen* sowie *Die Geheime Geschichte der U.S. Space Force* ausführlich erläutert habe. Einfach ausgedrückt erzeugen elektrostatische Hochspannungsentladungen eine Antriebskraft in Richtung der positiven Seite eines geladenen Kondensators. Es ist bekannt, dass Elektrogravitations-Antriebssysteme in vielen Fliegenden Untertassen verwendet werden, so auch in dreien, die 1988 auf der Edwards Air Force Base in einer geheimen Flugschau zu sehen waren.[18] Im Wesentlichen erkannten chinesische Wissenschaftler stillschweigend an, dass zumindest einige gesichtete Fliegende Untertassen, die im Zusammenhang mit Kugelblitzen auftreten, Elektrogravitations-Raumschiffe waren, deren Antriebsprinzipien von chinesischen Forschern genau untersucht wurden.

Dies wird von dem führenden Experten Dr. Shili in einem Interview mit dem *Wall Street Journal* bestätigt, in dem er Chinas Interesse an der wissenschaftlichen Untersuchung von UFOs, um deren Antriebstechnologien zu reproduzieren, eingestand:

> »UFOs sind schneller als jedes Flugzeug oder Auto … Wir hoffen, das UFO-Phänomen nutzen zu können, um Chinas Energie- und Effizienzprobleme zu lösen. Der Fokus ausländischer UFO-Studien auf bloße Sichtungen ist [in China] ein wenig zu passiv. Wir haben unsere Forschung immer mit der Wissenschaft verknüpft.«[19]

Ein weiteres CIA-Dokument beschreibt, wie chinesische Wissenschaftler mit den Sowjets zusammengearbeitet haben, um das UFO-Phänomen zu verstehen. Ein russischsprachiger Bericht vom 21. Mai 1990 einer Moskauer Nachrichtenagentur trägt den Titel »WISSEN-

SCHAFTLER DER UDSSR UND CHINAS IN GEMEINSAMER UFO-STUDIE« und erklärt:

»WISSENSCHAFTLER DER VOLKSREPUBLIK CHINA UND DES SOWJETISCHEN FERNEN OSTENS HABEN EINE GEMEINSAME STUDIE VON UFOS BEGONNEN. DAS ERSTE TREFFEN DER UFOLOGEN DER BEIDEN LÄNDER WURDE IN DER KLEINEN KÜSTENSTADT DALNEGORSK GERADE BEENDET. DIE SOWJETISCHEN UND CHINESISCHEN SPEZIALISTEN FÜR ANOMALE PHÄNOMENE HABEN EIN PROGRAMM ZUR UNTERSUCHUNG BEREITS BEKANNTER VORFÄLLE AUSGEARBEITET UND SICH DARAUF GEEINIGT, VIDEO- UND FOTOGRAFISCHE MATERIALIEN ÜBER ÄHNLICHE PHÄNOMENE AUSZUTAUSCHEN. DALNEGORSK WURDE NICHT ZUFÄLLIG ALS ORT FÜR DIESE EINIGUNG GEWÄHLT. IN DEN LETZTEN JAHREN HAT SICH DORT DIE ANZAHL DER FÄLLE VON UFO-SICHTUNGEN ERHÖHT. ALLEIN IN DEN VERGANGENENEN VIER JAHREN WURDEN NICHT WENIGER ALS ZEHN UFOS REGISTRIERT. SPEZIALISTEN VERMUTEN EIN ERHÖHTES INTERESSE VON UFOS AN ORTEN MIT EINER VIELZAHL NÜTZLICHER MINERALIEN WIE IN DER REGION KRAY. ÄHNLICHE VORFÄLLE SIND AUCH IN GEBIRGIGEN REGIONEN CHINAS AUFGETRETEN, DEREN KLIMA UND LANDSCHAFT DER UNSEREN ÄHNELT.«[20]

Der sowjetische Bericht bestätigt, dass UFO-Sichtungen in Gebieten stattfinden, in denen »nützliche Mineralien« gefunden werden, und so brachten sowjetische Experten die UFO-Präsenz mit solchen Mineralien in Verbindung. Angesichts dessen, dass China über eine Fülle Seltener Erden verfügt – es ist der weltweit wichtigste Produzent und Exporteur von über neunzig Prozent dieser Metalle –, ist es von großer Bedeutung, dass gerade in dieser Region UFOs gesichtet wurden.[21] Der Hinweis im sowjetischen Bericht lässt darauf schließen, dass die Besatzungen dieser UFOs Seltene Erden gesucht und abgebaut haben, was vermuten lässt, dass Legierungen Seltener Erden für den Betrieb von Raumschiffen von entscheidender Bedeutung sind.

Bemerkenswert ist überdies, dass 1990, in den letzten Jahren des Bestehens der Sowjetunion, chinesische und sowjetische Wissenschaftler begannen, offiziell beim UFO-Phänomen zusammenzuarbeiten. Zu dieser Zeit erlebte die Sowjetunion mit der Politik von Generalsekretär Michail Gorbatschow eine beispiellose Ära des Wandels, genannt Glasnost (»politische Offenheit«) und Perestroika (»wirtschaftliche Umstrukturierung«), die zum Zusammenbruch des Kommunismus zunächst in den Ländern des Warschauer Paktes 1989 und im Dezember 1991 auch in der Sowjetunion führte.

Die sowjetisch-russischen Staats- und Regierungschefs verstanden sehr gut, dass die bevorstehenden sozioökonomischen und politischen Veränderungen zu einem raschen Rückgang des russischen Einflusses auf internationaler Bühne führen und die USA für die kommenden Jahre zur einzigen Supermacht der Welt machen würde. Angesichts der neuen politischen Realität der Vorrangstellung der USA in globalen Angelegenheiten war eine strategische Neuausrichtung zwischen Russland und China erforderlich, wodurch die Jahrzehnte feindlicher Beziehungen wegen des Bruchs zwischen den beiden großen kommunistischen Nationen in den 1960er Jahren überwunden wurden. Wenn Russland und China in den kommenden Jahrzehnten gegenüber den USA wettbewerbsfähig bleiben sollten, wäre eine Zusammenarbeit in einer Reihe wichtiger Bereiche erforderlich. Das CIA-Dokument bestätigte, dass einer dieser Bereiche von gegenseitigem Interesse die Untersuchung von UFO-Berichten aus der riesigen eurasischen Landmasse östlich des Uralgebirges und die mögliche Verbindung von UFOs zu Seltene-Erde-Funden in der Region war.

In jüngerer Zeit, im Jahr 2012, gab es Berichte über eine große Anzahl leuchtender UFOs, die über der Grenzregion zwischen Tibet und Indien gesichtet wurden, wie der erfahrene UFO-Forscher Timothy Good zusammenfasste:

»Zwischen dem 1. August und dem 15. Oktober [2012] … berichtete die in Thakung nahe dem Pangong Tso-See stationierte indisch-tibetische Grenzpolizei über hundert Sichtungen von ›nicht identifizierten leuchtenden Objekten‹ (ULOs). Anscheinend konnten weder die indische Armee, die India Space Research Organization, die Defense Research

Development Organization noch die National Technical Research Organization diese Objekte identifizieren. Bei Tag und Nacht stiegen die ›gelben Kugeln‹ von der chinesischen Seite der Grenze am Horizont auf und glitten drei bis vier Stunden lang über den Himmel, bevor sie verschwanden. ›Etwas stimmt eindeutig nicht, wenn unsere vereinten wissenschaftlichen Ressourcen die Phänomene nicht erklären können‹, sagte ein hochrangiger Armeebeamter in Delhi.«[22]

Unbemannte Luftfahrzeuge, chinesische Drohnen oder Leuchtballons wurden als Erklärungen für die UFOs ausgeschlossen. Es ist zwar klar, dass die UFOs durch Antigravitation und andere unbekannte Systeme angetrieben werden, aber es ist nicht klar, wer sie schickt. Sind es außerirdische Fluggeräte, gehören sie zu einer Zivilisation der Inneren Erde oder handelt es sich um nachgebaute, streng geheime chinesische Raumschiffe? Wir wissen, dass es viele historische Berichte aus Tibet über außerirdische Besucher und Zivilisationen der Inneren Erde gibt.

Anmerkungen

1 Wendelle Stevens und Paul Dong, *UFO's Over Modern China*; UFO Photo Archives 1983.
2 Ebd., p. 31.
3 Ebd., p. 32.
4 Ebd., p. 32.
5 Ebd., pgs. 33-36.
6 Ebd., pgs. 30, 33.
7 Ebd., p. 45.
8 Ebd., p. 45.
9 Siehe Timothy Good, *Above Top Secret: The Worldwide UFO-Cover-Up*; Quill 1989; p. 208.
10 Wendelle Stevens und Paul Dong, *UFO's Over Modern China*; UFO Photo Archives 1983; pgs. 48-49.
11 Robert Farley, *The National Interest*, »In 1969, Russia and China Fought a Brief Border War. It Could Have Started World War III«; online verfügbar unter https://tinyurl.com/y2gg662l (aufgerufen am 30.9.2019)
12 Siehe Timothy Good, *Above Top Secret: The Worldwide UFO-Cover-Up*; Quill 1989; p. 210.
13 Wendelle Stevens und Paul Dong, *UFO's Over Modern China*; UFO Photo Archives 1983; pgs. 117-18.

14 Wendelle Stevens und Paul Dong, *UFO's Over Modern China*; UFO Photo Archives 1983; pgs. 238-39.

15 Siehe Kathy Chen, »Chinese Scholars Tap Physics to Learn About Flying Saucers«; online verfügbar unter http://ufoevidence.org/documents/doc450.htm (aufgerufen am 1.12.2019)

16 Deklassifiziertes CIA-Dokument, »China UFO Society meets; to continue scientific study«; https://www.cia.gov/library/readingroom/docs/DOC_0000112346.pdf (aufgerufen am 27.9.2019)

17 »Ball Lighting« auf Wikipedia, https://en.wikipedia.org/wiki/Ball_lightning (aufgerufen am 27.9.2019)

18 Siehe Michael E. Salla, *Die Geheime Geschichte der U.S. Space Force*, AMRA Verlag, Hanau 2021; US-Ausgabe pgs. 250-53.

19 Kathy Chen, »Chinese Scholars Tap Physics to Learn About Flying Saucers«; online verfügbar unter http://ufoevidence.org/documents/doc450.htm (aufgerufen am 1.12.2019)

20 Deklassifiziertes CIA-Dokument, »UdSSR, PRC scientists in joint study of UFO's«; https://www.cia.gov/library/readingroom/docs/DOC_0005516230.pdf (aufgerufen am 27.9.2019)

21 Siehe Ryan Wojes, »Rare Earth Metals«, https://www.thebalance.com/rare-earth-metals-2340169 (aufgerufen am 27.9.2019)

22 Timothy Good, *Earth An Alien Enterprise: The Shocking Truth Behind the Greatest Cover-up in Human History*; Pegasus Books 2013; p. xxi. – Dt. Ausgabe: *Die Erde – Ein Projekt der Aliens?: Die schockierende Wahrheit hinter der größten Vertuschung in der Geschichte der Menschheit*, Kopp Verlag, Rottenburg 2015.

8 Außerirdische Kontakte in Tibet

Schließlich, wenn wir einen Besucher aus einer anderen Galaxis empfangen: Kommen Sie, schauen Sie, es ist das gleiche menschliche Wesen. Vielleicht ein wenig anders von der Gestalt her, aber im Grunde genommen gleich. Das gleiche fühlende Wesen. Respektieren Sie es. Sehen Sie es sich an. Es ist das gleiche fühlende Wesen. Wir können uns sofort die Hand geben.

– Dalai Lama, 2013 –

Tibet, eine ausgedehnte Bergregion mit den höchsten Gipfeln der Welt, wurde 1950 gewaltsam an China angegliedert. In der tibetischen Geschichte gibt es zahlreiche Sichtungen von UFOs und auch körperliche Begegnungen mit außerirdischen Besuchern, die Jahrhunderte zurückreichen.

Diese Geschichten sind von besonderer Bedeutung, weil solche Kontakte bis in die Gegenwart andauern. Daher hat die Besetzung Tibets den Chinesen die seltene Gelegenheit geboten, verschiedene außerirdische Technologien zu studieren und dieses Wissen in ein Geheimes Weltraumprogramm einzubringen.

Historisch gesehen war der jesuitische Missionar und Kartograph Albert d'Orville, der 1661 nach Tibet reiste, einer der ersten Westler beziehungsweise Europäer dort. Er erlebte eine bemerkenswerte UFO-Sichtung zusammen mit einem tibetischen Lama, der später Einzelheiten über die Insassen des Raumschiffs und ihren fortwährenden Austausch mit der Menschheit enthüllte:

»November 1661. Meine Aufmerksamkeit wurde auf etwas gelenkt, das sich am Himmel bewegte. Zuerst dachte ich, es könnte eine mir unbekannte Vogelart sein, die in diesen Regionen lebt. Dann kam das Objekt näher, nahm die Form eines chinesischen Doppelhutes an und drehte sich die ganze Zeit lautlos, als würde es auf unsichtbaren Flügeln durch die Luft getragen. Dieser Besuch war definitiv ein Wunder – oder ein Zaubertrick. Das Objekt schwebte über der Stadt, geradeso, als wollte es bewundert werden. Es kreiste zwei Mal, und dann war es plötzlich in Nebel gehüllt, und so sehr ich meine Augen auch anstrengte, ich konnte es nicht mehr sehen.

Ich fragte mich, ob die Höhe, in der ich mich befand, meinen Augen einen Streich gespielt haben könnte. Dann bemerkte ich einen Lama, der in der Nähe stand. Ich fragte ihn, ob auch er das Objekt gesehen habe. Er nickte und antwortete: ›Mein Sohn, was du soeben gesehen hast, war keine Magie, denn Wesen aus anderen Welten reisen durch die Ozeane des Weltraums, und sie waren es auch, die den ersten Menschen, die auf dieser Erde lebten, den Geist einhauchten.

Diese Wesen verurteilen jede Gewalt. Sie raten der Menschheit, sich untereinander zu lieben. Ihre Lehren sind wie Samen, aber wenn diese Samen auf felsigen Boden fallen, können sie nicht keimen. Diese Wesen, die hellhäutig sind, werden von uns immer in Freundschaft empfangen, und oft besuchen sie die Erde und landen in der Nähe unserer Klöster. Sie haben uns immer wieder belehrt und uns Wahrheiten offenbart, die in den Jahrhunderten der gewaltigen Katastrophen, die das Antlitz der Erde verändert haben, verloren gegangen sind.‹«

Die hellhäutigen Außerirdischen, die der tibetische Lama erwähnt, passen zu den auf der ganzen Welt überlieferten Berichten über Kontakte mit menschenähnlich aussehenden Außerirdischen, die ein »nordisches« Erscheinungsbild haben. D'Orvilles Geschichte ist von großer Bedeutung, da sie eine wichtige Verbindung zwischen Tibet und den außerirdischen Besuchern herstellt, die die Erde häufig besuchen, physisch Menschen begegnen und Kenntnisse über die früheste Geschichte der Menschheit besitzen.

Die Beziehung Tibets zu den Außerirdischen lässt sich gut anhand des Falles von George Adamski (1891-1965) darstellen, der in den 1950er und 1960er Jahren als berühmteste amerikanische Kontaktperson international bekannt wurde. Er schrieb mehrere Bestseller über seine Begegnungen mit menschenähnlichen Außerirdischen, von denen er behauptete, sie kämen von der Venus und einer Reihe anderer Planeten unseres Sonnensystems. Was Adamski von vielen anderen angeblichen Kontaktpersonen unterscheidet, die nach ihm in Erscheinung traten, sind die überzeugenden Fotos, die er von Raumschiffen machte. Einige zeigen Fliegende Untertassen als Aufklärer oder Kundschafter, andere große zigarrenförmige Mutterschiffe, die als Raumschiffträger für die kleineren Flugobjekte dienten. Die Fotos sind überzeugende Beweise für Adamskis erstaunliche Behauptungen über außerirdische Kontakte. Gestandene UFO-Forscher wie Wendelle Stevens und Timothy Good fanden, dass die Fotos zusammen mit unabhängigen Zeugenaussagen überzeugende Beweise dafür darstellten, dass Adamskis Kontakterlebnisse »akkurat berichtet« sowie »vernünftig und nachprüfbar« waren.

Weniger bekannt über Adamski ist, dass seine Familie 1893, als er zwei Jahre alt war, zum ersten Mal in die USA kam und sich mit einem mysteriösen Mann anfreundete, der sich sehr für den jungen Adamski interessierte. Nach dem Tod seines Vaters überzeugte der Fremde, der heute als »Onkel Sid« bekannt ist, Adamskis Mutter, ihm zu erlauben, den zwölfjährigen Jungen zur Ausbildung und sogar zu einem Spezialtraining nach Tibet mitzunehmen. Adamskis verarmte Mutter, die darum kämpfte, ihren Sohn und seine vier Geschwister großzuziehen, stimmte zögernd zu. Adamski verbrachte etwa fünf Jahre, von 1904 bis 1909, mit Onkel Sid auf Reisen in Tibet und lernte dort Meditationspraktiken und buddhistische Philosophie kennen.[1] Laut Gerard Aartsen, dem Autor von *George Adamski – Gesandter der Raumbrüder* gibt es eine Reihe von Gründen für die Annahme, dass Onkel Sid einer der *Außerirdischen* (Space Brothers/Weltraumbrüder) war, mit denen Adamski später als Erwachsener in Kontakt kommen sollte.[2] Nach seiner Rückkehr in die USA diente Adamski vor dem Ersten Weltkrieg und währenddessen ehrenhaft in der U.S. Army und führte danach ein konventionelles Leben, bevor er nach Kalifornien zog.

Im Jahr 1936 gründete Adamski den »Königlichen Orden von Tibet« in der Gegend von Laguna Beach in Los Angeles, wo er ein Kloster aufbaute und Philosophie und Meditationstechniken lehrte, die er während seiner Jahre in Tibet gelernt hatte. Er verfasste ein kleines Buch mit dem Titel *Wisdom of the Masters of the Far East – Questions and Answers by The Royal Order Of Tibet* (»Weisheit der Meister des Fernen Ostens – Fragen und Antworten des Königlichen Ordens von Tibet«, nicht auf Deutsch erschienen).[3] Adamskis »tibetische« Lehren stimmten eng mit der kosmischen Philosophie überein, die er von den Weltraum-Brüdern empfing, denen er später angeblich begegnet war. Tatsächlich ersetzte Adamski später die Bezeichnung »Königlicher Orden von Tibet« durch »Weltraum-Brüder« und stellte gleichzeitig eine feste Beziehung zwischen der Philosophie der Weltraum-Brüder und den Lehren des tibetischen Buddhismus her – genau wie es d'Orville fast drei Jahrhunderte zuvor behauptet hatte.[4]

In den 1960er Jahren behauptete Jon Peniel, der Autor von *Die Kinder von Dem Gesetz des Einem & die Verlorenen Lehren von Atlantis*, dass er trotz der Besetzung Tibets durch das kommunistische China und der Schließung der Grenze mit ungewöhnlicher Hilfe nach Tibet einreisen konnte. Peniel beschrieb eine paranormale Erfahrung, bei der ihm ein mysteriöser Fremder, der in seinem Fernsehgerät erschien, sagte, er müsse nach Tibet reisen. Dann erhielt er ausdrückliche Anweisungen, ein weitgehend unbekanntes und abgelegenes altes Kloster zu finden, das sogar den Tibetern vor Ort verborgen war.

Peniel, gerade einmal siebzehn Jahre alt, sammelte das Geld und reiste zur tibetischen Grenze, wo ihn Führer erwarteten und zum Kloster brachten. Ihm wurde gesagt, dass es von den Nachkommen der atlantischen Zivilisation vor der Flut gegründet worden war, die eine kosmische Philosophie namens »Gesetz des Einen« lehrten.[5] Der junge Mann wurde als wiedergeborener Mönch, der zu dem besonderen tibetischen Orden im Kloster gehörte, willkommen geheißen wie zu Hause und verbrachte die nächsten Jahre mit Studieren, bevor er mit Informationen über außerirdisches Leben, kosmische Philosophie und Erdkataklysmen in die USA zurückkehrte.

Peniel sagt, dass er dort viele alte Manuskripte gesehen habe, deren Inhalt die Lamas ihm in seinem Unterricht vorlasen und erklären konnten. Die alten Manuskripte beschrieben die Zivilisationen von Atlantis und Lemurien vor der Flut und die vielen verschiedenen außerirdischen Rassen, die die Erde besuchen. Er schrieb:

> »Soweit ich mich erinnere, sprechen die Lehren von vierzig oder fünfzig verschiedenen außerirdischen Rassen, die die Erde besucht haben. Viele Menschen wollen heutzutage alles den sogenannten Greys oder ein paar anderen Arten zuordnen – aber es gibt viel mehr. Und unglaublich viel mehr, die die Erde nicht besucht haben, und dann noch viele andere, die sie besucht haben, aber rein spirituell sind und keine physische Form besitzen, wie wir sie kennen. Die Texte sprechen von der großen Bedeutung der spirituellen Evolution der verschiedenen außerirdischen Besucher im Gegensatz zu ihrer technologischen Entwicklung. Es hat mit dem Konzept zu tun, dass sich jede Art angemessen entwickelt. Mit anderen Worten, ihre spirituelle Entwicklung hält mit ihrer Technologie Schritt, oder noch besser, ihre spirituelle Entwicklung übertrifft ihre materielle Technologie.«[6]

Peniel beschrieb eine Begegnung, die ein tibetischer Lehrer mit zwei Nachkommen der alten Atlanter hatte, die ein hoch entwickeltes Transportmittel besaßen, mit dem sie den Lehrer für einen kurzen Besuch zum Mount Shasta brachten:

> »Als ich ein Novize geworden war, besuchte uns einer unserer eingeweihten Lehrer aus einem anderen Kloster. Er verspätete sich um ein oder zwei Tage – er kam nicht an, als er ankommen sollte, und es gab keinen offensichtlichen Grund dafür … Als er endlich eintraf, erzählte

er nach einem Treffen mit meinem Lehrer auch allen anderen, was ihm widerfahren war. Er war … man kann es nicht als Entführung bezeichnen, denn er war gefragt worden, ob er mitkommen wolle. Ein paar Menschen (die sich als direkte Nachkommen der Atlanter herausstellten) hatten ihn abgefangen. Das ist auch so eine seltsame Sache … Sie benutzten ein lemurisches Luftschiff (das sich stark von den atlantischen Versionen unterscheidet), aber diese Leute waren Atlanter gewesen, keine Lemurer. Der Typ lemurischer Fluggeräte, den der Lehrer beschrieben hat, sieht aus wie eine kreisförmige Plattform, auf die man treten und sich an einem Geländer festhalten kann. Wie auch immer, sie brachten ihn zum Mount Shasta und ins INNERE des schlafenden Vulkans. Sie erklärten ihm, dass es dort eine Kolonie von … Atlantern gab. Sie waren tatsächlich genetisch reine Nachkommen der ursprünglichen Atlanter. Und ihre Gemeinschaft befand sich tatsächlich innerhalb des Berges Shasta. Er sagte, sie hätten mit ihm eine komplette Tour gemacht.«[7]

Wenn Peniels Informationen korrekt sind, dann ist Tibet nicht nur ein Hot Spot für außerirdische Besuche, sondern auch ein Mittelpunkt für die Überlebenden antiker Zivilisationen, die an unterirdischen Orten überall in der Erde leben. Diese hoch entwickelten Besucher reisen regelmäßig zu tibetischen Klöstern, die bereit sind, sie zu empfangen, um philosophische Lehren, Informationen über das außerirdische Leben und unterirdische Zivilisationen auszutauschen. Was Jon Peniels Informationen besonders bemerkenswert macht, ist, dass sein Name von dem berühmten amerikanischen Hellseher Edgar Cayce erwähnt wurde, der voraussagte, dass gegen Ende der 1990er Jahre ein Weltlehrer mit dem Namen »John Peniel« erscheinen würde, um die Menschheit auf zukünftige Kataklysmen vorzubereiten.[8]

Was man bisher aus den Berichten von D'Orville, Adamski und Peniel schließen kann, ist, dass Tibet häufig von technologisch hoch entwickelten Zivilisationen besucht wird, die von außerhalb des Planeten und aus dem Erdinneren stammen. Historisch gesehen haben diese Besucher viel philosophisches und technologisches Wissen, das in Manuskripten aus alten Zeiten niedergelegt wurde, an tibetische

Klöster weitergegeben. Während der chinesischen Kulturrevolution (1966-1976) wurden viele der tibetischen Klöster von konkurrierenden Fraktionen der Roten Garden geplündert und zerstört. Diese Zerstörung von religiösen Artefakten und Tempeln war in ganz China verbreitet. Premier Chou En-Lai intervenierte jedoch persönlich, um einige der tibetischen Manuskripte zu retten – viele davon beschrieben antike Flugmaschinen. Hartwig Hausdorf, der Autor von *Das chinesische Roswell*, erklärt, was geschah:

> »Die wichtigsten Schriften der tibetischen Buddhisten sind der *Kanjur*, wörtlich ›Übersetzung des Buddha-Wortes‹, und der *Tanjur*, wörtlich ›Übersetzung der Abhandlungen‹ (die alle verfügbaren Kommentare zum ›Buddha-Wort‹ darstellen). Diese Schriften bilden zusammen das *Heilige Buch des Lamaismus von Tibet* …
>
> Es ist nur einem glücklichen Zufall zu verdanken, dass diese Werke noch vorhanden sind. Mitten in der Herrschaft des kommunistischen Regimes von Mao Tse-tung, als die ›Kulturrevolution‹ in vollem Gange war, zerstörten die Roten Garden in ihrer blinden Wut alles Alte und Traditionelle, was sie in die Hände bekommen konnten. Die alten und heiligen Texte der Buddhisten standen ganz oben auf der Liste der zu liquidierenden Werkzeuge der Reaktionäre.
>
> Glücklicherweise waren an einem bestimmten Punkt selbst die ranghöchsten Politiker der Meinung, dass die Zerstörung lange genug gedauert hatte. Kein Geringerer als Chou En-Lai, Ministerpräsident der Volksrepublik China und ein hochkultivierter Mann, befahl mehreren Kompanien der regulären chinesischen Armee, die außer Kontrolle geratenen Horden daran zu hindern, die unersetzlichen Kulturschätze vollständig zu zerstören. Heute sind im Kloster von Derge – dem Sitz des tibetischen Staatsverlages – fast fünfhundert Tibeter damit beschäftigt, alte Manuskripte und Aufzeichnungen zu pflegen und zu archivieren. Die Zentralregierung in Beijing unternimmt nun große Anstrengungen, um alle Unterschiede und Eigenheiten der abhängigen Staaten Chinas zu bewahren und das kulturelle Erbe jedes einzelnen zu fördern.«[9]

Es ist wichtig, sich vor Augen zu halten, dass Chou En-Lai derjenige Führer der Kommunistischen Partei war, der seit Tsien Hsue-shens Ankunft aus den Vereinigten Staaten im Jahr 1955 dessen Hauptförderer und Unterstützer war. Während der Kulturrevolution wurde Tsiens Fünfte Akademie (1966 umbenannt in Siebte Maschinenindustrie) vor den politischen Unruhen geschützt und mit den nötigen Ressourcen ausgestattet, um Chinas Atomraketen- und Weltraumprogramme fortzuführen. Zur gleichen Zeit sammelte Tsien so viele Informationen wie möglich über das UFO-Phänomen, die Ursprünge der Raumschiffe und die fortschrittlichen Technologien, die beim Bau solcher Vehikel verwendet werden.

Die umfangreiche Sammlung tibetisch-buddhistischer Texte, die sich nun im Besitz der kommunistischen Parteibehörden befand, bot eine Fundgrube historischer Informationen über außerirdische Besucher und Raumschiffe, die während der vorsintflutlichen atlantischen Ära gebaut worden waren und von denen einige innerhalb Tibets in Betrieb blieben. Noch wichtiger ist, dass Tibet bis weit in die Neuzeit hinein ein Epizentrum für persönliche Kontakte mit technologisch hoch entwickelten Zivilisationen war, die entweder außerirdisch waren oder aus dem Erdinneren stammten.

Einer von Chinas führenden UFO-Forschern, Dr. Sun Shili, hat auf Außerirdische hingewiesen, die in China leben und arbeiten, wie am 7. Juli 2002 in einem Artikel der *China Daily* mit dem Titel »ETs Live Among Us Says – China Foreign Ministry Official« (»Außerirdische leben unter uns, sagt ein Beamter des chinesischen Außenministeriums«) berichtet wurde:

> »In Anbetracht der jüngsten Häufung von UFO-Sichtungen über China ist die Meinung von Sun Shili, einem pensionierten Beamten des Außenministeriums, der jetzt Präsident der Pekinger UFO-Forschungsgesellschaft ist, erwähnenswert – er glaubt, dass Waixingren (Außerirdische) unter uns leben … Heute schließt Sun keine Möglichkeit aus, auch nicht, dass Außerirdische in der chinesischen Gesellschaft leben und arbeiten – eine Position, die oft schwer zu widerlegen ist.«[10]

Dr. Suns Streben nach einer wissenschaftlichen Untersuchung von UFO-Technologien und Außerirdischen, die innerhalb der menschlichen Gesellschaft leben, ist in Bezug auf die Geschichte Tibets sehr aufschlussreich. Haben chinesische Wissenschaftler in letzter Zeit Kontakt mit Außerirdischen aufgenommen, die Tibet oder andere chinesische Territorien besuchten, und werden sie infolgedessen heimlich bei ihren technologischen Entwicklungsprojekten unterstützt? Wenn ja, stünde dies im Einklang mit Suns Behauptung, dass alte kulturelle Traditionen bestätigen, China sei das »Land der Gottheiten oder Götter« (auch bekannt als Außerirdische), und dass es wichtig sei, »Harmonie zwischen den Menschen und dem Himmel zu suchen«.[11] Diese Aussage weist darauf hin, dass die technologische Unterstützung, die die Götter/Außerirdischen tugendhaften chinesischen Herrschern oder Erfindern im Altertum zukommen ließen, möglicherweise bis in die moderne Ära andauert.

Unterstützung für die Idee, dass Außerirdische Tibet als Basis benutzen, von der aus sie den chinesischen Bürgern sowohl technologisch als auch spirituell helfen, kommt von Dr. Raymond Keller, einem pensionierten Geschichtsprofessor und Linguisten, der in vierundvierzig Ländern gearbeitet hat, darunter auch in China, wo er Englisch unterrichtete.[12] Er ist der Autor der Trilogie *Venus Rising* (»Aufgehende Venus«, nicht auf Deutsch erschienen), in der er historische und wissenschaftliche Beweise dafür prüft, dass der Planet Venus die Heimatbasis für eine Gruppe von Außerirdischen ist, die regelmäßig die Erde besuchen – wie zuvor von Adamski und anderen Kontaktpersonen in den 1950er Jahren behauptet.

In *Venus Rising*, dem ersten Buch der gleichnamigen Trilogie, behauptet Keller, dass die chinesischen Behörden heimlich Vereinbarungen mit den Außerirdischen getroffen haben, die regelmäßig Tibet besuchen und auch die chinesische Gesellschaft infiltriert haben. Keller behauptet, sich mit Débora Bergara, einer angeblichen außerirdischen Besucherin, während eines Besuchs in China getroffen zu haben:

»Als ich mich erkundigte, was sie nach China gebracht habe, antwortete Débora, dass sie auf dem Weg nach Tibet sei, um sich dort mit anderen

Venusiern zu treffen, die sich für die Ankunft von zwei Mutterschiffen versammeln, welche an verschiedenen Orten im Seengebiet nördlich von Lhasa landen würden.«[13]

Keller sagt, dass er Débora fragte, was sie in China mache, und sie erzählte ihm von einer streng geheimen interplanetaren Forschungsgruppe, die von der chinesischen Regierung gegründet worden sei:

»Ich arbeite vorübergehend als Portugiesisch-Mandarin-Übersetzerin für ein streng geheimes Projekt der brasilianischen Regierung; und ich bin dem interplanetaren Forschungsprogramm der Volksrepublik China draußen in Lop Nur in Xinjiang angeschlossen. Wir Venusier haben das Gefühl, dass China, genau wie die Vereinigten Staaten, im Laufe der Jahrzehnte ein Leuchtfeuer der Hoffnung für die Völker der Erde werden wird.«[14]

In diesem Zusammenhang sollte man sich vor Augen führen, dass Lop Nur, Xinjiang, der Ort ist, an dem die von Tsien Hsue-shen entworfenen ballistischen Atomraketen ursprünglich getestet wurden, von denen die erste sich von der Jiuquan-Raketenanlage in der benachbarten Provinz Gansu aus auf den Weg machte. Es ist sehr wahrscheinlich, dass Tsien während eines oder mehrerer seiner Besuche in Lop Nur, um das chinesische Raketenprogramm zu beaufsichtigen, von Außerirdischen angesprochen wurde, die ihre Bedenken über das Atomwaffenprogramm äußerten. Dies würde ähnliche Entwicklungen widerspiegeln, wie sie in den USA stattgefunden hatten, als Außerirdische auf Besuch bei der Eisenhower-Administration ihre Besorgnis über die Entwicklung von Atomwaffen zum Ausdruck brachten.[15]

Außerdem war Tsien während seiner Zeit in den USA mit der Interplanetary Phenomenon Unit (IPU) vertraut, die vom Geheimdienst der U.S. Army eingerichtet worden war, um UFOs und die außerirdische Frage im Allgemeinen zu untersuchen. Wären Tsien oder andere chinesische Regierungsbehörden von Außerirdischen kontaktiert worden, die wegen des Atomwaffenprogramms des Landes besorgt waren, wäre die Gründung einer Organisation nach dem Vorbild der IPU ein kluger

Schritt gewesen. Angesichts Tsiens Vertrautheit mit der Art und Weise, wie das US-Militär seine Untersuchungen über außerirdisches Leben und Technologie koordiniert hatte, machte ihn dies zur logischen Wahl, um eine ähnliche chinesische Anstrengung zu leiten. Diese Parallelen stützen Kellers Behauptung, dass China kontinuierlich an einem »interplanetaren Forschungsprogramm« mit besuchenden Außerirdischen teilgenommen hat und dass das Programm von einer abgelegenen Region wie Lop Nur aus lief. Tsien war mit Sicherheit ein Schlüsselteilnehmer bei der Bildung einer solchen Organisation, wenn man bedenkt, dass er die Fünfte Akademie leitete, die für den Bau der ballistischen Raketen für das Nuklearsprengköpfe-Programm verantwortlich war – was Tsiens Besuche in Lop Nur erforderlich machte.

Wie ich in dem Buch *Das Geheime Weltraumprogramm der U.S. Navy & Die Allianz mit den Nordischen* beschrieben habe, halfen menschlich aussehende »nordische« Außerirdische den Wissenschaftlern verschiedener amerikanischer Konzerne bei der Entwicklung fortschrittlicher Technologien für ein zukünftiges Geheimes Weltraumprogramm, das mindestens auf die frühen 1950er Jahre zurückgeht.[16] Wenn amerikanische Wissenschaftler bei einem Design oder einem technischen Problem nicht weiterkamen, erhielten sie Unterstützung von Außerirdischen, die innerhalb des Konzerns tätig waren.

Es scheint, dass nun ein ähnlicher Prozess in China begonnen hatte und dass Tsien und andere Wissenschaftler der Fünften Akademie Teil dieses Prozesses waren. Es sollte jedoch Jahrzehnte dauern, bis Tsien und die chinesische Regierung genügend Ressourcen zur Verfügung hatten, um die monumentale Aufgabe des Nachbaus der außerirdischen und alten tibetischen Artefakte in ihrem Besitz in Angriff zu nehmen.

Keller liefert zusätzliche Informationen darüber, warum Tibet eine Drehscheibe für außerirdische Kontakte ist, indem er seine Verbindung zu einer unterirdischen Zivilisation in der nahe gelegenen Wüste Gobi erklärt. Er beschreibt, dass der Namtso-See in Tibet seit Langem ein Epizentrum für Begegnungen von Außerirdischen mit Menschen ist, und auch, wo Adamski in seiner Kindheit aufgenommen wurde und zum ersten Mal selbst Kontakt mit außerirdischen Besuchern aufnahm:

»Seit den Anfängen des Lebens auf der Erde diente der Namtso-See als Markierung für Raumschiffe von der Venus, die in die atmosphärische Hülle Ihrer Welt eindrangen, zurückkamen und eine Flugbahn und ein Landemuster für die Landung in Shambhala, etwas weiter nördlich in der Region Gobi, festlegten. Die tibetischen Mönche wissen alles darüber. Aufgrund der Häufigkeit, mit der es von Außerirdischen und ihren leuchtenden Raumschiffen besucht wird, betrachten die Mönche den gesamten See als ein heiliges Sternentor und haben auf einer seiner Inseln ein Kloster errichtet. Es ist der höchstgelegene Salzwassersee der Welt, und diejenigen, die in seinem kristallklaren Wasser baden, werden von vielen Krankheiten geheilt. Entgegen der landläufigen Meinung nahm sein Onkel Sidney George Adamski, als er erst zehn Jahre alt war, hierher mit, um zu den Füßen einiger der Aufgestiegenen Meister zu lernen, und nicht zum Großen Potala[-Palast] in Lhasa.«[17]

Kellers Behauptung stimmt mit historischen Berichten überein, nach denen tibetische Lamas von Außerirdischen oder Repräsentanten einer innerirdischen Zivilisation kontaktiert wurden, deren Ziel es war, der Menschheit bei ihrer Entwicklung zu helfen. Wichtig ist, dass Keller behauptet, es gebe in der Wüste Gobi eine legendäre Stadt namens »Shambhala«, die Teil dieser historischen Beziehungen zwischen Bewohnern sowohl Tibets als auch Chinas mit fortgeschrittenen Zivilisationen von der Inneren Erde oder von anderen Planeten ist.

Anmerkungen

1 »Our Elder Brothers Return: A History of Books (1875-present)«; http://www.biblioteca-ga.info/50/toon/92/28 (aufgerufen am 8.11.2019)

2 Gerard Aartsen, *George Adamski – A Herald for the Space Brothers*; Bibliotecha GA Publications 2010; p. 23. – Dt. Ausgabe: *George Adamski. Gesandter der Raumbrüder*, epubli, Berlin 2013.

3 Erstmals veröffentlicht 1936 vom Royal Order of Tibet.

4 »Our Elder Brothers Return: A History of Books (1875-present)«; http://www.biblioteca-ga.info/50/toon/92/28 (aufgerufen am 8.11.2019)

5 Jon Peniel, *The Children of the Law of One & the Lost Teachings of Atlantis*; Windsor Hills 1998. – Dt. Ausgabe: *Die Kinder von Dem Gesetz des Einem &*

die verlorenen Lehren von Atlantis, kein Ort, kein Jahr, Print-On-Demand und Kindle eBook.

6 Jon Peniel, *Ancient Atlantean Teachings and My Personal Experiences with Aliens & UFOs*, https://tinyurl.com/y4p6gkjr (aufgerufen am 8.11.2019). – Deutsche Buchausgabe: *Antike Atlantische Lehren und Meine Persönlichen Erfahrungen mit Aliens & UFOs*, kein Ort, kein Jahr, Print-On-Demand und Kindle eBook.

7 Ebd.

8 »Edgar Cayce's Prediction of John Peniel«, http://www.newagegathering.com/edgarcayces-prediction-john-peniel-2/ (aufgerufen am 2.12.2019)

9 Hartwig Hausdorf, *The Chinese Roswell*; New Paradigm Books 1998; pgs. 84-85. – Dt. Ausgabe: *Das chinesische Roswell: Neue außerirdische Spuren in Ostasien*, Herbig Verlag, München 2013 (Nachdruck).

10 Rosanne Lin, »ETs Live Among Us Says-China Foreign Ministry Official«, http://www.ufoevidence.org/documents/doc524.htm (aufgerufen am 18/12/2019)

11 Erklärung von Dr. Shi-Li Sun bei der Bürgeranhörung zur UFO-Enthüllung am 7. November 2014, https://youtu.be/Hd7yyF4-IxY (aufgerufen am 14.11.2019)

12 Biografische Details siehe »Dr. Raymond A. Keller, II«, https://stargatetothecosmos.org/dr-raymond-a-keller-ii-bio/ (aufgerufen am 18.12.2019)

13 Raymond Keller, *Venus Rising: A Concise History of the Second Planet.* Kindle eBook, Position 10261.

14 Ebd., Position 10261.

15 Siehe Michael E. Salla, *Die Geheime Geschichte der U.S. Space Force*, AMRA Verlag, Hanau 2021; US-Ausgabe pgs. 143-66.

16 Ebd., pgs. 87-110.

17 Raymond Keller, *Venus Rising: A Concise History of the Second Planet.* Kindle eBook, Position 10301.

9 Die Wüste Gobi und Fliegende Untertassen der Inneren Erde: Shambhala und Agartha

Irgendwo außerhalb Tibets, zwischen den eisigen Gipfeln und abgelegenen Tälern Zentralasiens, liegt ein unzugängliches Paradies, ein Ort universeller Weisheit und unbeschreiblichen Friedens namens Shambhala … Es wird von Adepten aller Rassen und Kulturen bewohnt, die einen inneren Kreis der Menschheit bilden, der heimlich die Entwicklung leitet.

– *Victoria LePage, Shambhala* –

Berichte aus erster Hand, die in früheren Kapiteln zitiert wurden, haben gezeigt, dass chinesische Soldaten es gewohnt waren, UFO-Aktivitäten in der Wüste Gobi zu beobachten, der drittgrößten Wüste der Welt, die sich über große Gebiete der Mongolei und Nordchinas erstreckt. Auch wenn einige dieser UFOs möglicherweise auf Aufklärungsflugzeuge zurückzuführen sind, die in den 1960er Jahren von der Sowjetunion entwickelt wurden, wie das chinesische Militär glaubte, muss noch eine andere Möglichkeit in Betracht gezogen werden. Es gibt seit langem Gerüchte, dass unter der Wüste Gobi eine unterirdische Zivilisation existiert – Shambhala oder Agartha (auch Agarthi) –, die über hochentwickelte Technologien verfügt, einschließlich Fliegender Untertassen. War diese unterirdische Zivilisation die Quelle der UFOs, die chinesische Soldaten im Vorfeld der Grenzkämpfe von 1969 mit der Sowjetunion regelmäßig sahen? Eine interessantere Frage ergibt sich aus einem wenig bekannten Vorfall, der 1970 in der Westmongolei stattfand, als eine Basis dieser unterirdischen Zivilisation gleichzeitig von Streitkräften aus der Sowjetunion und China angegriffen wurde. Bevor wir diesen Pressebericht lesen, wollen wir zunächst einige historische Hintergründe jener mysteriösen Region untersuchen.

Anfang des zwanzigsten Jahrhunderts reisten europäische Entdecker in die Wüste Gobi und lieferten überraschende Einblicke in die lokalen Legenden, die von einer fortgeschrittenen unterirdischen Zivilisation in der Region berichten. Einer dieser Entdecker war Ferdynand Ossendowski (1878-1945), ein ehemaliger Reporter, der 1905 vom Zaren wegen seiner revolutionären Aktivitäten nach Sibirien verbannt wurde.[1] Ossendowski wurde schließlich Professor für Chemie und Finanzminister der weißrussischen Regierung Sibiriens. Später floh er im russischen Bürgerkrieg (1918-1922) vor der vorrückenden Roten Armee und kämpfte an der Seite der flüchtenden weißrussischen Streitkräfte. Eine große Anzahl von Weißrussen floh damals während des Krieges in die Mongolei, ein überwiegend tibetisch-buddhistisches Land, das zwischen Russland und China liegt. Die Mongolei geriet nach ihrer Besetzung im Jahr 1919 unter chinesische Kontrolle. Zu dieser Zeit half eine russische Kavalleriedivision der Weißen Armee unter Führung von General Roman von Ungern-Sternberg (1886-1921) dem Bogd Khan, dem dritthöchsten Lama in der tibetisch-buddhistischen Hierarchie und traditionellen Führer der Mongolei, sich von der chinesischen Kontrolle in der Hauptstadt Urga – heute Ulaanbaatar – zu befreien.

Anfang 1921 brachte General Ungern-Sternberg den Bogd Khan zusammen mit mongolischen Unabhängigkeitskämpfern zum Manjushri-Kloster. Seit 1733 ist dieses Kloster die traditionelle Residenz des höchsten buddhistischen Führers der Mongolei, der den Titel des Jebsundamba Khutuktu oder »Heiligen Ehrwürdigen Herrn« trägt.[2] Bereits 1874 wurde die achte Inkarnation des Jebsundamba Khutuktu vom 13. Dalai Lama und vom Panchen Lama in Tibet anerkannt. Als die Mongolei im Jahr 1911 ihre Unabhängigkeit von der chinesischen Qing-Dynastie erlangte, wurde der Jebsundamba Khutuktu zum Staatsoberhaupt und fortan »Bogd Khan« genannt.

In dieser chaotischen Zeit, sagt Ossendowski, habe er sich persönlich mit dem Bogd Khan getroffen und Zugang zu einer geheimen Bibliothek im Manjushri-Kloster erhalten, die Informationen über »Agharti« (Agartha) enthielt. Ossendowski schildert auch einen der Eingänge nach Agartha, den er persönlich sah, und viele der Legenden, die er hörte und die Hohe Lamas als echt bestätigten. Seine Informationen über Agartha gehören zu den frühesten Berichten über eine riesige unterirdische Stadt in der Wüste Gobi, die als Überbleibsel einer längst vergessenen Zivilisation beschrieben wird. Die Angehörigen dieser Zivilisation hätten dort vor Jahrtausenden Zuflucht gesucht, um Katastrophen an der Oberfläche entkommen.

In seinem Buch *Tiere, Menschen und Götter* beschreibt Ossendowski die Umstände seines Treffens mit dem Bogd Khan (Bogdo) nach einer persönlichen Einführung von General Ungern-Sternberg, auch bekannt als »der Baron«:

> »Der General stellte mich dem Bogdo vor, der sich verbeugte zum Zeichen der Begrüßung. Sie begannen leise miteinander zu sprechen. Durch die offene Tür sah ich einen Teil des Schreins. Ich machte einen großen Tisch mit einem Stapel Bücher darauf aus, einige offen und andere auf dem Boden darunter … Bald erhob sich der Baron und verbeugte sich vor dem Bogdo. Der Tibeter legte seine Hände auf den Kopf des Barons und flüsterte ein Gebet. Dann nahm er eine schwere Ikone von seinem eigenen Hals und hängte sie dem Baron um.
>
> ›Du wirst nicht sterben, sondern in der höchsten Form des Seins inkarniert. Denken Sie daran, inkarnierter Kriegsgott, Khan der dankbaren Mongolei!‹ Ich verstand, dass der lebende Buddha den ›blutigen General‹ vor dem Tod segnete.«[3]

Der Bogd Khan verlieh dem Baron (General Ungern-Sternberg) die höchsten Ehren und erkannte ihn nur Monate vor seiner Gefangennehme und Hinrichtung durch die Rote Armee als wiedergeborenen Dschingis Khan an. Aufgrund der persönlichen Einführung und Gunst von General Ungern-Sternberg erhielt Ossendowski einen beispiellosen

Zugang zu den heiligsten Schriften des tibetischen Buddhismus, die sonst nur hohen Lamas vorbehalten waren:

> »Während meines Aufenthalts in Urga besuchte ich mehrmals die Wohnstätte des lebenden Buddha [Bogd Khan], sprach mit ihm und verfolgte sein Leben … Ich sah ihn Horoskope deuten, ich hörte seine Vorhersagen, ich sah seine Archive alter Bücher und die Manuskripte durch, die das Leben und die Vorhersagen aller Bogdo Khans enthielten. Die Lamas waren sehr offen und ehrlich mit mir, weil sie mir durch den Brief des Hutuktu von Narabanchi [Bogd Khan] ihr Vertrauen schenkten.«[4]

Die obigen Passagen zeigen die einzigartige Gelegenheit, die Ossendowski gegeben wurde. Der letzte unabhängige Bogd Khan gewährte ihm Zugang zu den tiefsten Geheimnissen des tibetischen Buddhismus, bevor die von der Sowjetunion geführten kommunistischen Kräfte gegen Ende des Jahres 1921 die Macht übernahmen und die mongolische (Volks-)Revolution die Mongolei zu einem Vasallenstaat der Sowjetunion machte.

Ossendowski lieferte auch den letzten Bericht aus erster Hand über die alte Bibliothek, die er besuchen durfte, bevor aufeinanderfolgende Wellen der Verfolgung, Beschlagnahmung sowie öffentliche Hinrichtungen älterer Lamas durch die Kommunisten 1936 zur Schließung des Klosters führten:

> »Einige Räume waren der Bibliothek vorbehalten, in der Manuskripte und Bände verschiedener Epochen in mehreren Sprachen und mit vielen verschiedenen Themen die Regale füllten … Dort sahen wir auch Tontafeln mit Keilschrift, offensichtlich aus Babylonien, chinesische, indische und tibetische Bücher, die neben denen der Mongolei aufbewahrt wurden, Bücher des alten reinen Buddhismus, Bücher der ›Rotmützen‹ oder korrupten Buddhisten, Bücher der ›Gelbmützen‹ oder lamaistischen Buddhisten, Bücher mit Überlieferungen, Legenden und Gleichnissen. Gruppen von Lamas haben diese Bücher gelesen, studiert und kopiert, die alte Weisheit für ihre Nachfolger bewahrt und verbreitet.«[5]

Der Hinweis auf Tontafeln mit Keilschrift ist bemerkenswert und zeigt, dass der tibetische Buddhismus unerschrocken schriftliche Aufzeichnungen bewahrt hat, die Jahrtausende bis in die Anfänge der menschlichen Zivilisation zurückreichen – vielleicht sogar zurück bis in atlantische Zeiten, wenn Peniels Bericht über ein tibetisches Kloster für wahr genommen und akzeptiert wird, das von atlantischen Überlebenden der letzten globalen Flut errichtet worden sein soll.

Laut Ossendowski erzählten ihm die Lamas von einem unterirdischen Königreich, das vor sechzigtausend Jahren von einem religiösen Führer und seinen Anhängern gegründet worden war und das später die Wissenschaften zu einem Höhepunkt führte:

> »Vor mehr als sechzigtausend Jahren verschwand ein Heiliger mit einem ganzen Stamm Menschen in der Erde und erschien nie wieder an der Oberfläche ... Die Wissenschaft hat sich dort ruhig entwickelt und nichts ist von Zerstörung bedroht. Die unterirdischen Menschen haben das höchste Wissen erreicht.«[6]

Ossendowski erklärte weiter, dass das unterirdische Königreich Agharti eine Millionenbevölkerung hat und von einem mysteriösen »König der Welt« regiert wird, der psychischen Einfluss auf einen großen Teil der Menschheit an der Erdoberfläche hat:

> »Jetzt ist es ein großes Königreich und enthält Millionen von Menschen mit dem König der Welt als ihrem Herrscher. Er kennt alle Mächte der Welt und alle Seelen der Menschheit und das große Buch ihres Schicksals. Unsichtbar regiert er achthundert Millionen Menschen an der Oberfläche der Erde, und sie werden jeden seiner Befehle erfüllen. Dieses Königreich wird Agarthi genannt. Es erstreckt sich über alle unterirdischen Passagen der ganzen Welt.«[7]

Während einer Reise nach Peking, das die Chinesen später in Beijing umbenannten, wurde Ossendowski von einem Lama begleitet, der ihm noch mehr über das Agharti-Königreich und dessen fortschrittliche

Technologien, die zur Überwältigung der Oberflächenmenschen genutzt werden konnten, erzählte:

> »Die Hauptstadt von Agharti ist von Städten umgeben, die von Hohepriestern und Wissenschaftlern bewohnt sind. Sie erinnert an Lhasa, wo der Palast des Dalai Lama, der Potala, die Spitze eines Berges mit Klöstern und Tempeln ist. Der Palast selbst ist von den Palästen der Goro umgeben, die alle sichtbaren und unsichtbaren Kräfte der Erde, der Hölle und des Himmels besitzen und alles für Leben und Tod des Menschen tun können. Sollte die Menschheit einen Krieg gegen sie beginnen, könnten sie die gesamte Oberfläche unseres Planeten explodieren lassen und in Wüste verwandeln.«[8]

Als Nächstes beschrieb Ossendowski die Raumfahrt der Menschen in Ahgarti und wie sie außerirdische Zivilisationen beobachteten und sogar Kolonien auf weit entfernten Exoplaneten errichteten:

> »Einige von ihnen bewegen sich zwischen den Sternen, beobachten Ereignisse, unbekannte Völker, ihr Leben und ihre Gesetze … In Erdeni Dzu lebte früher Pandita Hutuktu, der aus Agharti gekommen war. Auf dem Sterbebett erzählte er von der Zeit, als er nach dem Willen des Goro auf einem roten Stern im Osten lebte, im eisbedeckten Ozean schwebte und über die stürmischen Feuer in den Tiefen der Erde flog.«[9]

Ossendowski beendet seinen Bericht über das, was ihm über das Königreich Agharti erzählt worden war, mit dem Hinweis, dass die Lamas, die diese Informationen mit ihm teilten, »in einem feierlichen Ton sprachen, der Anfechtung und Zweifel verbot«.[10]

Ossendowski ist nicht der Einzige, dem von einer Zivilisation unter der Wüste Gobi berichtet wurde, die durch eine Reihe unterirdischer Tunnel mit einem weltweiten Netzwerk verbunden ist. Auch der berühmte russische Maler, Aktivist und Entdecker Nicholas Roerich (1874-1947) begegnete in den 1920er Jahren Lamas auf seinen Reisen durch Tibet, die Mongolei und anderswo im Fernen Osten. Diese

Lamas erzählten ihm ähnliche Geschichten über ein fabelhaftes unterirdisches Königreich mit fortschrittlichen Technologien:

> »An vielen Orten Zentralasiens sprechen sie von Agharti, dem unterirdischen Volk. In zahlreichen schönen Legenden schildern sie die gleiche Geschichte, wie die besten Leute die tückische Erde verließen und Erlösung in verborgenen Ländern suchten, wo sie neue Kräfte und mächtige Energien erwarben.«[11]

Roerich wurde von einem unterirdischen Königreich berichtet, das tibetische Lamas Shambhala nannten. Die Lamas offenbarten ihm obendrein geheimes Wissen über die Flugtechnologien, die dort entwickelt wurden:

> »›Unzählig sind die Einwohner von Shambhala. Zahlreich sind die großartigen neuen Kräfte und Errungenschaften, die dort für die Menschheit vorbereitet werden…‹
>
> ›Lama, die Vedanta [das Ende der Veden] sagt uns, dass der Menschheit sehr bald neue Energien gegeben werden. Ist das wahr?‹
>
> ›Unzählig sind die großen Dinge, die vorherbestimmt und vorbereitet sind. Durch die Heiligen Schriften wissen wir von der Lehre des Erhabenen über die Bewohner der fernen Sterne. Aus derselben Quelle haben wir vom fliegenden Stahlvogel gehört … von eisernen Schlangen, die den Raum mit Feuer und Rauch verschlingen.‹«[12]

Zusätzlich zu den vielen Legenden und heiligen Schriften über ein unterirdisches Königreich in der Wüste Gobi, die von Reisenden des frühen zwanzigsten Jahrhunderts wie Ossendowski und Roerich gesammelt worden sind, besitzen wir inzwischen aber auch neuere Berichte von Personen, die behaupten, Vertreter unterirdischer Zivilisationen getroffen zu haben. Unter ihnen ist der Whistleblower Corey Goode, dessen Erfahrungen mit Geheimen Weltraumprogrammen ich in meinem Buch *Geheime Weltraumprogramme & Allianzen mit Außerirdischen* ausführlich behandelt habe.[13]

Laut Goodes Berichten wurde er mehrmals physisch zu diplomatischen Treffen mit Vertretern zahlreicher unterirdischer Zivilisationen gebracht, die im Jahr 2015 Verhandlungen mit der Menschheit über die Zukunft des Planeten aufnahmen. Diese Zivilisationen sind Goodes Angaben nach sehr unterschiedlich und kooperieren auch in unterschiedlichem Maße miteinander und mit den traditionellen Führern der Menschheit an der Oberfläche der Erde.

Am 23. September 2015 veröffentlichte Goode einen Bericht mit dem Titel »Ancient Earth Break-Away-Civilization Subterranean Council Meeting & SSP Alliance Debrief« (»Ratsversammlung alter, abgespaltener unterirdischer Zivilisationen & GWP-Allianz-Nachbesprechung«).[14] Darin wird eines dieser diplomatischen Treffen beschrieben, bei dem Mitglieder aus sieben alten unterirdischen Zivilisationen zusammenkamen, um aufgrund der jüngsten politischen und technologischen Veränderungen in den Ländern an der Oberfläche ein Bündnis zu bilden. Goode spricht auch über sein Wissen aus erster Hand über das »Agartha-Netzwerk«, das er durch persönliche Treffen und während seines geheimen Dienstes gewann, als er Zugang zu futuristischen »Smart Glass Pads« hatte, die detaillierte Informationen zur Erdgeschichte, zu Weltraumaktivitäten und außerirdischen Besuchern enthielten.

Goode erklärt, dass sich das Agartha-Netzwerk im Laufe der Äonen ausdehnte, als aufeinanderfolgende Kataklysmen an der Erdoberfläche mehrere Zivilisationen in den Untergrund trieben, wo ihre Eliten mit fortschrittlichen Technologien Zuflucht fanden. Dies spiegelt die Geschichte wider, die der tibetische Lama dem Jesuitenpriester d'Orville während seiner Reisen nach Tibet bereits im Jahr 1661 erzählte.

Laut Goode haben vier große Katastrophen an der Erdoberfläche zur Bildung verschiedener unterirdischer Zivilisationen geführt:

»Sie behaupten, dass es in den fast zwanzig Millionen Jahren, seit die ursprünglichen menschlichen Blutlinien auf der Erde entstanden, vier große Katastrophen gab, die entweder die Erdachse, die Rotation oder die Umlaufbahn um die Sonne veränderten. Jedes Mal, wenn eines dieser Ereignisse eintrat, hielt die ›Elite‹ oder Priesterkaste ihre genetische Linie rein, indem sie sich unter der Erde isolierte. Diese kleinen Gruppen überlebten, während ihre Verwandten an der Oberfläche umkamen.«[15]

Goodes Hinweis auf die Priesterkaste, die den Exodus anführte, entspricht den Informationen, die Ossendowsi 1921 von mongolischen Lamas über eine Katastrophe gegeben wurden, die vor sechzigtausend Jahren stattfand, als ein »Heiliger Mann mit einem ganzen Volk in der Erde verschwand«.[16] Als die Zahl der antiken unterirdischen Städte im Laufe der Zeit zunahm, schlossen sich laut Goode viele von ihnen zum Agartha-Netzwerk zusammen, in dem fortschrittliche wissenschaftliche Erkenntnisse und Raumfahrttechnologien weiterentwickelt wurden. Diese Informationen stimmen mit dem überein, was Ossendowski und Roerich auf ihren jeweiligen Reisen von tibetischen und mongolischen Lamas über in Agartha (Shambhala) entwickelte Flugmaschinen erfahren haben.

Goode sagt, dass Mitglieder des Agartha-Netzwerks vorgaben, Götter zu sein, wenn sie sich mit Menschen an der Oberfläche trafen, wodurch sie entweder heidnische Religionen hervorbrachten oder zumindest beeinflussten. Von den griechischen »Göttern« und ähnlichen Gottheiten aus anderen religiösen Traditionen waren viele tatsächlich Mitglieder des Agartha-Netzwerks. Ossendowskis schriftlicher Bericht über den mächtigen Einfluss des Königs von Agharti auf große Teile der Menschheit bietet einen entsprechenden Rahmen. Laut Goodes Bericht behaupten die Agarther und andere unterirdische Zivilisationen, sie hätten sich nur als Götter ausgegeben, um ein gewisses Maß an Ordnung und kultureller Entwicklung in das turbulente Leben der Menschen an der Oberfläche zu bringen, die von verschiedenen Außerirdischen genetisch verändert wurden, um sie aggressiver zu machen:

»Zusätzlich zu dieser unglaublichen Geschichte gaben sie noch an, dass während und nach diesen kataklysmischen Ereignissen immer fortgeschrittenere Gruppen von außerhalb unseres Sonnensystems kamen. Diese neuen Gruppen begannen, die Situation auszunutzen, um die Genetik der Einwohner dieses Sonnensystems zu manipulieren. Sie behaupteten, die Erde sei das Ziel von Flüchtlingen von anderen bewohnten Planeten geworden. Außerirdische brachten diese Flüchtlinge in mehreren Wellen hierher, als es auf ihren Heimatplaneten zu Katastrophen kam. Die Flüchtlingsrassen waren den ursprünglichen Menschen auf der Erde genetisch ähnlich, aber viel aggressiver.«[17]

Goode berichtet auch, dass das Agartha-Netzwerk antiker Zivilisationen hin und wieder dazu beitrug, dass die Menschheit ihre zerstörten Gesellschaften neu aufbaute:

»Durch den Strom der Zeit und kleinere zerstörerische Ereignisse an der Oberfläche, die anscheinend auch katastrophal waren, wurden fast alle Hinweise auf ihre früheren Zivilisationen aus den Erinnerungen der Überlebenden gelöscht. Nur Mythen und Legenden von hoch entwickelten Göttern blieben übrig.

Sie erklärten, dass sie von Zeit zu Zeit auftauchen würden, um die Zivilisation derjenigen Überlebenden zu beleben, die genetisch am engsten mit ihnen verwandt waren.

Die Innerirdischen behaupteten, dass die überlebenden Rassen annahmen, sie seien die Götter aus den alten Legenden. So wurde beschlossen, dass sie denjenigen, denen sie halfen, zu glauben erlaubten, sie seien tatsächlich Götter, um ihre unterirdischen Zivilisationen geheim und sicher zu halten.«[18]

Das gegenwärtige Erwachen der Menschheit, so Goode, hat die sieben unterirdischen Zivilisationen nach einer großen Debatte darüber, wie man am besten reagieren sollte, in zwei große Lager gespalten. Die eine Seite möchte der Oberflächenbevölkerung helfen, so schnell wie möglich die Wahrheit über ihren genetischen Ursprung und die historischen außerirdischen Interventionen der Erde zu erfahren, während die andere Fraktion sich dafür entscheidet, mit globalen Eliten zusammenzuarbeiten, um den Prozess des Erwachens genau zu kontrollieren.

Eine UFO-Begegnung in China 1944 macht die Existenz des unterirdischen Agartha-Netzwerks, das von einer Priesterkaste geführt wird und gelegentlich mit Menschen an der Oberfläche in Kontakt tritt, äußerst deutlich. Wendelle Stevens und Paul Dong zitieren die Begegnung in ihrem Buch *UFOs Over Modern China* (»UFOs über dem heutigen China«, nicht auf Deutsch erschienen) und schreiben:

> »1944 während des Krieges, als er noch Teenager war, spielte der Erzähler mit einem anderen Jungen auf dem Schlagplatz. Plötzlich kam ein Flugobjekt vom Himmel herunter und landete geräuschlos auf dem Boden. Ein paar ›Wesen‹ kamen heraus, näherten sich den Jungen, strichen ihnen über den Kopf, gingen zu ihrem Raumschiff zurück und flogen davon. Er konnte es im Dunkeln nicht klar erkennen, erinnerte sich aber daran, dass die Besucher mehr oder weniger wie alte taoistische Mönche aussahen. Er konnte die Form des seltsamen Raumschiffes nicht ausmachen. Der Ort war Yidu, Jiangsu.«[19]

Während Yidu relativ nahe an der chinesischen Küste unweit von Shanghai liegt, deutet das Auftreten taoistischer Mönche eindeutig auf eine Zivilisation der Inneren Erde hin, die über fortschrittliche Luft- und Raumfahrttechnologien verfügt.

Ossendowski, Roerich und Goodes Erfahrungen liefern uns eine weitere mögliche Erklärung für die UFOs, die regelmäßig von chinesischen Soldaten und Zivilisten in verschiedenen Teilen der Wüste Gobi beobachtet werden, und ebenso auch für die historischen Sichtungen in Tibet und Zentralasien.

Es ist wahrscheinlich, dass solche Fluggeräte zum unterirdischen Königreich Agartha/Shambhala gehören. Da dieses Reich in historischen Aufzeichnungen und Legenden beschrieben wird, die den chinesischen Regierungsbehörden seit Langem zur Verfügung stehen, stellt sich die Frage: Wie ernst nehmen die Behörden der Kommunistischen Partei die Behauptungen, dass eine oder mehrere unterirdische Zivilisationen unterhalb der Wüste Gobi, Tibets und anderer abgelegener Gebiete von Zentralasien existieren?

Der Universitätsprofessor Andrei A. Znamenski gibt uns eine Antwort in *Red Shambhala: Magic, Prophecy and Geopolitics in the Heart of Asia* (»Rotes Shambhala: Magie, Prophezeiung und Geopolitik im Herzen Asiens«, nicht auf Deutsch erschienen).

In seinem Buch legt Znamenski überzeugende Beweise dafür vor, dass die Bolschewiki kurz nach der Gründung der Sowjetunion wissenschaftliche Expeditionen nach Tibet, in die Mongolei und in andere abgelegene Regionen unterstützten, bei denen angeblich Eingänge nach Shambhala gefunden wurden. Der Chef der Sonderabteilung der bolschewistischen Geheimpolizei, Gleb Iwanowitsch Boki (1879-1937), war an diesen Bemühungen unmittelbar beteiligt, da er glaubte, Shambhala und seine »alte Wissenschaft« könne wirklich existieren.[20] Boki war der »Chefdechiffrierer der Bolschewiki, verantwortlich für diplomatische und Spionagecodes sowie elektronische Überwachung im roten Russland«.[21] Bokis Spezialchiffrierabteilung war eine autonome Einheit innerhalb der Geheimpolizei, die direkt an die oberste Führung der Kommunistischen Partei berichtete.

In einem Brief an Boki erörterte Alexander Bartschenko, ein Berater der Sonderabteilung von Boki, die die Überreste prähistorischer Kultur lokalisieren sollte, das in Zentralasien verborgene alte Wissen und erklärte, warum Shambhala für die UdSSR von entscheidender Bedeutung war.[22] Boki fasste später zusammen, was Bartschenko ihm und anderen 1937 über Shambhala/Agartha berichtete:

> »Bartschenko zufolge gab es im Altertum eine kulturell fortgeschrittene Gesellschaft, die später infolge einer geologischen Katastrophe unterging. Es war eine kommunistische Gesellschaft, und sie existierte in einer sozial (kommunistisch) und materiell fortgeschritteneren technischen Form als unsere. Die Überreste dieser Gesellschaft findet man, wie Bartschenko uns sagte, immer noch in abgelegenen Berggebieten zwischen Indien, Tibet, Kashgar und Afghanistan. Diese uralte Zivilisation sammelte alle wissenschaftlichen und technischen Kenntnisse und stellte eine Synthese sämtlicher Wissenschaftszweige her. Die Existenz der alten Wissenschaft und das Überleben dieser Gesellschaft sind Geheimnisse, die von ihren Mitgliedern sorgfältig gehütet werden.«[23]

Es wurden Pläne für eine bolschewistische Expedition nach Zentralasien entwickelt. Die Expedition und die Rolle von Gleb Boki werden in einem offiziellen Memo von Georgi Tschitscherin (1872-1936), Volkskommissar für Auswärtige Angelegenheiten, zusammengefasst, der seinerzeit gebeten wurde, diese geplante Expedition der Sonderabteilung zu unterstützen:

»Seit neunzehn Jahren sucht ein gewisser Bartschenko nach den Überresten einer prähistorischen Kultur. Er hat eine Theorie, dass die Menschheit in prähistorischer Zeit eine besonders hoch entwickelte Zivilisation entwickelt hatte, die die gegenwärtige historische Periode weit übertraf. Er glaubt auch, dass man in zentralasiatischen Zentren der spirituellen Kultur, besonders in Lhasa und in einigen geheimen Bruderschaften in Afghanistan, überlieferte Erkenntnisse finden kann, die diese prähistorische Zivilisation hinterlassen hat. Genosse Bartschenko wandte sich an Genosse Boki, der sich sehr für seine Theorie interessierte und beschloss, die Arbeitskräfte und Ressourcen seiner Sonderabteilung zu nutzen, um die Überreste der prähistorischen Kultur zu finden. Das OGPU-Kollegium (Tscheka/Geheimpolizei), das sich Bartschenkos Bericht anhörte, interessierte sich ebenfalls für dieses Projekt und beschloss, einige der Mittel, die zur Verfügung standen, dafür zu verwenden. Zwei Kameraden der OGPU und Bartschenko haben mich besucht, um sich meiner Unterstützung zu versichern.«[24]

Die Opposition von Tschitscherin und anderen Rivalen führte schließlich zur Aufgabe der Expedition der Sonderabteilung, um die Wissenschaften von Shambhala/Agartha in der Mongolei, in Tibet und in Afghanistan zu suchen. Trotzdem sponserte Tschitscherin Expeditionen, bei denen es nicht darum ging, Shambhala/Agartha zu finden, sondern lokale Mythen darüber für Propagandazwecke zu verwenden:

»Für Tschitscherin und seine Kollegen aus der Komintern [Kommunistischen Internationale] und der Geheimpolizei waren eher Shambhala und ähnliche Prophezeiungen das Gebiet der Geopolitik als innere

Psychotechniken, die den menschlichen Geist perfektionieren könnten. Offensichtlich hat Tschitscherin den Plan von Bartschenko und Boki, in Innerasien uralte Weisheiten wiederzufinden, die der kommunistischen Sache zugutekommen könnten, als Unsinn abgetan.«[25]

Während die große Expedition nach Tibet und Afghanistan abgesagt worden war, sponserte Boki immer noch Expeditionen unter der Führung von Bartschenko (auch bekannt als »Roter Merlin«) nach Südsibirien und in die angrenzenden Regionen der Mongolei, Kasachstans und Chinas, um Beweise für Shambhala/Agartha zu finden:

»Der Rote Merlin wurde großzügig von Boki finanziert und bereiste die ganze Sowjetunion auf der Suche nach esoterischer Weisheit. Das Ziel seiner Unternehmungen bestand nicht nur darin, Splitter einer universellen alten Wissenschaft zu sammeln. Bartschenko und sein Patron nährten auch die ehrgeizige Idee, irgendwann zwischen 1927 und 1928 in Moskau einen Kongress sämtlicher esoterischen Gruppen einzuberufen und damit die kommunistische Agenda voranzutreiben.«[26]

Das Buch *Red Shambhala* macht deutlich, dass Elemente der Geheimpolizei der Sowjetunion die Behauptungen überlegener Zivilisationen mit fortschrittlichen Technologien, die unter der Mongolei, der Wüste Gobi, Tibet und anderen zentralasiatischen Gebieten verborgen sind, sehr ernst nahmen. Reisende wie Ferdynand Ossendowski und Nicholas Roerich haben anschaulich berichtet, was sie über diese unterirdischen Zivilisationen wussten, einschließlich der wichtigen Tatsache, dass Aufzeichnungen in alten Texten historisch aufbewahrt wurden. Dies entspricht genau dem, was Albert d'Orville und Jon Peniel in Tibet erfahren haben. Corey Goode fügt diesen Berichten eine weitere Legitimitätsebene als heutiger direkter Zeuge hinzu, der anschauliche Beschreibungen der unterirdischen Zivilisationen oder autonomen Gruppen bietet, aus denen das Agartha-Netzwerk besteht.

Diese historische Grundlage bietet nun die Kulisse für die unglaubliche Nachricht einer weitgehend unbekannten militärischen Schlacht zwischen chinesischen und sowjetischen Streitkräften, stattgefunden 1970 in der Westmongolei, in der beide Seiten eine UFO-Basis mit ausgedehnten unterirdischen Tunneln angriffen. Anscheinend glaubten die Chinesen und Sowjets, der jeweils andere besäße die Basis, und argumentierten in ähnlicher Weise, dass die Basis fortschrittliche Luft- und Raumfahrtschiffe einsetzte, um sie auszuspionieren und schließlich anzugreifen.

Der Vorfall findet sich im Bericht eines argentinischen Reporters, Juan Norberto Comte, der mit der Sichtung einer UFO-Armada über der Mongolei zu tun hatte:

> »1970 standen China und Russland kurz vor dem Krieg. Seltsame, nicht identifizierte Flugobjekte störten die Ruhe des Himmels über der Grenze zur Mongolei und wurden von den beiden Giganten des internationalen Kommunismus argwöhnisch beobachtet. Beide Seiten glaubten, diese Objekte seien eine Art supergeheime militärische Entwicklung des anderen, und beschuldigten deshalb den jeweils anderen der kriegerischen Provokation.«[27]

Die Krise spitzte sich am 24. April 1970 zu, nachdem ein sowjetischer Bomber auf einer geheimen Mission nahe der mongolischen Grenze verschwunden war. Comte beschreibt, was als Nächstes geschah:

> »Die sowjetische Luftwaffe wurde in Alarmbereitschaft versetzt und startete sofort zweihundert Flugzeuge, die an der letzten bekannten Position des Bombers zusammenkamen, von dem angenommen wurde, dass er von eindringenden Chinesen abgeschossen worden war. Als die riesige Patrouille die ungefähre Position des Verschwindens erreichte, entdeckte sie etwa zwanzig riesige, leuchtende scheibenförmige Flugobjekte, die sich in extremen Höhen mit unglaublicher Geschwindigkeit außerhalb der Reichweite des russischen Flugzeugs bewegten.«[28]

Comte erklärt dann, wie die Sowjets die UFOs zu einer Basis in den westlichen Regionen der Mongolei zurückverfolgten:

»Einige Tage später erschien die Welle mysteriöser Raumschiffe über den Grenzen der Mongolei, aber diesmal gab es Hunderte von scheibenförmigen Objekten, die ihre Farbe immer wieder änderten, von zeitweise orange über blau nach rot. Eine Raketenbatterie wurde aufgestellt, und vom Boden aus wurden Breitseiten von Langstreckenprojektilen abgefeuert. Zwischenzeitlich versuchte man, die Herkunft der Objekte zu bestimmen. Sowjetische Experten, die hektisch an beobachteten Flugbahnen und Karten des Gebiets arbeiteten, stimmten in ihren Berechnungen überein. Die seltsamen Flugobjekte kamen von einem Punkt etwa 1.600 Kilometer westlich von Ulan Bator, der Hauptstadt der Mongolei. Jetzt bestand kein Zweifel mehr an den Absichten ihrer kriegerischen Nachbarn, der Chinesen.«[29]

Die Sowjets mobilisierten Tausende von Truppen und schweren Waffen, die in Richtung der UFO-Basis vorrücken sollten, von der fälschlicherweise angenommen wurde, sie gehöre den Chinesen. In der Zwischenzeit hatten die Chinesen die Flugscheiben auf ähnliche Weise getrackt und ihre eigenen Truppen und Luftstreitkräfte zu der Basis geschickt, von der sie glaubten, dass sie zur Sowjetunion gehöre.

Comte beschreibt, was geschah, als die sowjetischen und chinesischen Truppen auf der Suche nach den mysteriösen Fliegenden Untertassen, deren Herkunft sie zurückverfolgt hatten, an der Basis ankamen:

»Die russische Infanterie traf am 30. April in der Mongolei ein, und die chinesischen Streitkräfte drangen am 4. Mai in die Mongolei ein. Die gegnerischen Streitkräfte begannen den Kampf, und es kam zu brutalen Gefechten, bei denen die Verluste unter den Mongolen und ihren russischen Verbündeten sowie den chinesischen ›Invasoren‹ extrem hoch waren. Es wird zuverlässig berichtet, dass die sowjetischen Streitkräfte taktische Atomwaffen mit niedriger Leistung gegen die angeblich geheime ›chinesische‹ Basis an der Grenze zu Sibirien abfeuerten. Es scheint nun, dass die verfeindeten Streitkräfte eine UFO-Basis zerstört hatten, die aus einem riesigen Netzwerk von kilometerlangen unterirdischen Tunneln und einer Pyramide an der Oberfläche bestand.«[30]

Der erste öffentliche Bericht über die sowjetische-chinesische Schlacht und die Zerstörung einer UFO-Basis in der Westmongolei erschien am 14. September 1974 in einer Wiener Zeitung.[31] Comtes Nachforschungen ergaben mehrere wichtige Belege für den unglaublichen Bericht, darunter die Aussage eines pensionierten Generals der Volksbefreiungsarmee, der wichtige chinesische Militäraktivitäten in der Grenzregion zur Mongolei zu dieser Zeit bestätigte.

Die plausibelste Erklärung für diese außergewöhnlichen Ereignisse ist, dass die Fliegenden Untertassen weder China noch den Sowjets gehörten, sondern einer Zivilisation der Inneren Erde, die eine wichtige Basis in der Westmongolei hatte. Nachdem die Sowjets taktische Atomwaffen einsetzten, um die Basis zu zerstören, wurde sie von der Besatzung verlassen. Kurz gesagt, die Sowjets hatten eine Basis des Shambhala/Agartha-Netzwerks zerstört und mit den Chinesen um die Kontrolle über die schnell verlassene zerstörte Einrichtung gekämpft.

Es erscheint mir äußerst wahrscheinlich, dass sowohl die Chinesen als auch die Sowjets sämtliche Artefakte, die sie in der zerstörten Anlage geborgen haben, zu ihren jeweiligen wissenschaftlichen Einrichtungen brachten, um sie dort eingehend zu untersuchen. Einige dieser Artefakte waren wahrscheinlich Überreste von Fliegenden Untertassen, die bei den Angriffen zerstört oder beschädigt wurden.

Viele der alten Aufzeichnungen über Zivilisationen vor der Flut, ihre unglaublich weit entwickelten Flugtechnologien und Kontakte mit besuchenden Außerirdischen befanden sich aufgrund der unmittelbaren Intervention Chou En-Lais während der Kulturrevolution bereits in den Händen der Kommunistischen Partei Chinas. Zusammen mit den Artefakten aus der zerstörten Shambhala/Agartha-Basis verfügte China nun über eine Reihe von Materialien, mit denen es seine eigenen Flotten Fliegender Untertassen entwickeln konnte.

Es dürfte außer Zweifel stehen, dass in den Händen von erfahrenen Wissenschaftlern wie Tsien Hsue-shen, der Wissen aus erster Hand über das Nachbau-Programm der U.S. Air Force für Fliegende Untertassen besaß, obendrein noch alte Aufzeichnungen sowie Chinas zuletzt erbeutete Teile, darunter Artefakte aus der zerstörten Shambhala/

Agartha-Basis … dass all diese Informationen in Tsiens Händen von unschätzbarem Wert waren. Damit ließ sich ein breiteres Verständnis von wissenschaftlich realisierbaren exotischen Antriebssystemen für ein zukünftiges chinesisches Geheimes Weltraumprogramm erlangen. Es gibt jedoch noch eine weitere wichtige Ressource, die Tsiens Studie beschleunigt hat – Chinas Pyramiden.

Anmerkungen

1 Siehe Andrei Znamenski, *Red Shambhala: Magic, Prophecy and Geopolitics in the Heart of Asia*; Quest Books 2011; pgs. 205-06.
2 »Jebtsundamba Khutuktu«, in »Chinese Buddhist Encyclopedia«, https://tinyurl.com/thtgpax (aufgerufen am 10.10.2019)
3 Ferdynand Ossendowski, *Beasts, Men and Gods*; Project Gutenberg eBook [1922] 2006; p. 301.
4 Ebd., p. 315.
5 Ebd., pgs. 318-19.
6 Ebd., p. 348.
7 Ebd., pgs. 384-49.
8 Ebd., p. 350.
9 Ebd., p. 351.
10 Ebd., p. 351.
11 Nicholas Roerich, *Shambhala*; Nicholas Roerich Museum [1930] 2017; p. 177.
12 Ebd.; pgs. 13-14.
13 Michael E. Salla, *Geheime Weltraumprogramme & Allianzen mit Außerirdischen*, AMRA Verlag, Hanau 2018.
14 Corey Goode, »Ancient Earth Break-Away-Civilization Subterranean Council Meeting & SSP Alliance Debrief«, https://tinyurl.com/yyg4y4pz (aufgerufen am 10.10.2019)
15 Ebd.
16 Ferdynand Ossendowski, *Beasts, Men and Gods*; Project Gutenberg eBook [1922] 2006; p. 348.
17 Corey Goode, »Ancient Earth Break-Away-Civilization Subterranean Council Meeting & SSP Alliance Debrief«, https://tinyurl.com/yyg4y4pz (aufgerufen am 10.10.2019).
18 Ebd.
19 Wendelle Stevens und Paul Dong, *UFO's Over Modern China*; UFO Photo Archives 1983; p. 32.
20 Andrei Znamenski, *Red Shambhala: Magic, Prophecy and Geopolitics in the Heart of Asia*; Quest Books 2011; p. 55.
21 Ebd., p. 55.
22 Ebd., pgs. 85-86.

23 Ebd., pgs. 106-107.
24 Ebd., p. 114.
25 Ebd., p. 116.
26 Ebd., p. 119.
27 Zitiert nach Wendelle Stevens und Paul Dong, *UFO's Over Modern China*; UFO Photo Archives 1983; p. 292.
28 Ebd., p. 295.
29 Ebd., p. 295.
30 Ebd., p. 296.
31 Ebd., p. 297.

10 Chinas Pyramiden: Versteckte Horte vorzeitlicher Technologie

Viele Leute sagen, ich glaubte, Außerirdische haben die Pyramiden gebaut. Das tue ich nicht. Tatsächlich bin ich überhaupt kein Befürworter der Hypothese der »Vorzeitlichen Außerirdischen«. Ich denke, eine vergessene menschliche Zivilisation ist eine viel bessere Erklärung für die Geheimnisse und Paradoxien der alten Kulturen.

– Graham Hancock –

Der erste öffentliche Hinweis auf große Pyramiden in China kam im Jahr 1912 von einem amerikanischen Händler namens Fred Meyer Schroder, der einen Bericht darüber schrieb, was er und sein Geschäftspartner Oscar Maman auf ihren Reisen in der Provinz Shaanxi gesehen hatten:

> »Es war unheimlicher als wenn wir sie in der Wildnis gefunden hätten. Hier standen sie also direkt vor den Augen der Welt, aber den westlichen Ländern waren sie unbekannt … Die große Pyramide ist ungefähr dreihundert Meter hoch (andere Schätzungen reichen bis zu dreihundertsechzig Metern) und misst etwa vierhundertsechzig Meter an der Basis, was sie doppelt so groß macht wie jede Pyramide in Ägypten. Die vier Seiten des Bauwerks sind zu den vier Himmelsrichtungen hin ausgerichtet.«[1]

Die beiden Händler hatten einen älteren mongolischen Lama als Führer, der ihnen erklärte, dass die Shaanxi-Pyramiden weit älter als fünftausend Jahre seien. Schroder erklärte in seinen Reisetagebüchern:

»Als ich Bogdo fragte, wie alt die Pyramiden seien, antwortete er, ihr Alter sei mehr als fünftausend Jahre. Als ich ihn fragte, warum er das dachte, sagte er, dass ihre ältesten Bücher von vor etwa fünftausend Jahren stammten und in ihnen bereits die Pyramiden als alt erwähnt werden.«[2]

In Kapitel 9 habe ich erörtert, wie die Bibliothek des Bogd Khan, des obersten Herrschers der vorkommunistischen Mongolei, von dem Entdecker Ferdynand Ossendowski besucht wurde, der glaubte, sie enthielte sumerische Keilschrifttafeln, die auf etwa 3200 v. Chr. datiert werden können. Dies bestätigt, dass antike Aufzeichnungen, die mehr als fünftausend Jahre alt sind, tatsächlich existierten und sich im Besitz hoher tibetischer Lamas befanden. Wenn fünftausend Jahre alte schriftliche Aufzeichnungen die Shaanxi-Pyramiden schon zu sumerischen Zeiten als alt bezeichnen, dann stammen die ältesten Pyramiden in dieser Provinz wahrscheinlich aus der vorsintflutlichen atlantischen Ära, die laut den ägyptischen Priestern, die dieses Wissen an den athenischen Gesetzgeber Solon weitergaben, um 9600 v. Chr. endete, was später von Plato schriftlich festgehalten wurde.[3] Die Ähnlichkeiten zwischen der chinesischen und der ägyptischen Kultur haben europäische Gelehrte lange Zeit fasziniert, indem sie über einen gemeinsamen Ursprung spekulierten.[4] Das Alter der ägyptischen und chinesischen Pyramiden lässt vermuten, dass die ältesten während des atlantischen Zeitalters vor der Sintflut gebaut wurden.

Der nächste Hinweis auf antike chinesische Pyramiden stammt von einem Piloten der U.S. Army Air Force, James Gaussman, der 1945 während einer Versorgungsmission chinesisches Gebiet überflog und dokumentierte, was er sah:

»Ich flog um einen Berg herum, und dann gelangten wir in ein Tal. Direkt unter uns befand sich eine gigantische Weiße Pyramide. Sie sah aus wie aus einem Märchen. Die Pyramide war in schimmerndes Weiß gehüllt. Sie hätte aus Metall sein können oder aus einer anderen Form von Stein. Sie war von allen Seiten weiß. Am merkwürdigsten war ihr Schlussstein, ein großes Stück kostbaren edelsteinähnlichen Materials. Ich war tief bewegt von der kolossalen Größe des Dings.«[5]

Gaussman machte Fotos von der gigantischen Weißen Pyramide, die später jedoch vom US-Militär unter Verschluss genommen wurden, so Hartwig Hausdorf, Autor von *Das chinesische Roswell*.[6]

Nur zwei Jahre später erlebte und fotografierte ein anderer US-amerikanischer Pilot, Colonel Maurice Sheahan, eine riesige Pyramide, als er über die Provinz Shaanxi flog, etwa fünfundsechzig Kilometer südwestlich der alten Hauptstadt Xi'an. Es war das gleiche Gebiet, das Schroder 1912 bereist hatte. Eine Geschichte der *New York Times* vom 27. März 1947 verkündete Sheahans Entdeckung der Welt: »U.S. Flier Reports Huge Chinese Pyramid In Isolated Mountains Southwest of Sian [aka Xi'an]« (»Amerikanischer Pilot berichtet über eine riesige chinesische Pyramide in den abgelegenen Bergen südwestlich von Xi'an]«:

»SHANGHAI, 27. März (UP). Über eine riesige Pyramide in den abgelegenen Bergen der Provinz Shensi [Shaanxi] in Westchina berichtete heute Colonel Maurice Sheahan, Leiter Fernost der Trans World Airline.

Aus der Luft, sagte Colonel Sheahan, scheint die Pyramide diejenigen Ägyptens in den Schatten zu stellen. Er schätzte ihre Höhe auf dreihundert Meter und ihre Breite an der Basis auf vierhundertfünfzig Meter.

Die Pyramide, sagte er, befindet sich am Fuß des Tsinling-Gebirges, rund fünfundsechzig Kilometer südwestlich von Sian [Xi'an], der Provinzhauptstadt. Eine zweite Pyramide, fuhr er fort, schien viel kleiner zu sein.

Colonel Sheahan fügte er hinzu, dass die Pyramide sich am Ende eines langen Tals in einem unzugänglichen Abschnitt befindet. An dessen Ende, sagte er, gibt es noch Hunderte kleiner Grabhügel.

›Als ich sie zum ersten Mal überflog, war ich beeindruckt von ihrer perfekten Pyramidenform und ihrer Größe‹, sagte Colonel Sheahan. ›Ich habe während der Kriegsjahre nicht darüber nachgedacht, auch weil es mir einfach unglaublich erschien, dass etwas so Großes der Welt unbekannt sein könnte.‹«[7]

Zwei Tage, nachdem die *New York Times* Sheahans Geschichte veröffentlicht hatte, tauchte ein Foto dieser Pyramide auf und wurde zusammen mit der Geschichte selbst von mehreren Medienanstalten nachgedruckt. Das war der erste fotografische Beweis für die westliche Welt, dass es in China Pyramiden gab. Das Bild zeigte eine große abgeschnittene quadratische Pyramide inmitten einer weitläufigen flachen Ebene. Über das Pyramidenfoto von 1947 wurde viel diskutiert. Es wurde ursprünglich Sheahan zugeschrieben, später aber Gaussman, der es angeblich während seiner Mission 1945 aufgenommen hatte.

Das Problem bei beiden Zuschreibungen ist, dass das Pyramidenfoto von 1947 weder den von Gaussman bezeugten Schlussstein noch die von Sheahan bezeugte perfekte Pyramidenform im ägyptischen Stil aufweist. Außerdem zeigt das Foto eine flache Pyramide inmitten einer flachen landwirtschaftlichen Ebene, nicht am Fuß des Tsinling-Gebirges (auch bekannt als Qinling-Gebirge).

Jahre später bestätigten Archäologen und unabhängige Forscher, dass das Foto von 1947 tatsächlich das Maoling-Mausoleum zeigt, das angeblich Kaiser Wu (gebürtig Liu Che) aus der Han-Dynastie von 139 bis 86 v. Chr. für sich hatte errichten lassen.[8]

Das Problem ist wieder, dass die Pyramiden, die Gaussman, Sheahan und Schroder gesehen hatten, signifikante Unterschiede zum Maoling-Mausoleum aufwiesen, das nur sechsundvierzigeinhalb Meter hoch und zweihundertvierzig Meter breit ist. Die Weiße Pyramide war mit einer Höhe von dreihundert Metern und einer Breite von vierhundertfünfzig Metern bedeutend größer, hatte einen Schlussstein, eine perfekte Pyramidenform und befand sich am Fuß des Tsinling-Gebirges südwestlich von Xi'an. Das Maoling-Mausoleum hingegen liegt genau westlich von Xi'an inmitten einer flachen Ebene weit entfernt vom Tsinling-Gebirge und ist ein flaches Trapez.

Eine plausible Erklärung ist, dass die *New York Times* und andere Zeitungen fälschlicherweise ein Foto des Maoling-Mausoleums ver-

Airman Discovers Mystery Pyramid In China

(NEA Telephoto)

Location of this giant pyramid, estimated to be more than 1500 feet wide and 1000 feet high, was reported by Col. Maurice Sheahan, far eastern director for Transworld Airways, in remote mountains of the Shensi province of western China. According to Sheahan, it dwarfs famed Egyptian pyramids and is unknown to the western world.

Abb. 18. Foto einer Pyramide in der Nähe von Xi'an, von der jetzt angenommen wird, dass sie das Maoling-Mausoleum ist. Quelle: »The Salem News« (31. März 1947)

wendet haben oder irregeführt wurden. Wenn das stimmt, müssen alle Fotos, die entweder von Gaussman oder Sheahan aufgenommen wurden, noch veröffentlicht werden, denn sie werden von den US-Behörden bis heute zurückgehalten.

Auch chinesische Beamte waren an einer eifrigen Vertuschung der Existenz antiker Pyramiden beteiligt, besonders nach der kommunistischen Machtübernahme von 1949. Der frühere neuseeländische Flugkapitän Bruce Cathie berichtete in seinem Buch *The Bridge to Infinity* (»Die Brücke zur Unendlichkeit«, nicht auf Deutsch erschienen), was ihm ein Mitglied der chinesischen Botschaft in Wellington während eines Besuchs im Jahre 1978 erzählte:

»›In der Provinz Shensi [Shaanxi] gibt es keine Pyramiden‹, wurde mir gesagt. Mein Informant war Mitglied der Botschaft der Volksrepublik China. Bei einem Stop in Wellington auf einem meiner Dienstflüge hatte ich mich entschlossen, einen Anruf bei der Botschaft zu tätigen, um nach der Existenz mehrerer großer Pyramiden zu fragen, die in einem Gebiet im Norden Zentralchinas entdeckt wurden. ›Es gibt einige Ruinenhügel in der Gegend, wahrscheinlich Grabhügel, aber keine Pyramiden‹, fuhr der Botschaftsbeamte fort, ›wir kennen keine Pyramiden in China.‹ Das war sehr seltsam, dachte ich, weil ich zu diesem Zeitpunkt eine Kopie einer Vermessungskarte der U.S. Air Force in meinem Besitz hatte, die aus Satellitenfotos eben dieses Gebietes erstellt worden war und deutlich die Positionen von mindestens sechzehn Pyramiden anzeigte. Außerdem besaß ich die Kopie eines Fotos der größten dieser Pyramiden, aufgenommen 1947 von einer DC3 der U.S. Army. Obwohl ich den Beamten darüber informiert und darauf beharrt hatte, bestritt er weiterhin ihre Existenz.«[9]

Cathie schrieb anschließend einen Brief an den Botschafter und erhielt die folgende Antwort:

»Captain B. L. Cathie, wir haben Ihren Brief vom 2. Juli 1978 erhalten, der an den Botschafter gerichtet ist und in dem Sie sich nach den Pyramiden in der chinesischen Provinz Shensi [Shaanxi] erkundigen. Laut chinesischen Experten sind die Pyramiden Gräber der Kaiser der westlichen Han-Dynastie, und die oberste Erde des Grabes ist trapezförmig. Historische Aufzeichnungen erzählen verschiedene Versionen über das Leben der Bestatteten. Da diese Gräber nicht wissenschaftlich ausgegraben wurden und es keine Spuren auf dem Boden gibt, ist es derzeit schwierig, Schlussfolgerungen zu ziehen.«[10]

Cathie dachte über die Gründe nach, warum chinesische Regierungsbehörden die Existenz von Pyramiden trotz der eindeutigen Satelliten- und fotografischen Beweise, die ihre Existenz belegen, bestritten hatten, und kam zu folgendem Schluss:

»Die Pyramiden von Shensi [Shaanxi] sind massive Bauwerke. Sich ihrer nicht bewusst zu sein, ist vergleichbar damit, in einem städtischen Hinterhof einen Elefanten zu verlieren. Die einzige Erklärung dafür lautete, dass die chinesische Regierung nicht wollte, dass die westliche Welt zu viel über die gigantischen Bauwerke erfuhr, bis ihre Wissenschaftler ihre eigenen Untersuchungen abgeschlossen hatten. Die Geheimnisse, die durch den Vergleich dieser Pyramiden mit anderen auf der ganzen Welt gelüftet werden würden, könnten so wichtig sein, dass die Behörden ihr Bestes tun, um das Interesse an ihnen zu dämpfen.«[11]

Offensichtlich waren die Pyramiden für chinesische Wissenschaftler, die sie studierten, von so großem Interesse, dass sie ihre Existenz und ihren Inhalt vor dem Rest der Welt verborgen hielten.

Die offiziellen Antworten der chinesischen Regierung, die Cathie erhielt, sind typisch für die konventionelle archäologische Auffassung, dass alle chinesischen Pyramiden Grabhügel von Kaisern aus der Qin- und Han-Dynastie sind (221 v.Chr.-220 n.Chr.). Zur Unterstützung dieser Ansicht zitieren Archäologen häufig die detaillierte Beschreibung der Han-Dynastie-Historikerin Sima Qian über den Bau des Mausoleums von Qin Shi Huang, dem Ersten Qin-Kaiser:

»Im neunten Monat wurde der Erste Kaiser auf dem Berg Li beigesetzt. Als der Erste Kaiser den Thron bestieg, begannen die Grabungs- und Vorbereitungsarbeiten am Berg Li. Später, als er sein Reich vereinigt hatte, wurden siebenhunderttausend Männer aus seinem ganzen Reich dorthin geschickt. Sie gruben sich durch drei Schichten Grundwasser und gossen Bronze für den äußeren Sarg ein. Paläste und malerische Türme für hundert Beamte wurden errichtet, und das Grab wurde mit seltenen Artefakten und wundervollen Schätzen gefüllt. Den Handwerkern wurde befohlen, Armbrüste und Pfeile herzustellen und auf jeden zu schießen, der das Grab betrat. Quecksilber wurde verwendet, um die hundert Flüsse, den Jangtse und den Gelben Fluss sowie das große Meer darzustellen und künstlich fließen zu lassen. Oben waren die himmlischen Sternbilder dargestellt, unten die Merkmale des Landes. Kerzen

> wurden aus Fett von ›Menschenfischen‹ angefertigt, das berechnet ist, lange zu brennen und nicht zu verlöschen. Der Zweite Kaiser sagte: ›Es wäre unangemessen, wenn die Konkubinen des verstorbenen Kaisers, die keine Söhne haben, draußen frei wären‹, und befahl, dass sie den Toten begleiten sollten, und sehr viele starben. Nach der Beisetzung wurde gesagt, es wäre ein schwerwiegender Verstoß, wenn die Handwerker, die die Mechanik konstruierten und von den Schätzen wussten, diese Geheimnisse preisgeben sollten. Deshalb wurde, nachdem die Trauerzeremonien beendet und die Schätze versteckt waren, der innere Durchgang blockiert und das äußere Tor gesenkt, wodurch alle Arbeiter und Handwerker im Inneren eingeschlossen wurden. Niemand konnte entkommen. Anschließend wurden Bäume und Vegetation so auf das Grab gepflanzt, dass es einem Hügel ähnelte.«[12]

Dieser historische Bericht zeigt, dass der Qin-Kaiser die fortschrittlichste Technologie der Ära einsetzte, um eine städtische Umgebung zu erschaffen, die im Jenseits genutzt werden konnte. Der Bericht zeigt auch den Beginn der chinesischen Tradition, die flachen, pyramidenförmigen Mausoleen der ersten Kaiser zu verstecken, indem man sie mit Bäumen bedeckt, um sie vor künftigen Grabräubern zu schützen. Diese Tradition wurde jedoch nicht bei allen Pyramiden in China befolgt, denn das Foto des Maoling-Mausoleums von 1947 zeigt deutlich eine stumpfe Pyramide ohne Baumbestand, was darauf hindeutet, dass sie älter als dieser Brauch ist. Noch faszinierender ist, dass das Maoling-Mausoleum heute vollständig von Bäumen bedeckt ist, die nach der Veröffentlichung des Fotos von 1947 gepflanzt wurden. Tatsache ist: Moderne Fotos zeigen inzwischen junge Nadelbäume auf pyramidenförmigen Strukturen, die von den chinesischen Behörden allesamt als Mausoleen bezeichnet werden.[13]

Die chinesischen Behörden verwenden also jetzt eine alte Tradition, um Pyramiden zu verschleiern und zu verbergen, die erheblich älter sind als die der ersten Qin-Kaiser, um den Anschein zu erwecken, dass es sich allen um Mausoleen handele, die nicht entweiht werden dürfen. 1974 entdeckte ein Bauer, der einen Brunnen

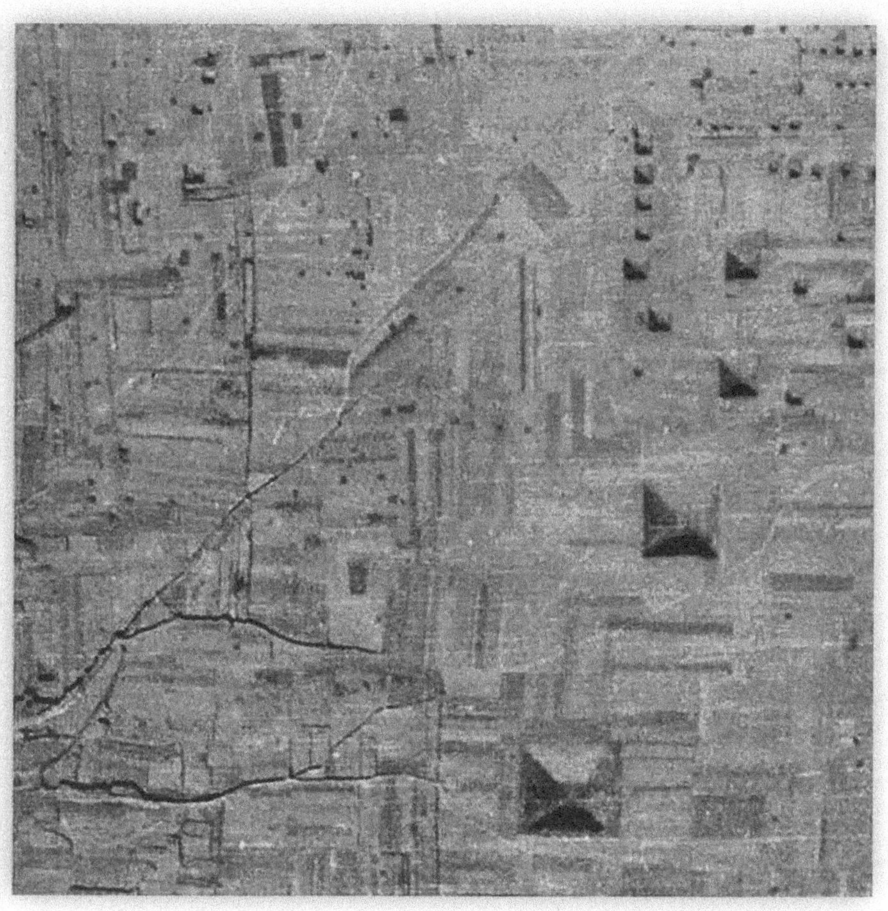

Abb. 19. Satellitenbild von Pyramiden in der chinesischen Provinz Shaanxi

grub, Fundstücke, die zur Ausgrabung eines entlegenen Bereichs des Stadtkomplexes führten, in dem sich das Mausoleum des Ersten Kaisers befand. Auf dem Gelände, wenige Kilometer vom Mausoleum entfernt, wurde die weltberühmte Terrakotta-Armee gefunden. Am wichtigsten ist jedoch, dass keine der großen Pyramiden Chinas von Archäologen ausgegraben wurde.

Obwohl die chinesischen Behörden darauf bestehen, dass alle Pyramiden in China Mausoleen sind, erhöht ihre Ähnlichkeit mit den

Pyramiden in Ägypten und Mittelamerika die Möglichkeit, dass einige vor den Qin- und Han-Dynastien datieren, wie der mongolische Lama feststellte, der Schroder und seinen Partner durch die Provinz Shaanxi führte. Die sagenumwobene Weiße Pyramide aus vordynastischen Zeiten war nicht die Grabkammer eines chinesischen Kaisers und übertraf die Höhe des Maoling-Mausoleums – der größten der angeblichen Grabkammern der chinesischen Qin- oder Han-Kaiser – bei Weitem. Daraus ergeben sich nun gleich mehrere wichtige Fragen: Warum wurden die späteren Grabkammern in Form von Pyramiden errichtet? Haben Chinas Qin- und Han-Kaiser ihre Architekten angewiesen, das Design der Weißen Pyramide und anderer prädynastischer Pyramiden nachzuahmen, von denen angenommen wurde, dass sie von Göttern, außerirdischen Besuchern oder einer großen verlorenen menschlichen Zivilisation gebaut wurden? Woher wissen wir, dass die größte Pyramide der Provinz Shaanxi, die Maoling, überhaupt ein Mausoleum ist, wenn keine Ausgrabungen durchgeführt wurden?

Nachdem Hausdorf auf der Suche nach der mysteriösen Weißen Pyramide drei Mal in die Provinz Shaanxi gereist war, kam er zu dem Schluss, dass einige wenige Forscher wissen, dass Chinas Pyramiden Technologien enthalten, die vor der Öffentlichkeit geheim gehalten werden, insbesondere vor den neugierigen Blicken der Westler. Einige dieser Technologien, so Hausdorf, sind außerirdischen Ursprungs und liegen in den Pyramiden verborgen, auch im Mausoleum des Ersten Kaisers von China.[14] Das ist keine große Überraschung, da einige der Pyramiden in Shaanxi aus der im Altertum beschriebenen atlantischen Ära stammen, wie in buddhistischen Aufzeichnungen beschrieben.

Die außerirdische Verbindung steht auch im Einklang mit alten chinesischen Aufzeichnungen über Flugmaschinen, die von Erfindern entwickelt und von Kaisern verwendet wurden, wie in Kapitel 7 ausführlich dargestellt. Eine mysteriöse Gruppe von »Vogelmenschen« aus den Kunlun-Bergen, die sich von Tibet bis in die Ebenen von Shaanxi erstrecken, gab die Geheimnisse dieser Luftfahrttechnologie an einige ausgewählte Personen mit dem richtigen Charakter und der richtigen Tugend weiter. Waren die Vogelmenschen, die der chinesischen Kultur geholfen haben, sich zu entwickeln, vielleicht eine Zivilisation aus dem Erdinneren oder Außerirdische?

Während chinesische und westliche Archäologen seit der ersten Bekanntgabe der Existenz von Pyramiden in China im Jahr 1947 von ihnen ferngehalten wurden, gibt es guten Grund zu der Annahme, dass sich diese Politik in den 1980er Jahren unter der Führung von Deng Xiaoping änderte, wie von Cathie angenommen. Chinesische Wissenschaftler und Archäologen begannen mit ziemlicher Sicherheit in geheimen Programmen mit Ausgrabungen und kämmten methodisch Pyramiden/Mausoleen durch – auf der Suche nach fortschrittlichen Technologien, die von antiken Zivilisationen und von Außerirdischen, mit denen diese Kontakt hatten, hinterlassen wurden.

Zusammenfassend verdient Chinas Zugang zu sensiblen Ressourcen eine sorgfältige Prüfung. China hat seinen Pyramiden heimlich Artefakte und Informationen über alte Zivilisationen und fortschrittliche Technologien entnommen, genau wie den Dropa-Steinen, welche die vor zwölftausend Jahren in der historischen Grenzregion zwischen Tibet und China gegründete hybride menschlich-außerirdische Kolonie beschreiben. Darüber hinaus gibt es Informationen, die in alten tibetischen Manuskripten über außerirdische Kontakte enthüllt werden, und die Artefakte, die 1970 aus der zerstörten UFO-Basis in der Westmongolei geborgen wurden. Betrachtet man all dies zusammen, zeigt sich, dass die chinesischen Behörden über eine außerordentliche Fülle von Informationen in Bezug auf antike Zivilisationen verfügen, ihre Technologien und die außerirdischen Besucher, die vor Äonen Kontakt zu den Vorfahren der Chinesen aufgenommen haben.

Infolgedessen verfügte Dr. Tsien Hsue-shen über reichlich Material, das er an den wissenschaftlichen Eliteeinrichtungen, die er leitete, studieren und analysieren konnte, um Chinas dramatisch schnellen Technologiesprung voranzutreiben. Dabei folgte er methodisch und geduldig einem langfristigen Plan, um diese unglaublichen Entdeckungen bestmöglich zu erforschen und zu kultivieren. Wie es von 1944 bis 1949 schon bei Theodore von Kármán seine Aufgabe gewesen war, als er dazu beitrug, Planungen für ein zukünftiges, über Jahrzehnte reichendes Weltraumprogramm der U.S. Air Force zu erstellen, das auf technischen Informationen aus gefundenen Fliegenden Untertassen beruhte, so verwendete Tsien nun diese alten Aufzeichnungen und außerirdischen Technologien und Artefakte, um Chinas Plan für ein eigenes Geheimes Weltraumprogramm zu entwickeln.

Aber zuerst musste Tsien ein konventionelles Raketen-Weltraumprogramm aufbauen, um die notwendigen qualifizierten Wissenschaftler und Techniker zu bekommen, die schließlich ihre Aufmerksamkeit auf exotische Antriebssysteme und Raumfahrzeuge in einem noch viel geheimeren Weltraumprogramm richten konnten.

Anmerkungen

1 Zitiert nach Walter Hain, »Pyramids in China«, https://old.worldmysteries.com/mpl_pyramidsofchina.htm (aufgerufen am 3.12.2019). – Deutsche Buchausgabe: *Pyramiden in China. Neue archäologische Entdeckungen im Reich der Mitte*, Fachverlag für Traditionelle Chinesische Medizin und östliche Wissenschaften, Stralsund 2011.

2 Siehe Bruce L. Cathie, *The Bridge to Infinity*; Adventures Unlimited Press [1989] 2000; p. 113.

3 Siehe Phil Flambas, »The Search for a Legendary Land: Does the Truth of Plato's Atlantis Rest on a Shifting Sea Floor?«, https://tinyurl.com/ucob7jf (aufgerufen am 6.12.2019)

4 Siehe Thijs Weststeijn, »The Chinese Isis, or the Sino-Egyptian hypothsis«, in: *The Iseum Campense, from The Roman Empire To The Modern Age*; Edizioni Quasar 2016; pgs. 303-316. Online verfügbar auf https://tinyurl.com/w3kbrru (aufgerufen am 6.12.2019)

5 Zitiert nach Hartwig Hausdorf, *The Chinese Roswell*; New Paradigm Books 1998; p. 112. – Dt. Ausgabe: *Das chinesische Roswell: Neue außerirdische Spuren in Ostasien*, Herbig Verlag, München 2013 (Nachdruck).

6 Ebd., p. 112.

7 Artikel in *The New York Times*, »U.S. Flier Reports Huge Chinese Pyramid In Isolated Mountains Southwest of Sian«, https://timesmachine.nytimes.com/timesmachine/1947/03/28/87723984.pdf (aufgerufen am 25.3.1920)

8 Siehe Walter Hain, »Pyramids in China«, https://old.worldmysteries.com/mpl_pyramidsofchina.htm (aufgerufen am 3.12.2019). – Deutsche Buchausgabe: *Pyramiden in China. Neue archäologische Entdeckungen im Reich der Mitte*, Fachverlag für Traditionelle Chinesische Medizin und östliche Wissenschaften, Stralsund 2011.

9 Bruce L. Cathie, *The Bridge to Infinity*; Adventures Unlimited Press [1989] 2000; p. 110.

10 Ebd., p. 111.

11 Ebd., p. 110.

12 Shiji Sima Qian, Kapitel sechs, zitiert nach Wikipedia, »Mausoleum of the First Qin Emperor«, https://en.wikipedia.org/wiki/Mausoleum_of_the_First_Qin_Emperor (aufgerufen am 3.12.2019)

13 Siehe Hartwig Hausdorf, *The Chinese Roswell*; New Paradigm Books 1998; p. 115. – Dt. Ausgabe: *Das chinesische Roswell: Neue außerirdische Spuren in Ostasien*, Herbig Verlag, München 2013 (Nachdruck).

14 Ebd., p. 121.

11 Das konventionelle Weltraumprogramm Chinas wird aufgebaut

Ein guter Verteidiger verbirgt sich unter neun Erdschichten.
Ein guter Angriff bewegt sich über neun Schichten des Himmels.
So kann er sich einerseits erhalten und andererseits
den vollständigen Sieg davontragen.

– Sun Tzu, Die Kunst des Krieges –

Unter Tsien Hsue-shens fachmännischer wissenschaftlicher Leitung etablierte China mit der Raketenserie *Dongfeng* erfolgreich ein Programm für ballistische Raketen. Jede *Dongfeng* wurde entwickelt, um größere Entfernungen zu erreichen. Die DF2 konnte Japan erreichen, die DF3 die Philippinen, die DF4 Guam und die DF5 das US-amerikanische Festland.[1] In den 1960er Jahren verbesserte Tsien die *Dongfeng*-Serie noch dahingehend, dass sie nukleare Sprengköpfe tragen konnte. Am 27. Oktober 1966 wurde eine DF2A mit einer Zwölf-Kilotonnen-Atombombe von Jiuquan aus achthundert Kilometer weit in die Wüstenregion der Provinz Xinjiang abgefeuert. Dieser Test wurde als der gefährlichste Atomtest aller Zeiten angesehen, da ein Fehler die Startbasis oder die nahe gelegenen bevölkerten Gebiete hätte zerstören können.[2] Trotzdem wurde der erfolgreiche Start in den amerikanischen und internationalen Medien weit verbreitet. Mehrere Zeitungen kommentierten die tragische Ironie, dass ein in den USA ausgebildeter chinesischer Wissenschaftler, der Amerika liebgewonnen

Chinese Nuclear Puzzle

Did Western-Educated Men Help?

By Frank Carey
Of the Associated Press
Washington, Nov. 7 (AP)

There's a real Chinese puzzle connected with Red China's recent nuclear weapons test: Who were the scientists who masterminded the venture?

The Red Chinese have given no clues, nor have the U.S. State Department or the Atomic Energy Commission.

But there has been considerable speculation in newspaper stories in the United States, Britain and France—with most of the theorizing centering on two men.

These two scientists—whose backgrounds make it very likely they were in on the project—are:

—Ch'ien San-chiang, who heads the institute of nuclear physics at Peking and who worked in France during World War II on various research studies, including nuclear fission.

Hsu-shen Tsien, 55, who spent 20 years in the United States before being deported to Red China on allegations he had been a member of the Communist party before entering this country.

The trouble is, there have been so many variations in the published spelling of the names of this pair that a quick reading of the published reports might make it appear that a whole flock of Chinese scientists had been pinned down as members of the A-bomb cast.

Tsien came to the United States in 1934. He got a master's degree in aeronautical engineering at Massachusetts Institute of Technology, and at California Institute of Technology he got his doctorate in 1939 and later took part in government-sponsored rocket research. He became an associate professor at Cal Tech, and was chief research analyst at the famed Jet Propulsion Laboratory there.

He also is reported to have done atomic energy research while in this country.

However, former colleagues at Cal Tech have questioned he could have headed the A-bomb effort since they say this was not his field.

The scientist consistently denied allegations that he had been a member of the Communist party before coming to the United States. For several years Washington barred his departure because of his technical knowledge.

Abb. 20. »Decatur Daily Review« vom 7. November 1964 (erste Seite)

hatte, während der McCarthy-Ära gezwungen gewesen war, nach China zurückzukehren, wo er beim Aufbau eines Programms für ballistische Atomraketen geholfen hatte.[3]

Während Tsien China erfolgreich beim Bau von Raketen half, die mit Atomwaffen bestückt die ganze Welt erreichen können, legte er gleichzeitig den Grundstein für Chinas konventionelles Weltraumprogramm, das Raketen noch für einen anderen Zweck einsetzen sollte. Tsien hatte kurz nach seiner Ankunft in China die Bedeutung von Satelliten betont. Am 4. Oktober 1957 startete die Sowjetunion erfolgreich den *Sputnik* und versetzte dem Prestige der USA als Weltführer moderner Technologien damit einen schweren Schlag. Nur wenige Monate später, im Januar 1958, entwarfen Tsien und andere chinesische Wissenschaftler einen geheimen Plan zum Aufbau eines Satellitenprogramms mit dem Codenamen »581«.[4] Im Januar 1965 schlug Tsien dem Zentralkomitee der Kommunistischen Partei schließlich vor, bis 1970 Chinas ersten Satelliten zu starten – die Fortschritte in der Entwicklung der *Dongfeng*-Raketenserie hatten es möglich gemacht. Chou En-Lai genehmigte am 10. August 1965 offiziell Tsiens Plan und stellte die notwendigen Mittel und Ressourcen bereit, um ihn Wirklichkeit werden zu lassen.

Chinas erster Satellit hieß *Dong Fang Hong 1* (»Der Osten ist rot 1«; DFH1) und wurde mit einer dreistufigen Rakete namens *Changzheng 1* (»Langer Marsch 1«; CZ1) gestartet. Die ersten beiden Stufen der CZ1 waren eine Adaption der ballistischen Mittelstreckenrakete DF3, und die dritte Stufe war ein neu entwickeltes Raketentriebwerk.[5]

Die politischen Ereignisse in China wurden jedoch nach der Kulturrevolution von 1966 chaotisch. Raketenwissenschaftler, die mit Tsien am Satellitenprogramm arbeiteten, wurden von fanatischen Fraktionen der Roten Garde verhaftet, in Umerziehungslager geschickt und sogar hingerichtet. Tsien selbst musste ein Geständnis unterschreiben, obwohl er Direktor der Fünften Akademie/Siebten Maschinenindustrie war. Radikale riefen erniedrigende Parolen wie »Wenn der Satellit hochgeht, geht die rote Fahne unter«.[6] Es wurde im Laufe der Zeit so schlimm, dass Chou En-Lai das Kriegsrecht erklären und reguläre Armeeeinheiten einsetzen musste, um das beginnende Weltraumprogramm vor der fanatischen Roten Garde zu schützen.

Nach wiederholten Verzögerungen startete China am 24. April 1970 erfolgreich seinen ersten Satelliten vom Jiuquan Satellite Launch Center, auch als Basis 10 bekannt, ins All. Wieder wurde Tsien als Nationalheld in China gefeiert und vom Vorsitzenden Mao ausgezeichnet, und Zeitungen auf der ganzen Welt verkündeten seine und Chinas Leistung. Unglücklicherweise für Tsien griff die nationale Politik ein, um ihn daran zu hindern, im folgenden Jahrzehnt weiter an der Entwicklung des chinesischen Satellitenprogramms mitzuwirken.

Seit seiner Ankunft in China im Jahr 1955 war Tsien dem Vorsitzenden Mao und Chou En-Lai gegenüber sehr loyal gewesen und hatte ihre Politik unterstützt, einschließlich der Ausgrenzung Deng Xiaopings, die aufgrund seiner Vorschläge einer Wirtschaftsreform im

Jahr 1976 erfolgt waren. Bis zu diesem Zeitpunkt hatte Tsiens Erfolg in seinen Fähigkeiten gelegen, seinen politischen Einfluss auf die Führung der KPCh zu nutzen, um Ressourcen für seine hochmodernen Forschungs- und Entwicklungsprojekte für die Luft- und Raumfahrtindustrie zu gewinnen. Wenn China mithalten wollte mit dem, was die USA und die UdSSR bereits heimlich im Weltraum anstellten, würde Tsien erhebliche wirtschaftliche Ressourcen und Unterstützung von den kommunistischen Parteiführern benötigen.

Der Tod von Chou En-Lai am 8. Januar 1976 war ein herber Rückschlag für Tsien, denn Chou war immer Tsiens größter Fürsprecher in der Kommunistischen Partei gewesen.

Wahrscheinlich unterstützte Chou auch stillschweigend Tsiens ehrgeizigen Plan des Nachbaus außerirdischer Technologien für ein zukünftiges Geheimes Weltraumprogramm Chinas. Daher war Tsien nun der festen Überzeugung, einen neuen Gönner zu brauchen, der seine Ideen und Programme förderte. In einem, wie sich herausstellen sollte, katastrophalen Fehltritt gab Tsien eine politische Erklärung zu Deng ab und beschuldigte ihn, »der geschworene Feind aller wissenschaftlichen Arbeiter zu sein, die den revolutionären Weg gehen«.[7]

Danach wurde Tsien offen mit der Viererbande von Maos Witwe, die nach dessen Tod am 9. September 1976 die Politik ihres Mannes fortsetzen wollte, in Verbindung gebracht.

Deng erlebte ein bemerkenswertes politisches Comeback, zum Nachteil der Viererbande, die schließlich wegen politischer Verbrechen angeklagt wurde, und 1978 war er Chinas wichtigster Führer geworden. Unglücklicherweise für Tsien fiel seine Verurteilung von Deng jetzt auf ihn zurück. Er verlor beträchtlichen politischen Einfluss in der Kommunistischen Partei, was seine Bemühungen, zusätzliche Mittel für die Entwicklung exotischer Antriebssysteme für ein Geheimes Weltraumprogramm zu erhalten, schwer beeinträchtigte.

Bei der Vorstellung seiner Weltraumpolitik im August 1978 erklärte Deng kategorisch, Chinas Weltraumprogramm werde nicht erweitert und würde sich weiterhin darauf konzentrieren, Satelliten in die Erdumlaufbahn zu schicken:

»Was die Weltraumtechnologie betrifft, nehmen wir nicht am Wettrennen ins Weltall teil. Wir müssen nicht zum Mond fliegen und sollten unsere Ressourcen auf dringend benötigte und funktionierende praktische Satelliten konzentrieren.«[8]

Das Weltraumbudget wurde tatsächlich auf 0,035 Prozent des Bruttoinlandsprodukts gekürzt, und Deng beförderte eine neue Generation von Wissenschaftlern und Ingenieuren, die mehr zu sagen hatte als Tsien und die alte Garde, in einflussreiche Positionen. Tsiens Hoffnungen für China, ein Geheimes Weltraumprogramm entwickeln zu können, das auf seinem Wissen über streng geheime Projekte in den USA und der Sowjetunion sowie den Informationen beruhte, die aus alten Texten und Artefakten, die sein Team analysiert hatte, gewonnen worden waren, lösten sich vorerst in Luft auf, da seine revolutionären Erkenntnisse von nun an bei Deng und der neuen Führung eine geringe Priorität erhielten.

Von 1978 bis 1989 konzentrierte sich Tsien nachdrücklich darauf, Chinas Satellitenprogramm bei der Erweiterung und Modernisierung zu unterstützen. Er leitete die chinesische Gesellschaft für Astronautik und spielte eine wichtige Rolle dabei, dass China 1980 der Internationalen Astronautischen Föderation beitrat. Die Fünfte Akademie, die im November 1964 in Siebtes Ministerium für Maschinenbau umbenannt worden war, sollte eine weitere Namensänderung erfahren und wurde im April 1982 zum Ministerium für Raumfahrtindustrie.[9] Es wurde im Juli 1988 erneut umbenannt in Ministerium für Luft- und Raumfahrtindustrie, bevor es 1993 wiederum in China Aerospace Corporation umbenannt wurde.

Im Juli 1999 wurde die China Aerospace Corporation in zwei große staatliche Unternehmen aufgeteilt. Diese wurden als China Aerospace Science & Technology Corporation (CASC) und China Aerospace Machinery and Electronics Corporation (CAMEC) bezeichnet.[10] Im Juli 2001 wurde die CAMEC zur Aerospace Science & Industry Corporation (CASIC). Während der Hauptfokus der CASIC darauf lag, die chinesische Volksbefreiungsarmee bei ihrem

Raketenprogramm und anderen Waffensystemen zu unterstützen, bestand die Hauptfunktion der CASIC darin, Komponenten für Chinas Weltraumprogramme zu liefern.

Was Chinas konventionelles Raketen-Weltraumprogramm anbelangt, so erzielte es nach Tsiens offiziellem Rücktritt 1991 im reifen Alter von achtzig Jahren bemerkenswerte Ergebnisse.

Der Rücktritt von Tsien brachte seine Aktivitäten jedoch keineswegs zum Erliegen. Stattdessen begann für ihn eine neue aufregende Phase, in der endlich Mittel und Ressourcen zur Verfügung gestellt wurden, um Chinas Entwicklung exotisch angetriebener Luft- und Raumfahrzeuge wieder voranzutreiben. Bevor dies in seinen letzten Lebensjahren geschah (er wurde achtundneunzig Jahre alt), musste Tsien aber zunächst einen entmutigenden Prozess mit vielen Rückschlägen durchlaufen, wie das nächste Kapitel zeigen wird.

Am 15. Oktober 2003 startete von Jiuquan aus Chinas erster bemannter Flug ins All. *Shenzhou 5* (»Göttliches Fahrzeug 5«) beförderte einen Astronauten, Yang Liwei, für etwas mehr als einundzwanzig Stunden in die erdnahe Umlaufbahn. Fast zwei Jahre später folgte *Shenzhou 6* mit zwei Astronauten, die sich fünf Tage lang im Orbit aufhielten. So erlebte Tsien noch Chinas ersten bemannten Flug in den Weltraum mit einer Rakete, die aus seiner Pionierarbeit mit der Fünften Akademie am Jiuquan Satellite Launch Center hervorgegangen war.

Am 29. September 2011 startete China die *Tiangong 1* (»Himmlischer Palast 1«), seinen ersten Prototyp einer Raumstation, die während ihrer Lebensdauer bis April 2018 für etwas mehr als zwanzig Tage auch als bemanntes Labor genutzt wurde. Die *Tiangong 1* war zehn Meter vierzig lang, maß drei Meter fünfunddreißig im Durchmesser und konnte eine dreiköpfige Besatzung aufnehmen. Der Entwurf beruhte auf der MIR-Raumstation der Sowjetunion beziehungsweise Russlands, die von 1986 bis 2001 in Betrieb gewesen war. Laut Rick Fisher, Senior Fellow am International Assessment and Strategy Center, war es dem chinesischen Geheimdienst gelungen, die Baupläne der MIR, bei der »abtrennbare missionsorientierte Module« verwendet wurden, in den Entwurf für die *Tiangong 1* mit einzubeziehen.[11]

Sowohl die bemannten als auch die unbemannten *Shenzhou*-Missionen nach der *Tiangong 1* brachten der chinesischen Raumfahrtbehörde wertvolle Erfahrungen in Bezug auf Rendezvous-Methoden im Orbit und hinsichtlich des Andockens für zukünftige Raumstationen. Die ähnlich große *Tiangong 2* wurde am 15. September 2016 gestartet. Sie wurde erneut zum Testen von Andock- und Manövrierverfahren für bemannte und unbemannte Missionen verwendet. Zwei Astronauten von *Shenzhou 11* verbrachten einen Monat auf der *Tiangong 2*.

Eine unbemannte Frachtrakete namens *Tianzhou 1* (»Himmlisches Fahrzeug 1«) wurde vom neuesten der vier im Jahr 2014 eröffneten Startzentren Chinas aus gestartet: dem Startplatz für Raumschiffe in Wenchang in der Inselprovinz Hainan im Südchinesischen Meer. *Tianzhou 1* führte von April bis September 2017 mehrere Docking-Verfahren mit *Tiangong 2* durch, bevor sie zur Erde zurückkehrte und in der Atmosphäre verbrannte. *Tiangong 2* trat am 19. Juli 2019 kontrolliert in die Erdatmosphäre ein und verglühte über dem Südpazifik.

Für die Zukunft plant China den Einsatz einer größeren Orbital-Raumstation, deren Start bis 2023 erfolgen soll. Diese neue Station im Erdorbit wird etwa ein Fünftel der Masse der Internationalen Raumstation ISS ausmachen und ähnlich groß sein wie die ehemalige russische MIR-Raumstation: neunzehn Meter. Dies ist kein Zufall, wenn der Wissenschaftsreporter Rick Fisher Recht hat, der erklärt, dass die Chinesen sich die MIR-Baupläne, die für den Entwurf der *Tiangong 1* verwendet wurden, durch Spionage angeeignet haben.[12]

Neben dem Jiuquan Satellite Launch Center und der Wenchang Spacecraft Launch Site verfügt China offiziell noch über zwei weitere Weltraumanlagen, die für den Start von ballistischen Raketen und Satelliten genutzt werden.[13] Die zweitälteste Anlage ist das Taiyuan Satellite Launch Center (auch bekannt als Basis 25) auf einer Höhe von eintausendfünfhundert Metern in der nordchinesischen Provinz Shaanxi; es wurde 1968 in Betrieb genommen.

Die andere Einrichtung ist das Xichang Satellite Launch Center (auch als Xichang Space Center/Basis 27 bekannt) in der chinesischen Provinz Sichuan. Es wurde hauptsächlich zum Starten von geostationären Satelliten verwendet und war der berüchtigte Startort für einen Antisatelliten-Raketentest am 11. Januar 2007, bei dem ein alter chinesischer Wettersatellit zerstört wurde und dreitausend Teile von Weltraummüll entstanden, die bis heute eine Gefahr sind.

Am 24. Oktober 2007 wurde vom Xichang Satellite Launch Center aus die Raumsonde *Chang'e 1* gestartet, benannt nach einer chinesischen Mondgöttin, womit offiziell Chinas Monderkundungsprogramm begann. Die *Chang'e 1* umkreiste den Mond und machte Fotos, bis sie am 1. März 2009 aus der Umlaufbahn genommen wurde und auf die Mondoberfläche stürzte. Eine Schwestermission, *Chang'e 2*, wurde am 1. Oktober 2010 gestartet und umkreiste den Mond bis zum 8. Juni 2011, als sie zu einem Vorbeiflug zum Asteroiden 4179 Toutatis aufbrach.

Im Dezember 2013 wurde die Mission *Chang'e 3* gestartet. Sie bestand aus einem Mondorbiter, einem Lander und einem Rover namens *Yutu* (»Jadekaninchen«). Die Ankunft des stationären Landers und des *Yutu*-Rovers am 14. Dezember 2013 bildete offiziell die erste Mondlandung seit *Luna 24* durch die Sowjetunion im Jahr 1976. Am 7. Dezember 2018 wurde eine Schwestermission, *Chang'e 4*, gestartet, die ebenfalls einen Orbiter, einen Lander und einen Rover (*Yutu 2*) umfasste. Der Lander und der Rover landeten am 3. Januar 2019 im Von-Kármán-Krater auf der Rückseite des Mondes. Der Von-Kármán-Krater befindet sich in der Nähe des Südpols des Mondes, von dem Wissenschaftler glauben, dass er der am besten geeignete Ort zum Erforschen der inneren Struktur und der Vulkangeschichte des Mondes ist.[14] Dieser Landeplatz ermöglichte es den Chinesen, die Wahrheit hinter den Behauptungen zu bestimmen, die erstmals 1970 von russischen Wissenschaftlern aufgestellt wurden, wonach der Mond ein künstlicher Satellit sei, der vor Tausenden von Jahren von Außerirdischen in die Erdumlaufbahn gebracht wurde.[15]

Auch wenn die Raketen, die Chinas »offizielles« Weltraumprogramm angetrieben haben, allgemein als Dr. Tsiens bemerkenswerteste wissenschaftliche Leistung gelten, könnten seine verdeckten Arbeiten an exotischen Antriebssystemen künftig als weitaus bedeutender angesehen werden.

Name	Eröffnet	Standort	Wichtigste Missionen	Öffentlich zugänglich
Jiuquan Satellite Launch Center (JSLC/ Dongfeng Aerospace City/Basis 10)	1958	Wüste Gobi, Innere Mongolei	Shenzhou 1-11, Tiangong 1-2	Nein
Taiyuan Satellite Launch Center (TSLC/ Basis 25)	1968	Kelan-Kreis, Stadt Xinzhou, Provinz Shanxi	Wettersatelliten, ballistische Raketentests	Nein
Xichang Satellite Launch Center (Xichang Space Center/Basis 27)	1984	Xichang-Kreis, Bezirk Liangshan, Provinz Sichuan	Antisatelliten-Raketen Chang'e 1-4	Nein
Wenchang Spacecraft Launch Site	2014	Insel Hainan, Südchinesisches Meer	Tianzhou 1	Ja

Abb. 21. Eine Aufstellung der chinesischen Weltraum-Startzentren und ihrer wichtigsten Missionen

Anmerkungen

1 Iris Chang, *Thread of the Silkworm*, p. 221.
2 Ebd., p. 222.
3 Ebd., p. 222-23.
4 Ebd., p. 225.
5 Siehe Mark Wade, »Part of the DF-3«, http://www.astronautix.com/c/changzheng1.html (aufgerufen am 27.10.2019)
6 Zitiert nach Brian Harvey, *China in Space*; Springer 2019, 2nd edition; Kindle eBook, Position 960.
7 Zitiert nach Brian Harvey, *China's Space Program From Conception to Manned Spaceflight*; Springer Praxis 2004; p. 64.
8 Zitiert nach Brian Harvey, *China in Space*; Springer 2019, 2nd edition; Kindle eBook, Position 960.
9 Eine Beschreibung der Namensänderungen der Fünften Akademie finden Sie auf der Website von China Aerospace Science and Technology, http://english.spacechina. com/n16421/n17138/n382513/index.html (aufgerufen am 14.11.2019)

10 Siehe Global Security, »China Aerospace Machinery and Electronics Corporation (CAMEC)«, https://www.globalsecurity.org/wmd/world/china/camec.htm (aufgerufen am 14.11.2019)

11 Rick Fisher, »Relearning the Dangers of Space Cooperation With China«, *The Epoch Times*, https://tinyurl.com/tbyp72j (aufgerufen am 23.9.2019)

12 Ebd.

13 Siehe »China's three major space launch bases«, http://www.chinadaily.com.cn/en/doc/2003-10/15/content_272334.htm (aufgerufen am 22.9.2019)

14 Siehe Leonard David, »China's Sending a Probe to the Moon's Far Side. Here's Where It Will Land«, https://www.space.com/41613-china-moon-far-side-mission-change-4-details.html (aufgerufen am 19.12.2019)

15 Siehe Ivan Petricevic, »Scientific paper asks: Is the Moon the Creation of Alien Intelligence?«, https://www.ancient-code.com/scientific-paper-asks-is-the-moon-the-creation-of-alienintelligence/ (aufgerufen am 19.12.2019)

12 Das Blatt wendet sich: Tsiens Kampf um die Finanzierung Geheimer Weltraumprogramme

Behandele deine Männer wie deine eigenen geliebten Söhne.
Und sie werden dir ins tiefste Tal folgen.
– Sun Tzu, Die Kunst des Krieges –

Tsien Hsue-shen gelang es durch seine Pionierarbeit bei der Entwicklung der Raketentechnik, Chinas Atomraketen- und Weltraumprogramm in Gang zu bringen. Infolgedessen betrachten ihn die Chinesen weithin als den Vater ihres offiziellen Weltraumprogramms. Seine Führung war maßgeblich für die Ausbildung von Tausenden von Wissenschaftlern und Ingenieuren, die für die Entwicklung eines konventionellen Raketenprogramms zum Starten von Satelliten und später für bemannte und unbemannte Weltraummissionen benötigt wurden. Die Fünfte Akademie war die Organisation, die Tsien 1956 als Erstes gegründet hatte. Er wurde ihr Direktor und überwachte die Entwicklung von Raketen, Satelliten und Raumfahrzeugen. Sie existiert nach einer Reihe von Namensänderungen heute noch und wurde 1989 in zwei große Unternehmen aufgeteilt: die China Aerospace Science & Technology Corporation (CASC) und die China Aerospace Science & Industry Corporation (CASIC).[1] CASC und CASIC sind die Hauptauftragnehmer für Chinas Raumfahrtaktivitäten und beschäftigen 174.000 beziehungsweise 150.000 Mitarbeiter in mehreren Forschungs- und Produktionszentren sowie in Tochterunternehmen.

Laut der CASIC-Website besteht ihre Hauptaufgabe darin, der Volksbefreiungsarmee mit ihren Raketen- und Waffensystemen zu helfen, der nationalen Sicherheit zu dienen:

»Die CASIC sieht es als Unternehmensmission an, ›die Armee mit Wissenschaft und Technologie zu stärken und der Nation mit Luft- und Raumfahrttechnologie zu dienen‹. Das Motto ›eure Sicherheit – unsere Verantwortung‹ gilt ihr als höchster sozialer Wert, während sie sich in einer strategischen Branche engagiert, die mit der nationalen Sicherheit verbunden ist. ›Nationales Interesse über allem‹ – daran hat sie stets festgehalten. Nach Jahren harter Arbeit hat die CASIC ein komplettes System zur Erforschung, Entwicklung und Produktion eines Raketensystems zur Luftverteidigung, eines Waffensystems mit aerodynamischen Raketen, schwerer Trägerraketen und von Produkten der Weltraumtechnologie etabliert.«[2]

Im Gegensatz dazu betrachtet die CASC-Website die Lieferung der verschiedenen Geräte und Komponenten, aus denen Chinas Raumfahrtaktivitäten bestehen, als ihre Hauptaufgabe:

»Die CASC befasst sich hauptsächlich mit der Erforschung, Entwicklung, Fertigung, dem Test und Start von Raumfahrtprodukten wie Trägerraketen, Satelliten, bemannten Raumschiffen, Frachtraumschiffen, Explorer-Raumschiffen und Raumstationen sowie strategischen und taktischen Raketensystemen … Große Aufmerksamkeit widmet die CASC weltraumtechnologischen Einrichtungen wie Satellitenanlagen, der Informationstechnologie, neuen Energien und Materialien sowie der Weltraumbiologie …

Gegenwärtig widmet sich die CASC dem Aufbau Chinas zu einer Weltraummacht und führt kontinuierlich die wichtigsten nationalen wissenschaftlichen und technischen Programme wie bemannte Raumfahrt, Monderkundung, Beidou-Satellitennavigation und hochauflösende Erdbeobachtungssysteme durch. Sie initiiert eine Reihe neuer wichtiger Programme und Projekte wie schwere Trägerraketen, Marserkundung, Asteroidenerkundung, Wartung und Instandhaltung von Raumfahrzeugen im Orbit sowie ein integriertes Informationsnetzwerk für die Weltraum-Boden-Kommunikation und betreibt aktiv einen internationalen Austausch und internationale Zusammenarbeit, um so neue Beiträge zur friedlichen Nutzung des Weltraums und zum Wohl der gesamten Menschheit zu leisten.«[3]

Infolgedessen wurde anstelle der CASIS die CASC zur wichtigsten staatlichen Körperschaft Chinas, die am besten in der Lage ist, Tsiens langfristige Ziele für die Entwicklung eines chinesischen Geheimen Weltraumprogramms (GWP) zu erreichen.

Tsien verstand die Herausforderungen und den großen Zeitrahmen, die für den Nachbau exotischer Antriebssysteme mit Elektromagnetismus erforderlich sind, und dass dies erst nach der erfolgreichen Entwicklung von Chinas Programmen für ballistische Raketen und Satelliten möglich war. Noch wichtiger: Er verstand, dass die enorme Menge an benötigten Finanzmitteln beträchtliche wirtschaftliche Investitionen und die politische Unterstützung durch die Partei erforderten. Selbst mit dieser Unterstützung würde es sich immer noch als sehr schwierig erweisen, einen jahrzehntelangen Plan für die Entwicklung einer Luft- und Raumfahrtindustrie zu verwirklichen, der sich an den Planungen orientiert, die von Kármán und Tsien 1944/45 für die Air Force der U.S. Army erstellt hatten.

Unglücklicherweise für Tsien waren alle Pläne, die er für Forschung und Entwicklung exotisch angetriebener Raumschiffe entwarf, in Chinas turbulenter Politik festgefahren. Erstens gab es die Kulturrevolution von 1966 bis 1976, eine Reaktion auf katastrophale Ernten, die zu einer weithin grassierenden Hungersnot geführt hatten. Viele Spitzenwissenschaftler, darunter auch Tsien, waren in die fehlgeleiteten Bemühungen verwickelt gewesen, das auf dem Hochschulsystem beruhende elitäre Denken abzuschaffen und zu den Grundlagen des Agrarlebens und der Landwirtschaft zurückzukehren. Die meisten Universitäten hatten daraufhin schließen und prominente Wissenschaftler aufs Land ziehen müssen, um den landwirtschaftlichen

Betrieben zu helfen, ihre Produktion zu steigern. Auch wenn Tsien und seine Fünfte Akademie/Siebtes Ministerium für Maschinenbau aufgrund der Bedeutung, die die Volksbefreiungsarmee dem Raketen- und Satellitenprogramm beimaß, den schlimmsten Exzessen entgingen, war es doch eine Zeit, in der bahnbrechende wissenschaftliche Forschung zum Stillstand kam.

Der zweite Rückschlag war durch Tsiens persönlichen katastrophalen Fehltritt bei der Unterstützung von Maos Verurteilung des Reformisten Deng Xiaoping und seiner Unterstützung der Viererbande nach Maos Tod im September 1976 erfolgt. Dengs überraschendes politisches Comeback und sein Aufstieg in die höchste Führungsposition im Jahr 1978 führten dazu, dass Tsien von der obersten Ebene der Parteihierarchie an den Rand gedrängt und von ihren Prioritäten abgeschnitten wurde. Dies zwang Tsien, sich auf Chinas Satellitenprogramme zu konzentrieren. Er hatte wenig Aussicht darauf, staatliche Mittel für die anspruchsvolleren Forschungs- und Entwicklungsarbeiten zu erhalten, bei denen alte und außerirdische Technologien zum Einsatz kamen. Die Situation für Tsien verbesserte sich 1986 etwas, als sein Schützling Dr. Song Jiam in die Position des hochrangigen Staatsrates von China berufen wurde, eine Position, die er bis 1998 innehatte.

Zwei wichtige politische Ereignisse veränderten jedoch Tsiens Status in den Augen von Deng und der hochrangigen Vertreter der Kommunistischen Partei, was letztlich dazu führte, dass er die Mittel erhielt, die er brauchte, um mit der Entwicklung der exotischen Antriebssysteme für Chinas Geheimem Weltraumprogramm zu beginnen.

Als Erstes sind dabei zu nennen die Ereignisse auf dem Tiananmen-Platz von 1989 und das Chaos, das durch das Vorgehen der Regierung verursacht wurde und zu Hunderten, wenn nicht gar Tausenden von Todesfällen führte. Tsien unterstützte Deng und die Führer der Kommunistischen Partei im Gegensatz zu vielen jüngeren Wissenschaftlern unkritisch, wie seine Biografin Iris Chang erklärte:

»Die an den Demonstrationen beteiligten Studenten, sagte Tsien, seien nichts weiter als ›böse Elemente aus der Viererbande‹ und gewöhnliche ›Hooligans‹ ... Tsien taugte nicht länger als Idol für die Jungen und Idealisten. Gerade jene Wissenschaftler und Intellektuellen, die Tsien in der Vergangenheit für seine Direktheit und Ehrlichkeit hochgeschätzt hatten, verachteten ihn jetzt für seine Unterstützung der Regierung bei der Niederschlagung der Demokratiebewegung.«[4]

Aus Dankbarkeit stellten Deng und die Kommunistische Partei viel von Tsiens verlorenem wissenschaftlichen Prestige wieder her, und er wurde von den staatlich kontrollierten chinesischen Medien als visionärer Führer erneut hoch gelobt. Am 28. August 1989 brachte die *Guangming Daily* sogar eine lange Geschichte, in der er als »der Stolz des chinesischen Volkes« beschrieben wurde.[5]

Diese Änderung seines Status war entscheidend für Tsiens Einfluss und ermöglichte ihm, endlich die Unterstützung und Finanzierung der Partei zu bekommen, um seinen Langzeitplan für ein Weltraumprogramm mit Alien-Technologien verfolgen zu können.

Die zweite Entwicklung war der Zusammenbruch des Kommunismus in Europa im Jahr 1989 und das Ende der Sowjetunion im Jahr 1990. Dies bedeutete, dass die Russische Föderation nicht länger als Rivale und Bedrohung für China wahrgenommen wurde, sondern als strategischer Partner bei der Untergrabung der US-Hegemonie als einzige Supermacht der Welt. Die verstärkte Zusammenarbeit zwischen Russland und China bedeutete, dass Tsien endlich Zugang zu einigen Arbeiten hatte, die im Geheimen Weltraumprogramm der Russen stattfanden. China konnte nun von der sowjetischen Pionierarbeit beim Nachbau Fliegender Untertassen profitieren, die von Außerirdischen und den Nazis erbeutet worden waren.

Chinas chronischer Mangel an Finanzmitteln und Ressourcen für den Bau von Raumfahrzeugen mit elektromagnetischen Antriebssystemen, den die Russen und Amerikaner hinter verschlossenen Türen kontinuierlich vorangetrieben hatten, konnte erst durch Chinas schnelles Wirtschaftswachstum eine wesentliche Änderung erfahren. Im Fall der USA war 1949 mit der Verabschiedung des CIA-Gesetzes ein tiefschwarzes Budget entwickelt worden, das es der CIA ermöglichte,

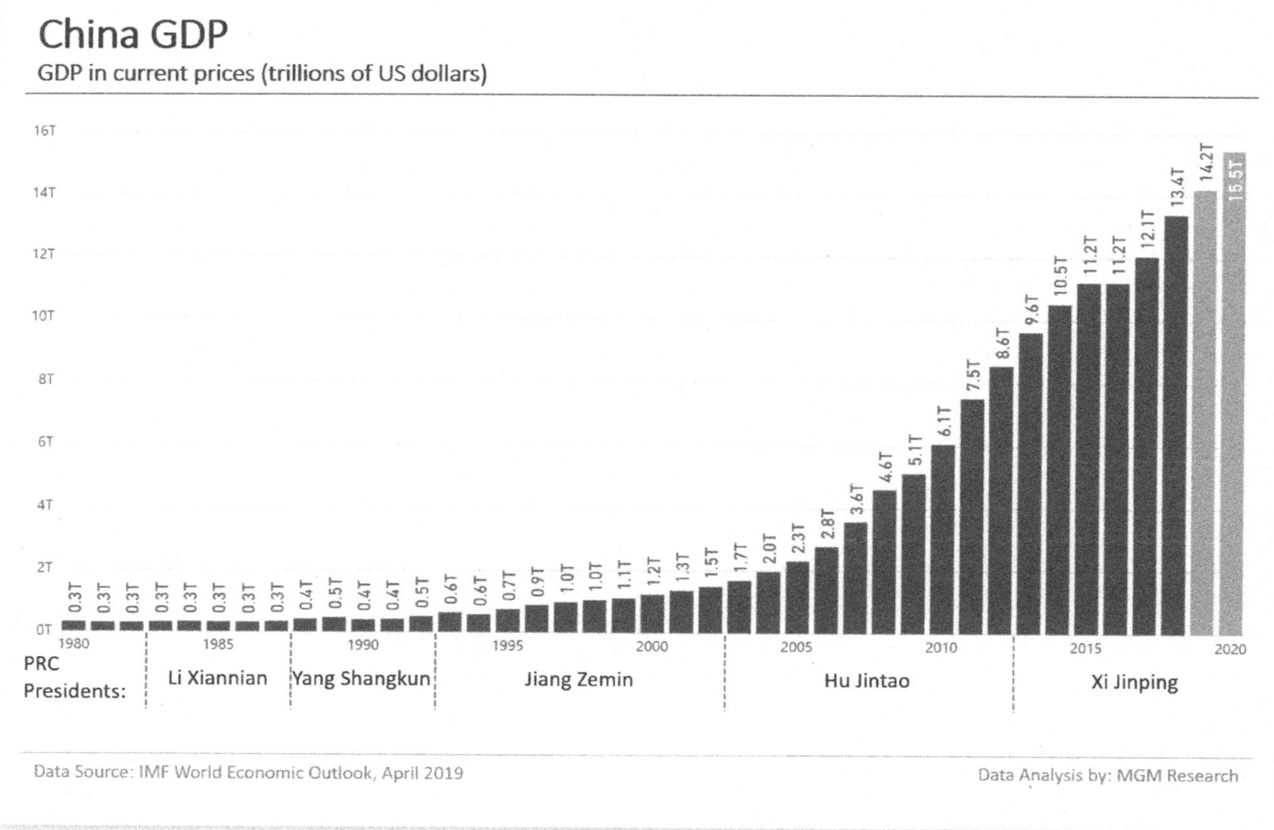

Abb. 22. Chinas Bruttoinlandsprodukt (BIP) 1980-2020

Gelder »ohne Rücksicht auf gesetzliche Bestimmungen« an eine oder von einer Regierungsbehörde zu überweisen.[6] Aufgrund einer Vielzahl illegaler Finanzierungsmechanismen war dieses tiefschwarze Budget Ende der 1990er Jahre auf über eine Billion US-Dollar angewachsen, vermeldeten die Berichte des Generalinspektors über nicht verbuchte Gelder im Budget des Verteidigungsministeriums.[7]

Zu diesem Zeitpunkt war es sogar drei Mal so groß wie das Pentagon-Budget. Wollte China jemals das erreichen, was die USA und die Sowjetunion geleistet hatten, gab es jetzt keine Alternative mehr zu einer raschen wirtschaftlichen Expansion. Deng legte den Grundstein für Chinas schnelle wirtschaftliche Entwicklung durch den Übergang Chinas von einer sowjetischen Kommandowirtschaft zu einem freien Marktsystem, in dem Privateigentum erlaubt war, und um das Wirtschaftswachstum zusätzlich zu fördern, wurden außerdem Unternehmer zu Innovationen ermutigt. Es galt nicht mehr als konterrevolutionär, Eigentum zu erwerben oder ein Unternehmen zu gründen, wenn dies zum Wirtschaftswachstum beitrug.

Während der zehnjährigen Amtszeit von Präsident Jiang Zemin (1993-2003) verdreifachte sich Chinas Bruttoinlandsprodukt (BIP), und schließlich standen Ressourcen für die Umsetzung des langfristigen Plans zur Verfügung, den Tsien verdeckt für das Geheime Weltraumprogramm des Landes entworfen hatte. Während der zehnjährigen Amtszeit von Hu Jintao (2003-2013) wuchs Chinas Wirtschaft um beachtliche zehn Prozent pro Jahr, was zu einem mehr als fünffachen Anstieg des BIP von 1,7 Billionen US-Dollar in 2003 auf 9,6 Billionen in 2013 führte. Im Jahr 2020 überschritt Chinas BIP die Schwelle von fünfzehn Billionen US-Dollar, und nach Schätzungen, die auf der aktuellen politischen Lage der Dinge beruhen, wird es die US-Wirtschaft bis zum Ende des Jahrzehnts überholt haben.

Tsiens offizieller Ruhestand 1991 ermöglichte es ihm, seine letzten Jahre als Berater für den Aufbau von Chinas Geheimem Weltraumprogramm zu verwenden, auf dessen Umsetzung er lange hingearbeitet und geduldig gewartet hatte. Als die Mittel zunehmend flossen, wurde er zum Mentor eines Elite-Teams visionärer Wissenschaftler, die mit ihm an der

Fünften Akademie und ihren verschiedenen Nachfolgern zusammengearbeitet hatten, bis zur China Aerospace Science & Technology Company (CASC), um seinen radikalen Plan umzusetzen.

Um diese Zeit gelang ein weiterer großer politischer Durchbruch, der Tsiens Pläne erheblich beschleunigte und China dabei unterstützte, das nachzuholen, was die USA und die UdSSR im Weltraum bereits erreicht hatten. In den frühen 1980er Jahren begann Präsident Ronald Reagan Gespräche, um die UdSSR und China als Verbündete in einem möglichen zukünftigen Krieg gegen feindliche Außerirdische zu gewinnen, und er war bereit, einige der fortschrittlichsten Technologiegeheimnisse Amerikas, die aus den geheimen Programmen für den Nachbau erbeuteter außerirdischer Raumschiffe gewonnen worden waren, mit den neuen Verbündeten zu teilen.

Anmerkungen

1 Einzelheiten zu dieser Abteilung finden Sie unter Global Security, »China Aerospace Machinery and Electronics Corporation (CAMEC)«, https://www.globalsecurity.org/wmd/world/china/camec.htm (aufgerufen am 14.11.2019)

2 Siehe »Introduction to CASIC«, http://www.casic.com/n189298/n189314/c190583/content.html (aufgerufen am 14.11.2019).

3 »About CASC, Company Profile«, http://english.spacechina.com/n16421/n17138/n17229/index.html (aufgerufen am 14.11.2019)

4 Iris Chang, *Thread of the Silkworm,* pgs. 258-59.

5 Ebd., p. 259.

6 50 U.S.C. 403f (a).

7 Siehe Michael E. Salla, »The Black Budget Report: An Investigation into the CIA's Black Budget and the Second Manhattan Project«, https://exopolitics.org/archived/Report-Black-Budget.htm (aufgerufen am 15.11.2019)

13 Die USA machen ein verlockendes strategisches Angebot: Das Internationale Weltraumprogramm entsteht

Beschäftige Menschen mit dem, was sie erwarten. Es ist das, was sie in der Lage sind zu sehen, und bestätigt ihre Projektionen. Es versetzt sie in vorhersehbare Reaktionsmuster und beschäftigt ihren Geist, während du auf den außergewöhnlichen Moment wartest –, den sie nicht vorhersehen können.

– Sun Tzu, Die Kunst des Krieges –

Im Januar 1979 unterzeichneten Präsident Jimmy Carter und Deng Xiaoping während Dengs Besuch in den Vereinigten Staaten ein historisches Abkommen über die Zusammenarbeit in Wissenschaft und Technologie. Das Abkommen umfasste ein breites Spektrum wissenschaftlicher Themen, einschließlich des »Protokolls über die Zusammenarbeit auf dem Gebiet der Luftfahrt, Wissenschaft und Technologie«.[1] Diese Vereinbarungen wurden von Präsident Ronald Reagan noch erheblich vertieft und erweitert, der am 11. Juli 1983 in einer Rede vor dem Kongress nachdrücklich erklärte:

> »Es liegt in unserem grundsätzlichen Interesse, unsere Beziehungen zu China voranzutreiben. Wissenschaft und Technologie sind ein wesentlicher Bestandteil dieser Beziehungen, und ich habe kürzlich Schritte unternommen, um sicherzustellen, dass China einen besseren Zugang

zur US-Technologie erhält, die es für seine Ziele der wirtschaftlichen Modernisierung benötigt. Wir werden China auch weiterhin durch für beide Seiten vorteilhafte Kooperationsbemühungen in Wissenschaft und Technologie unterstützen.«[2]

Drei Jahre später bekräftigte Reagan sein Engagement für eine Vertiefung der Zusammenarbeit zwischen den USA und China:

»Unsere heranreifende Zusammenarbeit in Wissenschaft und Technologie mit China, ein Eckpfeiler unserer wachsenden Beziehung, ist jetzt in ihrem achten Jahr und unser größtes zwischenstaatliches Programm. Die Zusammenarbeit in Wissenschaft und Technologie ist nicht Teil unseres Auslandshilfe-Programms, sondern beruht auf gegenseitigem Nutzen, ebenso wie unser sonstiger internationaler Austausch. Die Chinesen haben außerdem zusätzliche Aktivitäten hinzugefügt, die besser auf ihre eigenen Interessen abgestimmt und rückzahlbar sind. Wir sehen die Türen, die unser erfolgreiches Wissenschafts- und Technologieprogramm geöffnet hat, als positiven Beitrag zu den jüngsten Reformen der Chinesen.«[3]

Historiker gehen allgemein davon aus, dass die zwischen den USA und China erzielten Kooperationsvereinbarungen aus dem gemeinsamen Wunsch heraus getroffen wurden, sich der Sowjetunion zu stellen, deren Expansionspolitik als ernsthafte Bedrohung für den Frieden und die Sicherheit in der Region angesehen wurde. Nicht so bekannt ist, dass Präsident Reagan Anfang 1981 ein geheimes Briefing über eine außerirdische Bedrohung der Erde erhalten hatte. Es gibt eine angebliche Mitschrift dieses Briefings, das seine nationalen Sicherheitsberater Reagan gaben, darunter CIA-Direktor William Casey. In der Mitschrift wird von fünf Gruppen von Außerirdischen berichtet, welche die Menschheit besuchen, von denen eine feindselig ist:

»PRÄSIDENT: Ich bin der Präsident der Vereinigten Staaten. Ich sollte wissen, ob wir durch eine GEFAHR AUS DEM WELTRAUM gefährdet sind.

Wenn Sie etwas über eine Bedrohung durch diese eine Spezies von Außerirdischen zu sagen haben, dann möchte ich es jetzt hören.

W. M. CASEY: … Wir haben einen dieser feindlichen Außerirdischen gefangen genommen. Dies betrifft einige sehr, sehr sensible Bereiche, Mister Präsident … Ich glaube nicht, dass wir schon darauf vorbereitet sind, Ihnen genaue Antworten auf Ihre Fragen zu den potenziell feindlichen Außerirdischen zu geben.

PRÄSIDENT: Okay, aber ich erwarte, dass mir dies so bald wie möglich mitgeteilt wird. Ich möchte ALLES ÜBER DIESE FEINDLICHEN KREATUREN WISSEN, damit ich … Ich meine, wir sollten Richtlinien entwickeln, wie wir mit ihnen umgehen sollen … Haben wir operative Kriegspläne dazu?

BERATER 1: Ja, Herr Präsident, wir haben Kriegspläne für alle potenziellen Bedrohungen unseres Landes.«[4]

Obwohl die Legitimität des Reagan-Briefing-Transkripts von 1981 kontrovers diskutiert wird, deuten nachfolgende öffentliche Kommentare von Reagan darauf hin, dass es entweder im Wesentlichen zutrifft, oder er erhielt zu einem anderen Zeitpunkt ein sehr ähnliches Briefing über die nationale Sicherheit.

Am 19. und 20. November 1985 traf Reagan in Genf mit dem Generalsekretär der Sowjetunion, Michail Gorbatschow, zusammen. Nur zwei Wochen später, am 4. Dezember 1985, erinnerte sich Reagan in einer Rede an der Fallston High School in Maryland daran, was er zu Gorbatschow gesagt hatte:

»Wenn Sie aufhören zu glauben, dass wir alle Kinder Gottes sind, wo immer wir auf der Welt leben, könnte ich nicht anders, als zu sagen: Denken Sie nur daran, wie einfach ihre und meine Aufgabe in diesen Treffen sein könnte, die wir abgehalten haben, wenn plötzlich eine andere Spezies von einem anderen Planeten außerhalb des Universums eine Bedrohung für diese Welt darstellte. Wir würden all die kleinen lokalen Konflikte vergessen, die wir zwischen unseren Ländern haben, und wir würden ein für alle Mal herausfinden, dass wir hier auf dieser Erde eigentlich alle zusammen Menschen sind.«[5]

Abb. 23. Ronald Reagan trifft Deng Xiaoping. Quelle: »China Daily«

Keine anderthalb Jahre danach, am 17. Februar 1987, beschrieb Gorbatschow – noch immer skeptisch – seine Reaktion auf Reagans außerirdisches Bedrohungsszenario:

> »Bei unserem Treffen in Genf sagte der US-Präsident, dass die Vereinigten Staaten und die Sowjetunion sich zusammenschließen würden, um eine Invasion abzuwehren, wenn die Erde einem Angriff durch Außerirdische ausgesetzt wäre. Ich werde die Hypothese nicht bestreiten, obwohl ich denke, dass es noch zu früh ist, sich über ein solches Vordringen Gedanken zu machen …«[6]

Gorbatschow war an einer künftigen Zusammenarbeit angesichts einer konkreten Bedrohung durch Außerirdische zwar interessiert, hielt die Idee jedoch für »verfrüht«, wie er sagt. Offensichtlich wollte der sowjetische Führer der Öffentlichkeit vermitteln, dass er eine derartige Bedrohung zu diesem Zeitpunkt nicht ernst nahm.

Am 28. April 1984, etwas mehr als ein Jahr bevor Reagan mit Gorbatschow in Genf über das Alien-Bedrohungsszenario sprach, hatte der US-Präsident sich mit Deng Xiaoping in Peking getroffen. Es gibt keine Mitschrift ihrer neunzigminütigen persönlichen Begegnung, aber es ist sehr wahrscheinlich, dass Reagan das Alien-Invasionsszenario als wichtigen Grund dafür anführte, warum China und die USA eine enge strategische Partnerschaft eingehen sollten. Bezeichnenderweise besuchte Reagan die alte Hauptstadt Xi'an und sah die berühmten Terrakotta-Statuen der Krieger, die Chinas ersten Kaiser, Qin Shi Huang, beschützten.[7] Möglicherweise wollte Reagan, dass Deng mit den USA teilte, was China im Grab von Kaiser Qin und in seinen mysteriösen Pyramiden in der Provinz Shaanxi entdeckt hatte.

Es ist öffentlich bekannt, dass Deng beschlossen hatte, auf eine enge strategische Allianz mit Reagan gegen die Sowjetunion zu verzichten und stattdessen Teil der blockfreien Gruppe von Nationen zu bleiben.[8] Deng war aller Wahrscheinlichkeit nach höchst misstrauisch, dass alles, was Reagan über eine außerirdische Bedrohung zu sagen hatte, Teil eines amerikanischen Tricks war – eine Position, die sein Vorgänger, der Vorsitzende Mao, zum UFO-Phänomen im Allgemeinen teilte.[9]

Reagan ließ sich von der Ablehnung des Szenarios der außerirdischen Bedrohung durch die sowjetischen und chinesischen Führer nicht abschrecken und versuchte am 21. September 1987 in einer Rede vor einer Sitzung der Vollversammlung der Vereinten Nationen erneut, die Führer der Welt davon zu überzeugen, dass er es ernst meinte:

> »In unserer Besessenheit von aktuellen Gegensätzen vergessen wir oft, wie sehr alle Mitglieder der Menschheit vereint sind. Vielleicht brauchen wir eine äußere, universelle Bedrohung, damit wir diese gemeinsame Bindung erkennen. Ich denke gelegentlich, wie schnell unsere weltweiten Differenzen verschwinden würden, wenn wir einer außerirdischen Bedrohung von außerhalb dieser Welt ausgesetzt wären.«[10]

Bemerkenswert an Reagans Rede vor den Vereinten Nationen ist, dass sein Redenschreiber Rhett Dawson die Kommentare des Präsidenten zur außerirdischen Bedrohung aus einem früheren Entwurf der Rede herausgekürzt hatte. In handschriftlichen Notizen bestand Reagan darauf, dass Dawson sie wieder einfügte:

> »Ich denke, es gibt hier zu viele antisowjetische Predigten angesichts dessen, was wir erreichen wollen. Und gegen Ende der Rede möchte ich noch mein ›Hirngespinst‹ einfügen: wie schnell unsere weltweiten Unterschiede verschwinden würden, wenn Wesen von einem anderen Planeten unsere Welt bedrohen würden.«[11]

Wie seine handschriftlichen Notizen zeigen, glaubte Reagan eindeutig, dass sein »Hirngespinst« einer außerirdischen Bedrohung ein wichtiges Mittel zur Erreichung einer globalen Zusammenarbeit zwischen den USA und den wichtigsten Nationen, einschließlich Chinas, war. Das angebliche Reagan-Briefing-Dokument von 1981 oder eine ähnliche Art von geheimem Briefing würde erklären, warum Reagan davon überzeugt war, dass eine solche Bedrohung echt war. Reagans Redenschreiber war allerdings nicht auf dem Laufenden, was erklärt, warum er versucht hat, den Hinweis auf eine »außerirdische Bedrohung« zu entfernen.

Reagans Hinweis auf eine hypothetische Bedrohung durch Außerirdische in Genf im Jahr 1985, erneut bei den Vereinten Nationen im Jahr 1987 und in handschriftlichen Notizen an seinen Redenschreiber sind ein überzeugender Beweis dafür, dass er eine feste Überzeugung entwickelt hatte, die amerikanische Zusammenarbeit mit den großen Weltmächten, insbesondere der Sowjetunion und China, sei für die Reaktion auf eine echte außerirdische Bedrohung von entscheidender Bedeutung. Die Ernsthaftigkeit, die Reagan mit einer solchen Bedrohung verband, zeigt sich auch in seiner Antwort auf eine Frage, die er am 4. Mai 1988 in Chicago erhielt. Reagan wurde gefragt: »Was ist Ihrer Meinung nach das Wichtigste an den internationalen Beziehungen?« Seine Antwort lautete:

»Ich habe mich oft gefragt, was wäre, wenn wir alle auf der Welt entdecken würden, dass wir von außen bedroht werden – von einer Macht aus dem Weltraum, von einem anderen Planeten …

Würden wir nicht plötzlich herausfinden, dass es überhaupt keine Unterschiede zwischen uns gibt, dass wir alle Menschen, Bürger der Welt sind, und würden wir nicht zusammenkommen, um diese besondere Bedrohung zu bekämpfen?«[12]

Deng und andere hochrangige chinesische Führer lagen in der Annahme richtig, dass alles, was Reagan über eine außerirdische Bedrohung der Menschheit mitteilte, Teil einer Täuschung war. Was Reagan in seinem geheimen Briefing von 1981 über feindliche Aliens erzählt bekommen hatte, war ein »limited hangout«, eine begrenzte Sichtweise, verbreitet von denjenigen, die die außerirdischen Projekte innerhalb der US-Regierung leiteten – den *Majestic 12*.

Victor Marchetti, ein ehemaliger CIA-Agent, beschreibt einen »limited hangout« als:

»Spionagejargon für eine beliebte und häufig verwendete Spielerei der Geheimdienstprofis. Ist ihr Schleier der Geheimhaltung zersetzt und können sie sich nicht mehr auf eine falsche Tarngeschichte verlassen, um die Öffentlichkeit zu täuschen, nehmen sie Zuflucht dazu, freiwillig einen Teil der Wahrheit preiszugeben – während sie den eigentlichen Schlüssel zu dem Fall und die Fakten, die ihnen schaden könnten, zurückhalten. Die Öffentlichkeit ist normalerweise so fasziniert von den neuen Informationen, dass sie nicht daran denkt, die Angelegenheit weiter zu verfolgen.«[13]

Im Fall von Reagans Alien-Briefing erhielt er nur ausgewählte Informationen, die eine gewünschte emotionale und psychologische Wirkung erzielen sollten. Die Kontrolleure hinter dieser Operation, die MJ-12-Gruppe, gingen davon aus, dass Reagan, nachdem er offiziell über eine außerirdische Bedrohung informiert worden war, dazu angeregt werden würde, die internationalen Beziehungen in die von

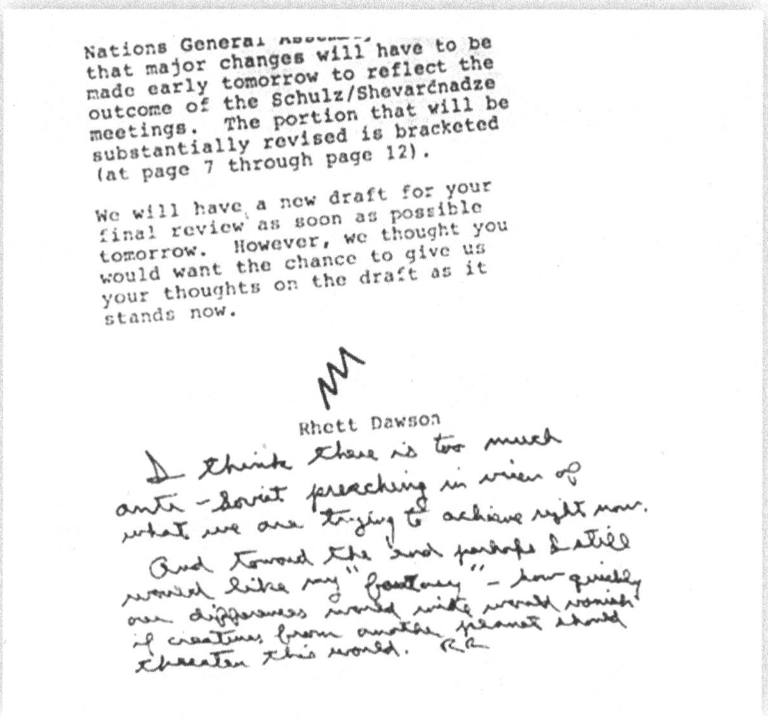

Nations General [illegible] that major changes will have to be made early tomorrow to reflect the outcome of the Schulz/Shevardnadze meetings. The portion that will be substantially revised is bracketed (at page 7 through page 12).

We will have a new draft for your final review as soon as possible tomorrow. However, we thought you would want the chance to give us your thoughts on the draft as it stands now.

Rhett Dawson

I think there is too much anti-Soviet preaching in view of what we are trying to achieve right now. And toward the end perhaps I still would like my "fantasy" – how quickly our differences would vanish if creatures from another planet should threaten this world. RR

Abb. 24. Ronald Reagans handschriftliche Bitte, die Bemerkung über eine außerirdische Bedrohung in seine UN-Rede wieder einzufügen. Man beachte die Betonung von »Hirngespinst« (fantasy), die darauf hinweist, dass sein Redenschreiber nicht in das Thema eingeweiht war. Quelle: PresidentialUFO.com

ihnen gewünschte Richtung zu lenken. All dies wurde von MJ-12 gesteuert, um herauszufinden, was andere Länder über außerirdisches Leben und Alien-Technologie wussten, ohne dabei zu viele Geheimnisse Amerikas preiszugeben.

Wie erwartet war Reagan von der geheimen Unterrichtung so beunruhigt, dass er die außerirdische Bedrohung auf Gipfeltreffen mit führenden Politikern der Welt wie Gorbatschow und Deng sowie bei den Vereinten Nationen wiederholt zur Sprache brachte. Sieht man sich die Reden und das Verhalten von Präsident Reagan während seiner gesamten Amtszeit daraufhin an, besteht kaum ein Zweifel daran, dass er wirklich der Ansicht war, die Menschheit sei einer unmittelbaren außerirdischen Bedrohung ausgesetzt und große Nationen wie die UdSSR und China müssten als Reaktion darauf zusammenarbeiten.

Schließt man sich dieser Argumentation an, bietet das eine völlig neue Perspektive auf die Gründe für Reagans Ausweitung der von seinem Vorgänger, Präsident Carter, mit China erzielten Abkommen zum Technologieaustausch. Nachdem die neuen Abkommen mit China in Kraft getreten waren, drängte Reagan auch die Sowjetunion weiter zu einer Zusammenarbeit bei der Reaktion auf die außerirdische Bedrohung. Inzwischen hatte China Zugang zu einigen der am strengsten gehüteten Geheimnisse Amerikas in Bezug auf Leben und Technologie von Aliens. Chinesische Wissenschaftler durften Area 51 besuchen und sich die neun dort gelagerten Fliegenden Untertassen, die auf der ganzen Erde gefunden worden waren, persönlich ansehen. Dazu gehörten vier Flugmaschinen aus Nazi-Deutschland, die mit der Operation LUSTY herübergebracht worden waren, und die 1947 abgestürzten außerirdischen Objekte aus Neu-Mexiko sowie von anderen Abstürzen.

Boyd Bushman, ein ehemaliger Luft- und Raumfahrtingenieur von Lockheed Martin, gehörte zu den ersten, die öffentlich bekannt gaben, dass China begonnen hatte, beim Nachbau außerirdischer Fluggeräte, die verdeckt in Area 51 gelagert wurden, mit den USA zusammenzuarbeiten. Bushman wird als Erfinder von achtundzwanzig Patenten in der Luft- und Raumfahrt aufgeführt, die Lockheed Martin übertragen wurden.[14] Nach seiner Pensionierung ging Bushman an die Öffentlichkeit, um einige seiner Erkenntnisse über außerirdisches Leben und fremdartige Antriebssysteme bekanntzumachen.

In einer überraschenden Video-Erklärung, die er kurz vor seinem Tod am 7. August 2014 abgab, erklärte Bushman:

> »Ich möchte nicht, dass wir hinter die Russen und Chinesen zurückfallen. Und das Problem, das ich habe, ist, dass Area 51 gerade mit den Russen und Chinesen zusammenarbeitet … beim Bau von UFOs. Aber es gab Probleme, neununddreißig US-Bürger verloren ihr Leben, als sie versuchten, UFOs nachzubauen.«[15]

In der von David Wilcock moderierten Online-Videoreihe *Cosmic Disclosure* wurde der Whistleblower Corey Goode gebeten, sich zu Bushmans Aussagen auf dem Sterbebett zu äußern. Wilcock fragte ihn, warum die USA der chinesischen Regierung Zugang zu Area 51 gebe und es China erlaube, an einem internationalen Geheimen Weltraumprogramm teilzunehmen, das gerade eingerichtet werden sollte:

> »*David:* Nun, China wurde nicht als besonders große … In den 1980er Jahren wurde es nicht als große Bedrohung angesehen, anders als heute, aber warum war China in Area 51? Was geht da vor sich?
>
> *Corey:* Wir waren an einen bestimmten Punkt in unserem Geheimen Raumfahrtprogramm angelangt, an dem wir es vor den anderen technologisch entwickelten Nationen nicht länger verbergen konnten. Sie waren uns bereits dicht auf den Fersen.
>
> Wir hatten also nicht nur diesen Globalen Galaktischen Bund der Nationen, der gegründet wurde, sondern … Ich kann mich nicht mehr an den Zeitraum erinnern, aber ich glaube, es war in den 1990er Jahren, als zwischen diesen Mächten eine Art Vereinbarung unterzeichnet wurde, dass sie Technologie teilen würden.
>
> Sie tauschen Wissenschaftler aus, um sicherzustellen, dass alle Gruppen kontinuierlich technische Informationen erhalten. Das sorgt dafür, dass sie alles teilen, was sie haben.«[16]

Goodes Erklärung ist sehr überzeugend. Es ist bekannt, dass China in den 1970er Jahren mit dem Einsatz von Satelliten begann und schnell die erforderlichen hochauflösenden Kameras entwickelte, um US-Raumschiffe heimlich zu verfolgen, die geheime Einrichtungen wie Area 51 in Richtung Weltraum verließen.

Durch die Vereinbarungen zum Technologieaustausch mit China während der Carter- und Reagan-Regierung konnten die Vereinigten Staaten das wahre Ausmaß ihrer Geheimen Weltraumprogramme, die von der Air Force, Navy und privaten Unternehmen entwickelt wurden, unter dem Deckmantel gemeinsamer internationaler Bemühungen um den Nachbau von Raumschiffen verbergen, die in Area 51 für das von den Vereinten Nationen kontrollierte Geheime Weltraumprogramm (GWP) gelagert wurden.

Es ist wichtig, Goodes Standpunkt zu berücksichtigen. Die USA versuchten tatsächlich, die außerirdischen Technologien zu kontrollieren und zu verwalten, die China und andere Nationen gefunden hatten, indem sie ihnen zunächst eingeschränkten Zugang zu Area 51 gewährten und dann die Zulassung zu einem künftigen internationalen GWP versprachen. Im Gegenzug forderten die USA gegenseitige Rechte an allen außerirdischen und vorzeitlichen Technologien, die China und andere Mitgliedsländer besaßen. Kurz gesagt, die USA wollten Zugang zu ALLEN außerirdischen Artefakten und historischen Informationen Chinas, auch die der Dropa-Steine, der tibetisch-buddhistischen Texte, der Pyramiden und den unterirdischen Zivilisationen in Tibet und in der Wüste Gobi. Reagans außerirdisches Bedrohungsszenario war der geschickt manipulierte Auslöser, um China und wichtigen Nationen Zugang zu einer sorgfältig ausgewählten Gruppe von Anlagen in Area 51 zu geben und so die Zusammenarbeit zu vertiefen. Würde China seine bewachten Schatzkammern in einem gerechten Austausch für die USA und andere Nationen öffnen oder würde es zwar Angebote annehmen, aber sein eigenes Wissen verborgen halten, bis der Bluff aufflog?

Als die Feindseligkeiten des Kalten Krieges mit den beispiellosen politischen Öffnungen und Wirtschaftsreformen der Sowjetunion unter Gorbatschow zu Ende gingen, ereigneten sich in rascher Folge wichtige geopolitische Ereignisse. Der Fall der Berliner Mauer am 9. November 1989 führte zur Wiedervereinigung der beiden deutschen Staaten, im Folgenden durften sich osteuropäische Nationen demokratischen Revolutionen unterziehen, und schließlich zerfiel die Sowjetunion am 26. Dezember 1991 in fünfzehn verschiedene unabhängige Staaten. Präsident Reagan und sein Nachfolger George H. W. Bush veranlassten alle großen Luft- und Raumfahrtnationen, mit den USA zusammenzuarbeiten, um gemeinsam die außerirdischen Technologien von Area 51 zu untersuchen und ein von den Vereinten Nationen geführtes Geheimes Weltraumprogramm aufzubauen.

In seinem Interview mit Wilcock erklärte Goode, wie die Zusammenarbeit bei außerirdischen Technologien in Area 51 während der letzten Phase des Kalten Krieges stattfand:

> »*David:* Welche Absicht steckte dahinter, sich anscheinend in einem nuklearen Machtkampf mit Russland zu befinden, aber andererseits in Area 51 sehr eng mit ihnen zusammenzuarbeiten? Wozu sollte eine solche Trennung gut sein?
>
> *Corey:* Nun, die Zusammenarbeit mit den Russen während des Höhepunkts des Kalten Krieges in diesen Stützpunkten war … Davon war nicht viel zu sehen. Erst gegen Ende des Kalten Krieges, hauptsächlich danach, fingen wir an, Vereinbarungen mit China, Russland, Indien und einigen anderen zu treffen.
>
> Und es gibt auch Leute aus Indien und ein paar anderen Nationen, mit denen wir eng zusammenarbeiten und mit denen wir Technologien austauschen, weil wir herausfanden, dass sie in ihrer Entwicklung schon ziemlich weit gekommen sind.
>
> Das Teilen solcher Informationen ist daher auch eine Möglichkeit, mit dieser Situation umzugehen, wenn man Vereinbarungen zwischen all den verschiedenen Nationen hat.«[17]

Folglich wurde das internationale Programm, das sich aus dieser Vereinbarung entwickelte, laut Corey Goode auch als »Global Galactic League of Nations« oder »Globaler Galaktischer Bund der Nationen« bezeichnet – ein Tarnprogramm, dessen wahrer Zweck darin bestand, dass die USA außerirdische Geheimnisse verwalteten, die von anderen Nationen erworben wurden.[18]

In *Geheime Weltraumprogramme & Allianzen mit Außerirdischen* habe ich in einem Kapitel ausführlich dargelegt, welche Umstände zur Bildung dieses internationalen GWPs geführt haben.[19] Kurz gesagt, das Ende des Kalten Krieges bot den großen Nationen die einzigartige Gelegenheit, an einem internationalen Geheimen Weltraumprogramm mitzuarbeiten, ausgehend von den Befürchtungen einer unmittelbar bevorstehenden Bedrohung durch außerirdische Invasoren, die Präsident Ronald Reagan häufig öffentlich und auf politischen Gipfeln angesprochen hatte. Was Reagans Behauptungen besondere Glaubwürdigkeit verlieh, war, dass der Generalsekretär der Vereinten Nationen, Javier Pérez de Cuéllar, persönlich von einer außerirdischen Entführung betroffen gewesen war.

Am 30. November 1989 wurde Pérez de Cuéllar angeblich von Außerirdischen entführt, nachdem er an Diskussionen über die Offenlegung der Wahrheit des UFO-Phänomens teilgenommen hatte. Der erfahrene UFO-Forscher Dr. Steven Greer behauptet, er habe mit dem Kronprinzen von Liechtenstein, Hans-Adam, gesprochen, der ihm mitteilte, dass 1989 bei den Vereinten Nationen ein Plan zur Offenlegung der Außerirdischen ausgehandelt wurde.[20]

Prinz Hans-Adam war an diesen hochrangigen Verhandlungen mit Präsident George H. W. Bush, Generalsekretär Michail Gorbatschow und anderen führenden Persönlichkeiten der Welt beteiligt gewesen. Wahrscheinlich waren sie auch in Gegenwart eines bedeutenden Vertreters der chinesischen Regierung erfolgt. Sie alle trafen sich mit Pérez de Cuéllar, als der Kalte Krieg zu Ende ging.

Laut Prinz Hans-Adam wurde der Offenlegungsplan allerdings nach elf Stunden wieder aufgegeben, weil Pérez de Cuéllar in ein Entführungserlebnis verwickelt wurde, bei dem er gewaltsam zu einem Raumschiff gebracht und von Außerirdischen bedroht wurde. Greer schildert, was der Prinz ihm dazu mitgeteilt hat:

»Er sagte, dass Pérez de Cuéllar, Generalsekretär der Vereinten Nationen, um drei Uhr morgens von einer Planungssitzung für dieses Treffen zurückkam, als er von Außerirdischen aus seiner Autokolonne in Manhattan entführt wurde … Er erzählte mir die blutigen Details der Ereignisse. Pérez de Cuéllar wurde irgendwie aus der Wagenkolonne auf ein ET-Flugobjekt gebracht, wo er von den ETs bedroht wurde, die ihm sagten: ›Wenn Sie diese Informationen offenlegen, werden wir jeden beteiligten Weltführer, einschließlich des Präsidenten der Vereinigten Staaten, entführen.‹ Und das kam von einer Person, die bei dieser Planungssitzung mit am Tisch gesessen hatte … und ich: Also echt, kommen Sie! Worauf er sagte, das habe im Weißen Haus unter Bush wie eine Atombombe eingeschlagen.«[21]

Um seine erstaunliche Behauptung zu untermauern, lieferte Greer Dokumente, aus denen hervorgeht, dass er tatsächlich mit Prinz Hans-Adam in Verbindung stand und ihn im Juli 1994 in New York getroffen hatte. Ein Brief zeigt, dass Hans-Adam Greers Einschätzung der Mächte, die das UFO/Alien-Phänomen kontrollieren, zustimmte, jedoch der Ansicht war, dass Greer bei seinen Offenlegungsbemühungen kaum Erfolgschancen hätte. Der Brief beschreibt mögliche Wege, wie sie sich bald treffen könnten, und endet mit den Sätzen des Prinzen:

»Soweit ich weiß, ist Ihre Einschätzung in Bezug auf die Gruppe, die das von uns diskutierte Problem kontrolliert, richtig. Ich vermute, sie hat sehr gute Gründe, die Öffentlichkeit nicht zu informieren, und deshalb bin ich äußerst skeptisch hinsichtlich Ihrer Erfolgschancen.«[22]

Entgegen der Überzeugung von Prinz Hans-Adam, dass echte Außerirdische an der Entführung beteiligt waren, erklärte Greer, dass es sich tatsächlich um eine Inszenierung handelte, die den Zweck verfolgte, die Bemühungen der Vereinten Nationen zur Offenlegung der Wahrheit über außerirdisches Leben und Alien-Technologie zu blockieren. Er sagte, dass es bei der Konferenz auch um streng geheime Unternehmensprogramme ging, die biotechnisch hergestellte »Programmed Life Forms« (PLFs) verwendeten, die wie echte Außerirdische aussehen sollten. Und er sagte, dass die PLFs, die er im Gegensatz zu echten Außerirdischen als »Aliens« bezeichnete, bei vielen tausend Entführungsereignissen unter falscher Flagge eingesetzt wurden, um der Welt vorzugaukeln, dass eine Alien-Invasion unmittelbar bevorstehe.

Wurde Pérez de Cuéllar wirklich von Außerirdischen entführt, wie Prinz Hans Adam und andere Führer der Welt behauptet haben, oder wurde er einer »Alien«-Entführung unter falscher Flagge ausgesetzt, wie Steven Greer erklärt hat? Jedenfalls gibt es überzeugende Beweise dafür, dass Pérez de Cuéllar tatsächlich am 30. November 1989 gegen drei Uhr morgens Opfer einer UFO-Entführung wurde, wie auch seine beiden Leibwächter sowie eine Frau.

Budd Hopkins, ein angesehener UFO-Forscher, war der Erste, der den Entführungsfall Linda Napolitano (alias Linda Cortile) untersuchte.[23] Im Wesentlichen behauptet Napolitano, dass sie aus ihrem Schlafzimmerfenster im zwölften Stock hinausschwebte, nachdem drei Aliens in einem bläulich-weißen Lichtstrahl erschienen waren, der von einem großen leuchtenden UFO über ihrem Apartmentkomplex in Manhattan projiziert wurde. Sie wurde dann in das Alien-Fluggerät gebracht, wo verschiedene Experimente an ihr durchgeführt wurden.

Anfang Februar 1991 erhielt Hopkins einen Brief von zwei Männern mit den Vornamen Richard und Dan, die von sich behaupteten, Polizisten zu sein und die Entführung Napolitanos mit angesehen zu haben. Richard und Dan, die später als CIA-Agenten enttarnt wurden, fungierten als Leibwächter für eine nicht identifizierte VIP und saßen zwei Blocks entfernt in einem Auto. Sie erzählten Hopkins:

> »Zwei oder drei Blocks von unserem Standort entfernt schwebte ein ovales Objekt über dem Wohnhaus. Wir wussten nicht, woher es kam. Es ging zu schnell. Seine Lichter wechselten von einem leuchtend rötlichen Orange zu einem weißlichen Blau, das aus der Unterseite kam. Grüne Lichter drehten sich um den Rand der Untertasse. Ein kleines Mädchen oder eine kleine Frau in einem weißen Kleid segelte in einer fötalen Position aus dem Fenster – und stand dann in diesem Lichtstrahl aufrecht in der Luft. Ich konnte drei der hässlichsten Kreaturen sehen, die ich je gesehen habe. Ich weiß nicht, was sie waren. Sie waren keine Menschen. Ihre Köpfe waren überproportional, sehr große Köpfe ohne Haare. Diese Typen begleiteten sie in das Fluggerät. Mein Partner rief: ›Wir müssen sie kriegen!‹ Wir versuchten aus dem Auto auszusteigen, konnten es aber nicht. Nachdem die Frau ins Innere gebracht worden war, wurde das Oval wieder rötlich-orange und verschwand.«[24]

Ein dritter Zeuge trat auf, der die Entführung aus einer Entfernung von etwa vierhundert Metern von der Brooklyn Bridge aus sah. Die beiden Leibwächter identifizierten später die VIP, die sie begleitet hatten, als Pérez de Cuéllar. Hopkins behauptet, er hätte sich gleich mit de Cuéllar in Verbindung gesetzt, der ihm bestätigte, dass er die Entführung von Napolitano gesehen habe. Hopkins sagt, er habe sich mit de Cuéllar getroffen, der verlangte, dass seine Beteiligung an dem Vorfall vertraulich behandelt werde, trotz Hopkins' Versuch, ihn zu überreden, an die Öffentlichkeit zu gehen. Hopkins Untersuchung des Falles Napolitano ergab, dass es mindestens vier unmittelbare Zeugen für Napolitanos Alien-Entführung gab, darunter Pérez de Cuéllar. Bei seinen Ermittlungen stieg diese Zahl sogar auf dreiundzwanzig Zeugen an, die verschiedene Aspekte der Entführung beschrieben.[25]

Es gab also eine Entführung, die Pérez de Cuéllar miterlebte. Aber war er auch direkt beteiligt, wie Prinz Hans-Adam glaubte? Das Auto der beiden Leibwächter war während der Sichtung blockiert, sie konnten nicht aussteigen, was darauf hindeutet, dass es unter dem Einfluss des untertassenförmigen Flugobjekts stand. Einzelheiten aus dem Bericht von Prinz Hans-Adam an Greer deuten darauf hin, dass Napolitanos Entführung ungefähr zur gleichen Zeit stattfand, in der Pérez de Cuéllar selbst direkt in eine Entführung verwickelt war. Die plausibelste Erklärung ist, dass Pérez de Cuéllar an Bord des gleichen Flugobjekts gebracht wurde, auf das Napolitano gekommen war.

Wie Hopkins während seiner Ermittlungen erfuhr, hatte die Entführung von Napolitano eine starke emotionale Wirkung auf Pérez de Cuéllar und seine Leibwächter. Es ist leicht zu verstehen, warum Pérez de Cuéllar den Entführungsfall möglicherweise als Bedrohung und als Warnung interpretiert hat, den UFO-Offenlegungsplan der Vereinten Nationen nicht fortzusetzen. Das von Greer übermittelte Zeugnis von Prinz Hans-Adam wird in erheblichem Maß durch die beeindruckenden Beweise gestützt, die im Fall der Alien-Entführung von Linda Napolitano gesammelt wurden.

Wenn man darüber nachdenkt, ist es durchaus erstaunlich, dass ein geheimer Plan der Vereinten Nationen von 1989 für die Offenlegung außerirdischer Aktivitäten aufgrund einer direkten Drohung, die der UN-Generalsekretär Pérez de Cuéllar von angeblich außerirdischen

Besuchern erhielt, abgebrochen wurde. Aber egal, ob es echte außerirdische Besucher waren, die die Entführungen durchführten, oder Aliens (PLFs), die von einer Verschwörung transnationaler Einheiten geschaffen wurden und Alien-Entführungen unter falscher Flagge inszenierten, jedenfalls wollten sie nicht, dass die Menschheit die Wahrheit über außerirdische Besuche erfährt.

Die letzte Schlussfolgerung aus der dramatischen Beteiligung des UN-Generalsekretärs an einem vermeintlich außerirdischen Entführungsfall (wie von Prinz Hans-Adam mitgeteilt) ist, dass die über den Vorfall informierten UN-Mitgliedstaaten jetzt überzeugt waren, dass Außerirdische tatsächlich eine Bedrohung darstellten, so dass in diesem Punkt rasch ein breiter Konsens gefunden wurde. Reagans düstere Warnung an die UN-Generalversammlung im Jahr 1987 war nur zwei Jahre später von niemand Geringerem als dem UN-Generalsekretär dramatisch bestätigt worden.

Was haben die chinesische Delegation bei den Vereinten Nationen und Deng Xiaoping aus diesen erstaunlichen Ereignissen gemacht, bei denen 1989 Generalsekretär Javier Pérez de Cuéllar das Opfer war? Zweifellos waren sie höchst alarmiert und befürchteten amerikanische Tricks in Bezug auf das UFO-Problem.

Greers Einschätzung, dass Pérez de Cuéllars Entführung von einer mächtigen transnationalen Unternehmensgruppe inszeniert wurde, die außerirdische Angelegenheiten in westlichen Ländern kontrollierte, wurde von den Chinesen als durchaus denkbare Möglichkeit höchstwahrscheinlich geteilt. Die Chinesen waren sich bewusst, dass das Entführungsereignis vielleicht Teil einer bewussten UFO-Täuschung war, die vom Westen inszeniert wurde. Sie hielten sich folglich damit zurück, ihre Zustimmmung zu etwas zu geben, und warteten ab, was das Endspiel der UN-Verhandlungen erbrachte.

Während dieser Verhandlungen versprachen die USA, einige der Antigravitationstechnologien, die sie für interstellare Raumfahrzeuge entwickelten, mit den Chinesen zu teilen und den Aufbau eines Geheimen Weltraumprogramms zu ermöglichen, das unter der Schirmherrschaft der Vereinten Nationen stehen sollte – Goode zufolge der

»Global Galactic League of Nations«. Goode wies auch darauf hin, dass ein Hauptziel der Koordinierung, die zur Bildung des internationalen Geheimen Weltraumprogramms führte, ein Programm zur »Erhaltung der Arten« war, das auf einem möglichen Massenaussterben aufgrund der Sonnenaktivität beruhte:

> »Das Programm ›Erhaltung der Arten‹ [Continuity of Species = COS] wurde zusammen mit den Geheimen Weltraumprogrammen [GWPs] entwickelt. Jede Nation wurde angesprochen und von der bevorstehenden und überfälligen Mini-Nova unseres Sterns informiert. Jede Nation wurde gebeten, einen Prozentsatz ihres BIP für diese Programme zuzusagen, um die Kultur und das genetische Erbe ihres Landes zu bewahren. Das COS-Programm bestand darin, unterirdische Stützpunkte auf der ganzen Erde sowie auf Planeten und Monden unseres Sonnensystems und jedem der dreizehn Sterne zu errichten, die unserem eigenen am nächsten liegen. In jeder geplanten COS-Basis sollten sich Menschen aller Nationen befinden, um das Überleben ihrer nationalen Geschichte und genetischen Linien zu gewährleisten.
>
> Als dieses Programm wuchs und die USA, die UdSSR und China mehr Anlagen in den Weltraum brachten, wurde die Global Galactic League of Nations [Globaler Galaktischer Bund der Nationen] gegründet. Ein Großteil davon arbeitet auf der GWP-Ebene des MIC [Military Industrial Complex = Militärisch-Industrieller Komplex] und verzweigt sich dann in all die Abteilungen der anderen Weltraumprogramme. Es gibt verschiedene Grade und Schichten dieses Programms, die technologisch weiter fortgeschritten sind, je nachdem, mit welchen GWPs ein Teilnehmer am COS-Programm zu tun hat und auf welcher Ebene sie dem COS-Programm zugeordnet sind.«[26]

Die von Reagan und Bush bereitgestellten Informationen in dieser kritischen Phase außerirdischer Bedrohungen und eines möglichen Massenaussterbens bei einer Mikronova sind sicherlich von Deng und anderen chinesischen Führern mit großem Misstrauen betrachtet worden. Dennoch erkannten sie sofort die Gelegenheit, sich über die

Technologien zu informieren, die die USA, Russland und andere große Nationen heimlich für den Weltraum entwickelten.

Tsien Hsue-shens Kenntnis der Nachbau-Arbeiten der U.S. (Army) Air Force aus dem Jahr 1945 waren für Deng und die chinesischen Staats- und Regierungschefs möglicherweise von unschätzbarem Wert, um die richtigen Schlussfolgerungen zu ziehen, was die USA in der Zwischenzeit wirklich entwickelt hatten und was sie derzeit bereit waren, mit anderen Nationen durch das angebliche COS-Programm zu teilen. Die Behauptungen von Bushman und Goode, chinesische Wissenschaftler hätten in Area 51 gearbeitet, um den Amerikanern dabei zu helfen, erbeutete außerirdische Raumschiffe nachzubauen, bestätigen, dass China am Ende zugestimmt hat, beim Aufbau eines von den Vereinten Nationen geführten GWPs mitzuarbeiten.

Zusätzlich zu Goodes Behauptungen eines internationalen GWPs, das fähig zu interstellaren Reisen ist, haben sich seitdem zwei weitere Whistleblower gemeldet, um die Existenz eines solchen Programms zu bestätigen. Anfang 2019 veröffentlichte die Emmy-Preisträgerin und investigative Journalistin Linda Moulton Howe beeindruckende Videoaussagen von zwei anonymen Insidern/Whistleblowern der Navy über eine multinationale GWP-Koalition mit Stützpunkten in der Antarktis, auf dem Mond, dem Mars und sogar außerhalb unseres Sonnensystems. Howe hat deren Identitäten nicht bekannt gegeben und stattdessen die Pseudonyme Spartan 1 und Spartan 2 verwendet und in ihren Interviews entsprechende Hintergrundbeleuchtung und Stimmverzerrer eingesetzt. Howe hat durch offizielle Unterlagen, die ihr von den Whistleblowern zur Verfügung gestellt wurden, bestätigt, dass Spartan 1 von 1984 bis 2004 als U.S. Navy Seal diente, bis er im Rang eines Commanders in den Ruhestand trat, und dass Spartan 2 von 1992 bis 2016 für das U.S. Marine Corps, das dem Department of the Navy (DON) untersteht, als Geheimdienstspezialist tätig war.

Spartan 1 teilte sein Wissen über die Existenz einer Koalition großer Nationen mit, die seinerzeit den Antarktisvertrag unterzeichneten und ein GWP außerhalb der Antarktis betreiben. Er sagte: »Diese Koalition, über die ich spreche, besteht aus Großbritannien, den Vereinigten

Staaten, Frankreich, Deutschland, Kanada, Russland. Seit fünfundzwanzig Jahren gibt es eine Raumflotte.«[27] Der Ursprung der Koalition reicht zurück bis 1994, nur drei Jahre nach der offiziellen Auflösung des Warschauer Pakts und der Sowjetunion. Angesichts der Tatsache, dass China am 8. Juni 1983 den Antarktisvertrag ratifiziert hat und daher als Großmacht bei der Bildung dieser internationalen Koalition dabei war, kann man zu dem Schluss kommen, dass China zu den Gründungsmitgliedern der Koalition gehört.

Spartan 2, der ebenfalls ein Spezialist ist, aber beim U.S. Marine Corps arbeitet, kontaktierte Howe am 22. März 2017 zum ersten Mal per E-Mail und schrieb: »Die Antarktis enthält Wunder, die über das hinausgehen, was die meisten verstehen können. Sie hat unglaubliche Verbindungen zu Weltraum und Technologie.«[28] Er verriet, dass er im letzten Jahrzehnt beim US-amerikanischen Cyber Command gearbeitet hat, dessen Büro im achten Stock für die internationale Allianz und den interstellaren Handel außerhalb der Antarktis verantwortlich ist.

Bezeichnenderweise fällt Tsien Hsue-shens Wiedererlangung eines hohen Status innerhalb des wissenschaftlichen Establishments Chinas nach den Tiananmen-Protesten von 1989 damit zusammen, dass die USA chinesischen Wissenschaftlern Zugang zu Area 51 und anderen Geheimnissen gewährten, die mit der Bildung des internationalen Geheimen Weltraumprogramms der UN verbunden sind.

Zweifellos beriet Tsien Deng und andere chinesische Führer seit dieser Zeit in Bezug auf die früheren Nachbau-Bemühungen der USA und ihren wahrscheinlichen Erfolg bei der Entwicklung interplanetarischer und sogar interstellarer Raumschiffe. Angesichts der Bedeutung der Errungenschaften der USA beim Nachbau von Alien-Technologien und der Entwicklung interstellarer Reisen für eine internationale Allianz entschieden sich Chinas Führer für die Teilnahme an dem von den Vereinten Nationen durchgeführten Programm, um herauszufinden, welche Geheimnisse die USA zu teilen bereit waren.

Als die USA chinesischen und anderen internationalen Wissenschaftlern Zugang zu Area 51 und zum Nachbau von Alien-Raumschiffen gewährte, um Reagans außerirdisches Bedrohungsszenario und ein mögliches Artensterben durch die Sonnenaktivität zu bewältigen, ergab sich jedoch ein großes Problem. Amerika erwartete, dass China sich revanchierte, indem es ihm seine eigene umfangreiche historische Datenbank über außerirdische Kontakte und Technologien zur Verfügung stellte. Wie Goode erklärt, hatte China aber sehr wohl begriffen, dass die USA nur deshalb einige ihrer außerirdischen Technologiegeheimnisse mit anderen Nationen geteilt hatten, um an die streng gehüteten Geheimnissen dieser Nationen heranzukommen. Angesichts des jahrzehntelangen technologischen Vorsprungs und der Erfahrung US-amerikanischer Wissenschaftler beim Studium und Verstehen solcher fremdartigen Technologien ist es daher sehr zweifelhaft, dass China den Amerikanern jemals Zugang zu seinen eigenen Daten gewährte. Zu jener Zeit war das für China ein sehr heikles Thema, denn die USA waren besser positioniert, um einen Vorteil aus den möglichen Anwendungen der exotischen Technologien zu ziehen, die von chinesischen Wissenschaftlern noch nicht verstanden wurden.

Vielleicht gab es einen Konflikt über das Ausmaß, in dem China den USA den Zugang zu seiner Schatztruhe außerirdischer Technologiegeheimnisse ermöglichen sollte? Jedenfalls könnte das die paradoxe Situation erklären, die sich bald durch den öffentlichen Start des Programms der Internationalen Raumstation (ISS) im Jahr 1998 ergab. Obwohl China bei Nachbau-Projekten in Area 51 und dem von den Vereinten Nationen geführten internationalen Geheimen Weltraumprogramm – dem Globalen Galaktischen Bund der Nationen – beteiligt war, wurde ihm die Teilnahme an der ISS verweigert, eine Situation, die bis heute anhält. Auf diese paradoxe Situation befragt, antwortete Corey Goode, dass die ISS niemals Teil des Programms zur Erhaltung der Arten war und dass diese beiden internationalen Programme auf unterschiedlichen Ebenen operieren.[29]

Während der Zeit der geheimen diplomatischen Verhandlungen, die in der Gründung der von den Vereinten Nationen geführten GWP gipfelten, war es für die chinesischen Staats- und Regierungschefs ratsam, Tsien, ihrem erfahrensten Wissenschaftler, der mit außerirdischen Technologien und den US-amerikanischen Nachbau-Bemühungen vertraut war, die notwendige Finanzierung und Unterstützung zu geben, die er für die Gründung eines parallelen chinesischen GWP benötigte. Folglich wurden nun ähnliche exotische Antriebstechnologien wie die, die Amerika an die Nationen des UN-geführten GWPs weitergab, in abgelegenen chinesischen wissenschaftlichen Einrichtungen unter Tsiens fachkundiger Anleitung verdeckt entwickelt.

Anmerkungen

1 Siehe Jin Xiaoming, »The China-U.S. Relationship in Science and Technology«, p. 28; online verfügbar unter https://tinyurl.com/w5w8zpu (aufgerufen am 12.11.2019)

2 Ebd., p. 6.

3 Ebd., p. 6.

4 »Transcript Of Classified Tape Recording Made At Camp David, Maryland: During A Presidential Briefing«, http://www.bibliotecapleyades.net/sociopolitica/serpo/information27a.htm (aufgerufen am 8.8.2015). – Einen ähnlichen Artikel finden Sie unter Steve Hammons, »Alleged Briefing to President Reagan on UFOs«, http://www.bibliotecapleyades.net/exopolitica/exopolitics_reagan01.htm (aufgerufen am 6.8.2015)

5 Ronald Reagan, »Remarks to the Students and Faculty at Fallston High School in Fallston, Maryland«, http://www.reagan.utexas.edu/archives/speeches/1984/120485a.htm (aufgerufen am 6.8.2015)

6 A. Hovni, »The Shocking Truth: Ronald Reagan's Obsession With An Alien Invasion«, http://www.ufoevidence.org/documents/doc1523.htm (aufgerufen am 6.8.2015)

7 Reagan Library, »President Reagan and Nancy Reagan visit the Terra Cotta Warriors in Xi'an on April 29, 1984«, https://youtu.be/bkGHIBrLGBk (aufgerufen am 4.12.2019)

8 Charlotte Saikowski, »Reagan, Deng build diplomatic bridge«, https://www.csmonitor.com/1984/0430/043022.html (aufgerufen am 28.11.19)

9 Wendelle Stevens und Paul Dong beschreiben chinesische Ansichten über das UFO-Phänomen als einen westlichen Trick in *UFO's Over Modern China*; UFO Photo Archives 1983; p. 30.

10 Ronald Reagan, »Address to the 42nd Session of the United Nations General Assembly in New York, New York«, http://www.reagan.utexas.edu/archives/speeches/1987/092187b.htm (aufgerufen am 5.8.2015)

11 »Ronald Reagan: The Alien Threat«, http://www.bibliotecapleyades.net/exopolitica/exopolitics_reagan03.htm (aufgerufen am 5.8.2015)

12 »›Often Wondered‹ About Outer Space Invaders: Reagan«, *Los Angeles Times*, http://articles.latimes.com/1988-05-04/news/mn-2223_1_outer-space/ (aufgerufen am 6.8.2015)

13 Victor Marchetti in *The Spotlight* vom 14. August 1978.

14 Siehe Justia-Patente, https://patents.justia.com/inventor/boyd-b-bushman (aufgerufen am 12.11.2019)

15 »Area 51 Scientist's Deathbed Confession – Boyd Bushman«, https://youtu.be/bqQArKpA5ZQ?t=1468 (aufgerufen am 28.11.2019)

16 Cosmic Disclosure, »Boyd Bushman's Deathbed Testimonial«, https://www.gaia.com/video/boyd-bushman-s-deathbed-testimonial (aufgerufen am 28.11.2019)

17 Ebd.

18 Siehe Michael E. Salla, *Geheime Weltraumprogramme & Allianzen mit Außerirdischen*, AMRA Verlag, Hanau 2018; US-Ausgabe pgs. 209-210.

19 Ebd.; US-Ausgabe pgs. 197-210.

20 Siehe Steven Greer, »How the Secret Government Works«, https://youtu.be/oHxGQjirV-c?t=9449 (aufgerufen am 29.11.2019)

21 Ebd.

22 Der Brief ist online verfügbar unter https://tinyurl.com/qrsjwwz (aufgerufen am 29.11.2019)

23 Siehe »The Manhattan Abduction (Linda Cortile Napolitano)«, https://www.ufocaseBook.com/Manhattan.html (aufgerufen am 29.11.2019)

24 Ebd.

25 Siehe »The Witnesses«, http://www.lindacortilecase.com/the-witnesses.html (aufgerufen am 29.11.2019)

26 Persönliche eMail von Corey Goode am 20.12.2019.

27 Siehe Michael E. Salla, »Navy Insiders Corroborate Secret Antarctic Space Fleet & Mission to Oumuamua«, https://tinyurl.com/y3fk4rm6 (aufgerufen am 29.11.2019)

28 Ebd.

29 eMail-Korrespondenz mit Corey Goode am 20.12.2019.

14 Tsiens Plan für ein Geheimes Weltraumprogramm wird für China zur obersten Priorität

Seien Sie bis zur Formlosigkeit äußerst subtil. Seien Sie extrem mysteriös bis hin zur Lautlosigkeit. Dadurch können Sie der Regisseur des Schicksals des Gegners sein.

– Sun Tzu, Die Kunst des Krieges –

Nach vielen gescheiterten Versuchen einer ökonomischen Entwicklungspolitik erreichte China in den späten 1980er Jahren den Punkt, an dem es über eine ausreichend große wirtschaftliche und industrielle Basis verfügte, um mit der Umsetzung von Tsiens Forschungs- und Entwicklungsplan für exotisch angetriebene Raumfahrzeuge zu beginnen. In den folgenden Jahrzehnten entwickelte Tsien mit anderen Wissenschaftlern Chinas verdecktes Weltraumprogramm, um seine sorgfältig ausgearbeitete Vision zu verwirklichen. Zum Vergleich: Ab 1945, als die USAF erhebliche Mittel für die Forschung und Entwicklung von Technologien für Fliegende Untertassen bereitstellte, dauerte es über zwei Jahrzehnte, nämlich bis Ende der 1960er und Anfang der 1970er Jahre, bevor nachgebaute Raumschiffe für den Weltraumbetrieb eingesetzt wurden.[1]

Die Gründung der China Aerospace Science and Technology Corporation (CASC) im Jahr 1989, die auf Tsiens ursprüngliche Fünfte Akademie zurückgeht, war Teil einer Modernisierungsmaßnahme, die schließlich Tsiens langfristigen Plan ermöglichte.

Ein entscheidender Schritt war die Bildung eines hochrangigen Wissenschafts- und Technologieausschusses innerhalb der Kommission für Wissenschaft, Technologie und Industrie für nationale Verteidigung, der 1982 als chinesische Version der US-amerikanischen Agentur für fortgeschrittene Verteidigungsforschungsprojekte (DARPA) gegründet worden war. Die Kommission hatte direkte Kontrolle über Chinas Weltraumprogramm und beschäftigte mehrere staatliche Unternehmen, darunter CASC, die Leistungen auf Vertragsbasis erbrachten. Tsien wurde zum stellvertretenden Direktor der Kommission ernannt, bis er 1987 aus Altersgründen zurücktrat und eine Position als Senior Consultant annahm. Dies ermöglichte es ihm, administrative Aufgaben aufzugeben und sich ausschließlich auf Forschung und Entwicklung zu konzentrieren.

Im August 1992, ein Jahr nach seinem offiziellen Rücktritt, trat Tsien als »hochrangiger Berater« dem Wissenschafts- und Technologieausschuss der Kommission wieder bei, um seine Ideen künftiger Innovationen für Chinas Weltraumprogramm auch weiterhin umzusetzen. Ein veröffentlichtes CIA-Dokument bestätigt die Ernennung Tsiens und anderer Spitzenwissenschaftler in das Komitee, das für die Entwicklung von Forschungs- und Entwicklungsplänen für Chinas nationale Verteidigung zuständig ist, zu denen natürlich auch Weltraumoperationen gehören. Das Dokument ist ein Beweis dafür, dass Tsien nach seiner offiziellen Pensionierung bis zu seinem Tod im Jahr 2009 noch jahrelang heimlich für die chinesische Volksbefreiungsarmee arbeitete:

> »QIAN XUESEN [chinesische Schreibweise für Tsien Hsue-shen], STELLVERTRETENDER VORSITZENDER DER POLITISCHEN KONSULTATIVKONFERENZ DES CHINESISCHEN VOLKES, UND EINUNDDREISSIG ANDERE WISSENSCHAFTLER UND TECHNIKER AKZEPTIEREN OFFIZIELL DEN EINTRITT IN DIE HÖCHSTE BERATERGRUPPE FÜR NATIONALE VERTEIDIGUNGSWISSENSCHAFT UND TECHNOLOGIE, DAS KOMITEE FÜR WISSENSCHAFT UND TECHNOLOGIE DER KOMMISSION FÜR WISSENSCHAFT, TECHNOLOGIE UND INDUSTRIE DER NATIONALEN VERTEIDIGUNG.
>
> DIES IST DAS ERSTE MAL, DASS DIE KOMMISSION DIE MITGLIEDER DES AUSSCHUSSES FÜR WISSENSCHAFT UND TECHNOLOGIE

UM BERATUNG UND MITWIRKUNG BITTET. QIAN XUESEN WURDE ALS HOCHRANGIGER BERATER EINGESETZT UND CHEN FANGYUN, EIN SPEZIALIST FÜR ELEKTRONIK, DER PHYSIKER CHENG KAIJIA SOWIE DER COMPUTERWISSENSCHAFTLER CI YUNZHU WURDEN ALS BERATER AUSGEWÄHLT. DIESE PERSONEN HABEN WICHTIGE BEITRÄGE ZUR ENTWICKLUNG VON CHINAS TRÄGERRAKETEN, SATELLITEN, FERNLENKGESCHOSSEN, ATOMBOMBEN, SUPERCOMPUTERN UND ANDEREN ERRUNGENSCHAFTEN IN WISSENSCHAFT UND TECHNOLOGIE GELEISTET. NOCH ACHTUNDZWANZIG WEITERE EXPERTEN WURDEN ENGAGIERT UND AUS ÜBER ZWANZIG WISSENSCHAFTS- UND TECHNOLOGIE-ORGANISATIONEN SOWOHL IM MILITÄR ALS AUCH AUSSERHALB DAVON AUSGEWÄHLT.«[2]

Aus dem CIA-Dokument geht hervor, dass Tsien zu einem »hochrangigen Berater« ernannt wurde, andere Wissenschaftler wurden »Assistenten«. In der Technologiebranche arbeitet ein »Berater« an spezifischen Problemen, auf die eine Organisation stößt, während Assistenten den Führungskräften der Organisation Optionen für die Zukunft anbieten.[3] Diese Unterscheidung zeigt, dass Tsien eine aktive Führungsrolle hinsichtlich der Lösung spezifischer Probleme bei Projekten der fortgeschrittenen Luft- und Raumfahrttechnik des Wissenschafts- und Technologieausschusses der Volksbefreiungsarmee (VBA) spielte. Der Status »hochrangig«, der mit seiner Position als »Berater« verbunden war, bedeutete, dass er eine sehr hohe, wenn nicht gar die höchste Sicherheitsklassifizierung in der VBA innehatte. Somit hatte Tsien direkten Zugang zu den sichersten Einrichtungen der VBA, um an spezifischen Problemen zu arbeiten, die beim Nachbau von amerikanischen, russischen und antiken oder außerirdischen Technologien auftreten.

Es ist wichtig, darauf hinzuweisen, dass Tsiens erneute Benennung in den Wissenschafts- und Technologie-Ausschuss im Jahr 1992 mit der Teilnahme chinesischer Wissenschaftler am internationalen Weltraumprogramm der Vereinten Nationen zusammenfiel, das am Ende des Kalten Krieges begann. Dies führte eindeutig zu Fragen der Wissenschaft und Technologie auf höchstem Niveau, und alarmierte die nationalen Sicherheitsbedenken Chinas, wobei nun Hilfe von außerhalb der Nationalen Verteidigungskommission der VBA erforderlich wurde. Das CIA-Dokument liefert die Bestätigung: »Dies ist das erste Mal, dass die Kommission die Mitglieder des Ausschusses für Wissenschaft und Technologie um Beratung und Mitwirkung bittet.«[4]

Chinesische Wissenschaftler wurden zu Area 51 geschickt, um an Nachbau-Projekten mitzuwirken, sowie zu geheimen Stützpunkten außerhalb der Erde gebracht, um an Überlebensstrategien für ein mögliches Alien-Invasionsszenario oder ein Massenaussterben der Menschen auf der Erde zu arbeiten. Der Wissenschafts- und Technologieausschuss befand sich also an der Spitze militärwissenschaftlicher Institutionen, die die chinesischen Regierungsbehörden berieten, wie auf immer komplexere Probleme im Zusammenhang mit dem Weltraum, außerirdischen Technologien und nachgebauten Raumfahrzeugen am besten reagiert werden kann.

Der Wissenschafts- und Technologieausschuss der VBA sollte eine ganz ähnliche Rolle spielen wie das Scientific Advisory Board, das eingerichtet wurde, um die U.S. Air Force in Bezug auf Forschung und Entwicklung für erbeutete Untertassentechnologie zu beraten. Tsien war von 1944 bis 1949 Mitglied dieses Gremiums gewesen sowie seines Vorläufers, der Scientific Advisory Group, die für die Entwicklung der langfristigen Pläne der U.S. Air Force für den Nachbau von erbeuteten außerirdischen und Nazi-Untertassen verantwortlich war.

Auf der Grundlage seines umfassenden Wissens über die Ziele, welche die U.S. Air Force zur Erstellung eines langfristigen Forschungs- und Entwicklungsplans für Fluggeräte der Luft- und Raumfahrt unter Verwendung exotischer Antriebssysteme umgesetzt hatte, half Tsien dem Wissenschafts- und Technologieausschuss innerhalb der Kommission für Wissenschaft, Technologie und Industrie für nationale Verteidigung dabei, das Gleiche auch in China einzuführen.

Durch seine Ernennung zum »hochrangigen Berater« verbrachte er viel Zeit damit, Probleme im Zusammenhang mit der Umsetzung seines jahrzehntelangen Plans der Forschung und Entwicklung für das chinesische Geheime Weltraumprogramm zu lösen.

Approved For Release 2000/08/09 : CIA-RDP96-00792R000200250003-6

UNCLASSIFIED

SG1J

SEQUENCE NR: CSB88522816 USER-[redacted] ID: 09651-92AUG13/09.51.33/A01

TITLE:	FAMOUS CHINESE SCIENTISTS ARE ENGAGED AS CONSULTANTS AND BRAIN TRUST FOR DEFENSE SCIENCE AND TECHNOLOGY COMMITTEE
DOC REF:	HANG K'UNG CHIH SHIH (AERONAUTICAL KNOWLEDGE) (HKCSA), 88, NR 9(210), 2
INF CTY:	PEOPLES REPUBLIC OF CHINA (CH)
INF DATE:	880707
COSATI:	MILITARY SCIENCES (15); BEHAVIORAL AND SOCIAL SCIENCES (05)
CLASSIF:	UNCLASSIFIED
RELEASE:	NONE (XX)

TEXT: EXTRACT.

QIAN XUESEN, DEPUTY CHAIRMAN OF THE CHINESE PEOPLE'S POLITICAL CONSULTATIVE CONFERENCE, AND 31 OTHER SCIENTISTS AND TECHNICIANS, FORMALLY ACCEPTED ENTRY INTO THE NATIONAL DEFENSE SCIENCE AND TECHNOLOGY HIGH LEVEL BRAIN TRUST, THE SCIENCE AND TECHNOLOGY COMMITTEE OF THE COMMISSION OF SCIENCE, TECHNOLOGY AND INDUSTRY FOR NATIONAL DEFENSE.

THIS IS THE FIRST TIME THE COMMISSION HAS SOUGHT SCIENCE AND TECHNOLOGY COMMITTEE CONSULTING AND CONCURRENT COMMITTEE MEMBERS. QIAN XUESEN WAS ENGAGED AS A HIGH LEVEL CONSULTANT AND CHEN FANGYUN, AN ELECTRONIC TECHNOLOGY SCIENTIST, CHENG KAIJIA, PHYSICIST, AND COMPUTER SCIENTIST CI YUNZHU WERE SELECTED AS ADVISERS. THESE PERSONS HAVE ALSO MADE MAJOR CONTRIBUTIONS TO THE DEVELOPMENT OF CHINA'S CARRIER ROCKET, SATELLITES, MISSILES, ATOMIC BOMB, SUPERCOMPUTER AND OTHER SCIENCE AND TECHNOLOGY ACHIEVEMENTS. TWENTY EIGHT OTHER EXPERTS WERE ALSO ENGAGED, SELECTED FROM OVER 20 SCIENCE AND TECHNOLOGY ORGANIZATIONS BOTH IN THE MILITARY AND OUTSIDE THE MILITARY.

PFN INFORMATION: PART 001

RELATES:	HENGGAO DING, SHAOZU WU, XUESEN QIAN, FANGYUN CHEN AND KAIJIA CHENG ARE MEMBERS OF DEFENCE SCIENCE AND TECHNOLOGY COMMITTEE.
PERSON:	DING, HENGGAO
PROTITLE:	CHIEF, CONSULTANT
PERS CTY:	PEOPLES REPUBLIC OF CHINA (CH)
PERSON:	WU, SHAOZU
PROTITLE:	CHIEF, CONSULTANT
PERS CTY:	PEOPLES REPUBLIC OF CHINA (CH)
PERSON:	QIAN, XUESEN

UNCLASSIFIED PAGE 29

Approved For Release 2000/08/09 : CIA-RDP96-00792R000200250003-6

Abb. 25. CIA-Dokument zur Bestätigung von Tsiens Ernennung in den VBA-Ausschuss für Wissenschaft und Technologie im Jahr 1992

Eine der Schlüsselkomponenten der gefundenen Fliegenden Untertassen, an denen Tsien als Assistent von Kármáns und des Wissenschaftlichen Beirats gearbeitet hatte, war das Befehls- und Kontrollsystem des Raumschiffs. Es wurde festgestellt, dass dieses integrierte System die Physiologie des Piloten über eine Handkonsole direkt mit dem Flugobjekt verband. In einem technischen Bericht, der im durchgesickerten *White Hot Report* (in Kapitel 3 besprochen) enthalten ist, erklärt von Kármán dieses einzigartige System:

> »Die vom Raumschiff entfernten Paneele ähneln denen an der Besatzung, was auf eine symbiotische Beziehung zwischen dem Bediener und den Operationen des Aerodyn hinweist. Als sehr vorläufige Arbeitshypothese wurde von den wissenschaftlichen Mitgliedern des Inspektionsteams zum Ausdruck gebracht, dass die Interaktion zwischen Pilot und Aerodyn über elektronische nonverbale Symbole erfolgen könnte, die durch taktile Manipulation der Finger wahrgenommen werden und Impulse an das Gehirn senden und umgekehrt.«[5]

Kurz gesagt: Die Gedanken und Befehle des Piloten wurden über seine Hände weitergeleitet, die auf einer Konsole platziert waren, die alles unmittelbar in die Steuerungssysteme des Flugobjekts einspeiste. Tsien ging dieses Problem in seinen Forschungen zur »Somatischen Wissenschaft« Ende der 1980er Jahre direkt an. Die Bedeutung der »Somatischen Wissenschaft« wird in einer Einleitung deutlich, die Tsien für die erste Ausgabe des *Chinese Journal of Somatic Science* schrieb:

> »Forschungen in der Somatischen Wissenschaft könnten im einundzwanzigsten Jahrhundert zu einer neuen wissenschaftlichen Revolution führen … einer größeren Revolution als die der Quantenphysik und der Relativitätstheorie im zwanzigsten Jahrhundert.[6]

Tsiens Ansatz zur Somatischen Wissenschaft wurde in einem CIA-Dokument mit handschriftlichen Notizen wie folgt zusammengefasst:

- »Die einzige Methode, die zur Bearbeitung eines komplexen Großsystems verwendet werden kann, ist diejenige, die von den chinesischen Systemwissenschaftlern unter Leitung des Genossen Qian Xuelin [Tsien Hsue-shen] auf der Grundlage der tatsächlichen Praxis verfeinert, verallgemeinert und abstrahiert wurde. Dies ist die umfassende integrierte Methode, die qualitative und quantitative Methoden kombiniert. Unter Leitung des Genossen Qian Xuelin [Tsien] haben die Arbeiter der chinesischen Systemwissenschaften die umfassende Integrationsmethode, die eine Kombination aus dem Objektiven und dem Subjektiven ist, für das Studium des offenen, komplexen Großsystems des menschlichen Körpers entwickelt und ihre Wirksamkeit bewiesen.
- Er hat den Fortschritt der Somatischen Wissenschaft die ganze Zeit über verfolgt und eine Anzahl Arbeiten über eine Reihe von Theorien und Methoden der Somatischen Wissenschaft veröffentlicht. Dies hat eine Schlüsselrolle bei der Förderung der Studien in der Somatischen Wissenschaft gespielt.«[7]

Im Jahr 1988 gab Tsien das Buch *On Somatic Science* (»Über Somatische Wissenschaft«, nicht auf Deutsch erschienen) heraus, das von der VBA veröffentlicht wurde, und 1990 wurde er Ehrenratsvorsitzender der China Association of Somatic Science.[8]

Tsiens öffentliches Interesse an der Somatischen Wissenschaft und verwandten paranormalen Themen wie Telepathie, Telekinese, Hellsehen, Qigong und UFOs verblüffte seine wissenschaftlichen Kollegen. Viele glaubten, dass dies seinen sonst so hervorragenden wissenschaftlichen Ruf schmälerte, wie seine Biografin Iris Chang erklärt:

> »Tsien wurde so etwas wie ein Universaldilettant. Während der späten 1970er und 1980er Jahre … schien es kein Thema zu geben, zu dem Tsien keine Meinung hatte … Er drängte darauf, dass UFO-Studien in den Unterricht der Geowissenschaften aufgenommen werden sollten …
>
> Nichts an Tsiens Propaganda-Reden überraschte irgendjemanden, außer wenn sie den Bereich des Paranormalen berührten.

> Im Jahr 1979 bezog Tsien Stellung zum kontroversen Thema der ASW [Außersinnlichen Wahrnehmung], das damals in ganz China heiß diskutiert wurde. Die Kontroverse begann, als ein zwölfjähriger Junge ... behauptete, er könne Worte auf einem Stück Papier lesen, das er sich hinter die Ohren gelegt hatte ... Plötzlich entdeckten Menschen in ganz China, dass auch sie über ASW verfügten ... In einem Artikel für die Zeitschrift *Science and Technology* wies Tsien darauf hin, dass fast tausend weitere Teenager mit ASW in China aufgetaucht waren ... Er forderte die Regierung auf, mehr Ressourcen für die Erforschung des Gehirns bereitzustellen, damit mehr über ASW, Qigong und Akupunktur gelernt werden könne. Diese Studie, verkündete Tsien, könnte der nächste große Durchbruch in der Wissenschaft sein.«[9]

Ähnlich schrieb Dwayne Day, ein Journalist für *Space Review*:

> »Tsien interessierte sich auch für Pseudowissenschaften, darunter UFOs und außersinnliche Wahrnehmung. Der Luftfahrttheoretiker war zum politischen und wissenschaftlichen Mystizismus übergegangen.«[10]

Was Chang, Day und andere Kritiker nicht mit einbezogen, war Tsiens frühe Begegnung mit der Fliegenden Untertasse von Roswell, bei der die Physiologie des Piloten und paranormale Fähigkeiten wie Telepathie, Telekinese und Ähnliches mehr als integraler Bestandteil für den Betrieb des Raumschiffs entdeckt wurden.

Tsien wusste, dass Chinas aufstrebende Raumfahrtindustrie die Somatische Wissenschaft einbeziehen musste, um sich auf die Zukunft vorzubereiten, aber er konnte die wahren Gründe, warum dies notwendig war, nie öffentlich preisgeben. Der Grund war, dass Außerirdische ihre exotisch angetriebenen Raumschiffe mithilfe der Somatischen Wissenschaft durch verschiedene Sternensysteme navigierten, und die Menschheit würde dasselbe tun müssen, um über unser Sonnensystem hinaus zu reisen. Jahrzehntelang war Tsien wegen seines Wissens aus erster Hand über Fliegende Untertassen, die in US-Militärprogrammen untersucht wurden, von den Führern der Kommunistischen Partei wie auch von seinen wissenschaftlichen Kollegen mit erheblicher Skepsis betrachtet worden. Dennoch hielt er daran fest, dass Chinas aufstrebendes Weltraumprogramm solche Erkenntnisse integrieren sollte, wenn die richtige Zeit gekommen war.

Tsiens wiederholte Benennungen 1982, 1987 und 1992 in das Wissenschafts- und Technologiekomitee, das für die Einführung von Innovationen in Chinas Weltraumprogramm verantwortlich war, macht zweifelsfrei deutlich, dass Tsien kein Dilettant war. Vielmehr stand er an der Spitze einer neuen wissenschaftlichen Revolution, die mit der Quantenphysik und der Relativitätstheorie rivalisierte. Chinas Geheimes Weltraumprogramm sollte bald Piloten beschäftigen, die darauf trainiert wurden, verbesserte psychische Fähigkeiten als integralen Bestandteil des Betriebssystems von Raumschiffen zu nutzen.

Anmerkungen

1 Siehe Michael E. Salla, *Die Geheime Geschichte der U.S. Space Force*, AMRA Verlag, Hanau 2021; US-Ausgabe pgs. 245-66.

2 CIA-Dokument, zur Veröffentlichung freigegeben am 8. September 2000; https://tinyurl.com/vqa3862 (aufgerufen am 4.12.2019)

3 Siehe Christopher Isak, »The Difference between Consultants and Advisors«, https://techacute.com/difference-between-consultants-and-advisors/ (aufgerufen am 21.12.2019)

4 CIA-Dokument, zur Veröffentlichung freigegeben am 8. September 2000; https://tinyurl.com/vqa3862 (aufgerufen am 4.12.2019)

5 »Twining's ›White Hot‹ Report: Mission Assessment of Recovered Lenticular Aerodyne Objects«, http://majesticdocuments.com/pdf/twining_whitehotreport.pdf (aufgerufen am 2.11.2019)

6 CIA, »Parapsychological Research in the People's Republic of China«, https://tinyurl.com/v53ye5r (aufgerufen am 2.11.2019)

7 CIA, https://www.cia.gov/library/readingroom/docs/CIA-RDP96-0792R000200230001-0.pdf (aufgerufen am 11.2.2020).

8 »A Brief Introduction to the Chinese Academy of Somatic Science«, https://tinyurl.com/wcoh67k (aufgerufen am 2.11.2019)

9 Iris Chang, *Thread of the Silkworm*, pgs. 255-56.

10 Dwayne Day, »A Dragon in Winter«, http://www.thespacereview.com/article/1035/1 (aufgerufen am 2.11.2019)

15 Chinas Geheimes Weltraumprogramm heute

Chinesische UFO-Wissenschaftler haben unabhängig voneinander und auch gemeinsam mit anderen Wissenschaftlern und Erfindern an Entwürfen, Experimenten sowie der Herstellung von Dutzenden hochleistungsfähiger scheibenförmiger Artefakte mit komplett neuen Antriebssystemen gearbeitet.

– Dr. Sun Shili, ehemaliger Wirtschaftsprofessor und chinesischer Diplomat –

Es gibt Dutzende von Personen, die öffentlich behaupten, in verschiedenen Geheimen Weltraumprogrammen der USA, multinationaler Konzerne oder einer abtrünnigen deutschen Kolonie in der Antarktis gearbeitet zu haben, und über einige von ihnen habe ich bereits ausführlich in früheren Büchern dieser Reihe über Geheime Weltraumprogramme geschrieben. Erstaunlicherweise gibt es jedoch keine einzige Person, die zugibt, an einem Geheimen Weltraumprogramm Chinas teilgenommen zu haben. Das ist nicht weiter überraschend, weil das kommunistische China extrem streng mit seinen Whistleblowern umgeht. Die Verfolgung, Inhaftierung oder Hinrichtung von Whistleblowern sowie deren Familienmitgliedern ist bekanntlich Teil des staatlichen Systems der Abschreckung, um solche Informationslecks zu verhindern. Dennoch wissen wir aus dem in diesem Buch zusammengetragenen Material, dass chinesische Wissenschaftler an der Untersuchung und dem Nachbau von gefundenen außerirdischen Raumschiffen beteiligt waren und am internationalen Geheimen Weltraumprogramm mitgewirkt haben. Wir wissen auch, dass chinesische Wissenschaftler und Unternehmen exotische Antriebssysteme für Raumfahrzeuge entwickelt haben, die weit über die Fähigkeiten der raketengetriebenen Technologien hinausgehen, die in ihrem weithin bekannten öffentlichen Weltraumprogramm verwendet werden.

Laut Corey Goode hat China heute ein Geheimes Weltraumprogramm, das Technologien einsetzt, die denen der U.S. Air Force (USAF) sehr ähnlich sind. Dies ist nicht sonderlich überraschend. Ich habe ausführlich gezeigt, wie Tsien Hsue-shen, der Vater von Chinas öffentlichen und Geheimen Weltraumprogrammen, deutsche und außerirdische Flugscheiben kennenlernte, deren Spezifikationen und Leistungen in einen langfristigen Entwicklungsplan für die USAF einflossen, den Theodore von Kármán zwischen 1944 und 1949 erstellt hatte. Nachdem er Zeuge und Teilnehmer an von Kármáns Entwicklungsplan für die USAF war, die erbeutete Technologien der Fliegenden Untertassen zu reproduzieren, ist es sicher, dass Tsien nach seiner Deportation 1955 den gleichen Prozess in China initiierte.

Unglücklicherweise musste Tsien mehr als drei Jahrzehnte warten, bevor China eine ausreichende wirtschaftliche und industrielle Basis besaß, die darauf hoffen ließ, das zu wiederholen, was die USAF seit den 1940er Jahren im Geheimen bereits getan hatte.

Diese Elemente fügten sich schließlich in den frühen 1990er Jahren zusammen – durch den Zusammenbruch des Warschauer Paktes, das technische Hilfsprogramm für China, das von der Reagan-Administration zur Verfügung gestellt wurde, und die geheimen Vereinbarungen zwischen Reagan und Deng, wodurch chinesische Wissenschaftler mit ihren US-Kollegen beim Nachbau von Technologien Fliegender Untertassen in der S-4-Anlage der Area 51 für ein von der UN geleitetes internationales Geheimes Weltraumprogramm zusammenarbeiteten.

Zwanzig Jahre beträgt der ungefähre Entwicklungszyklus für das Design, die Konstruktion und den Einsatz von Raumfahrzeugen in der Luftfahrtindustrie.[1] So brauchte China seit den 1980ern etwa zwanzig

Jahre, um das Raumfahrzeug zu entwickeln, das 2003 zu seiner ersten mit Yang Liwei bemannten Mission führte. Wenn wir 1992 als Ausgangspunkt nehmen, als Tsien angeblich in den Ruhestand ging, in Wahrheit aber dem neu organisierten Wissenschafts- und Technologiekomitee als »hochrangiger Berater« für die VBA-Kommission beitrat, die Chinas technologisches Nachbau-Programm leitete, dann bedeutet dies: Das erste chinesische Raumfahrzeug mit exotischem Antrieb muss irgendwann um 2012 herum eingesetzt worden sein.[2]

Das ist keine unvernünftige Schätzung, wenn man bedenkt, dass sich chinesische Wissenschaftler bei der Entwicklung detaillierter Pläne für den Nachbau fortschrittlicher Technologien enorm hervorgetan haben. Die Wissenschaftler hatten nicht nur den Vorteil der Anleitung durch Tsien, der eben dieser Aufgabe nachging, als er von Kármán half, die erbeuteten außerirdischen und Nazi-Raumfahrttechnologien zu verstehen und funktionsfähig zu machen, diese Wissenschaftler wurden auch noch umfassend unterstützt durch Chinas äußerst effekt geplante Infiltrations- und Akquisitionsprogramme zur Erlangung der technologischen Geheimnisse anderer Nationen. Tsien versorgte China mit allem, was er durch die Arbeit an Projekten mit von Kármán gelernt hatte, einschließlich detaillierter schriftlicher Pläne, die vieles von dem kopierten, was die USAF zusammengestellt hatte. Vielleicht noch wichtiger ist, dass er für die chinesische Führung auch herausfand, welche US-Firmen an der Forschung und Entwicklung der für die von der USAF nachgebauten Flugzeuge beteiligt waren.

Chinas Industriespionage

Um seinen Entwicklungszyklus zu beschleunigen, benötigte China die präzisen Blaupausen, die das US-Militär aufgrund seiner jahrzehntelangen Arbeit an Nachbau-Projekten besaß. Es ist bekannt, dass China Industriespionage eingesetzt hat, um an die Pläne vieler fortschrittlicher Technologien zu gelangen, die von großen US-Verteidigungsunternehmen entwickelt wurden. Der Autor Bill Gertz hat zum Beispiel die rasante Entwicklung der chinesischen Marine und wie sie Industriespionage einsetzte, um die U.S. Navy einzuholen, beschrieben:

> »Die [chinesischen] Kriegsschiffe, die gebaut werden, sind auf dem neuesten Stand der Technik und enthalten modernste Geschütze und Raketen – wahrscheinlich gestohlen von den Vereinigten Staaten während einer dreißigjährigen uneingeschränkten Cyberspionage und anderem Technologiediebstahl. China setzt zum Beispiel eine elektromagnetische Railgun [Schienenkanone] ein, die ein Hochgeschwindigkeitsprojektil abfeuert …
>
> Die Railgun-Technologie wurde den USA von China Jahre zuvor durch einen in Kalifornien ansässigen Spionagering gestohlen, der von Chi Mak, einem Elektroingenieur für ein amerikanisches Verteidigungsunternehmen, angeführt wurde. Er hatte dem VBA-Geheimdienst technische Details über das Elektromagnetische Flugzeugstartsystem (EMALS) verraten, eine Navy-Technologie, die auf den neuesten Flugzeugträgern zum Abschuss von Jets eingesetzt werden soll … Die Starttechnologie ähnelt der Railgun-Technologie. Chi wurde 2012 zu mehr als vierundzwanzig Jahren Gefängnis verurteilt, weil er die elektromagnetische Technologie und vieles mehr verraten hatte.«[3]

Wenn wir Tsiens Wissen über die Originalpläne für den USAF-Nachbau der Fliegende-Untertassen-Technologien mit Chinas Industriespionage in Verteidigungsunternehmen, die Flugzeuge, Kriegsschiffe und Raumfahrzeuge für das US-Militär bauen, kombinieren, läuft das eindeutig darauf hinaus, dass Chinas Geheimes Weltraumprogramm Raumfahrzeuge gebaut hat, die denen der USAF sehr ähnlich sind.

In meinem Buch *Die Geheime Geschichte der U.S. Space Force* beschreibe ich ausführlich die verschiedenen Kategorien der von der USAF in den 1970er und 1980er Jahren heimlich entwickelten sowie die derzeit im Weltraum eingesetzten Raumfahrzeuge.[4] Darunter sind drei unterschiedlich große untertassenförmige Fluggeräte, die von der USAF entwickelt wurden und 1988 auf einer streng geheimen Flugschau auf der Edwards Air Force Base gezeigt wurden. Mark

McCandlish, ein Patentzeichner, erstellte einen detaillierten Schnitt durch eines dieser untertassenförmigen Fluggeräte, genannt »Alien Reproduction Vehicles« (ARVs), um die Anordnung der verschiedenen ARV-Komponenten zu zeigen, die einen elektromagnetischen Schub unter Verwendung des Biefeld-Brown-Effekts erzeugen.[5] Ich habe auch aktuelle Fotos von einigen der drei- und rechteckigen Fluggeräte mit Antigravitationsfunktion zur Verfügung gestellt, die von der USAF auf der MacDill Air Force Base – dem Sitz des U.S. Special Operations Command – eingesetzt wurden.

Ein weiteres Kapitel ist einer ringförmigen »Von Braun«-Raumstation gewidmet, die aus Modulen besteht, die ursprünglich für das eingestellte »Manned Orbiting Laboratory«-Programm (Bemanntes Weltraumlabor, 1963-1969) entworfen wurden, aber in den 1970er Jahren von der USAF/NRO (National Reconnaissance Office) heimlich im Weltraum montiert wurden.[7] Die Inbetriebnahme der USAF/NRO-Raumstation in den frühen 1980er Jahren wird durch mehrere FOIA-Dokumente sowie durch einen Tagebucheintrag von Präsident Reagan vom 11. Juni 1985 belegt, in dem er über die Fähigkeit der USA schreibt, zum damaligen Zeitpunkt dreihundert Astronauten gleichzeitig in den Orbit zu bringen.[8]

Die von China entwickelten, nachgebauten Raumfahrzeuge sind also Versionen der scheibenförmigen, dreieckigen und auch rechteckigen Raumfahrzeuge, die Jahrzehnte zuvor von der Air Force der USA gebaut wurden. In den frühen 2000er Jahren gab es eine Welle von UFO-Sichtungen in China, von denen viele durchaus auf die Entwicklungs- und Testphasen der von der VBA nachgebauten Raumfahrzeuge zurückgeführt werden können.[9]

Es ist sehr wahrscheinlich, dass Chinas öffentliche Präsentation eines untertassenförmigen Hubschrauber-Prototyps auf einer Flugschau im Jahr 2019, der als »Supergroßer Weißer Hai« (Super Great White Shark) bezeichnet wurde, höchstwahrscheinlich Teil eines VBA-Vertuschungsprogramms ist, um die jüngste Stationierung eines operationellen untertassenförmigen Raumschiffs im Weltraum zu verschleiern.[10] China baut oder hat höchstwahrscheinlich seine eigene »Von Braun«-

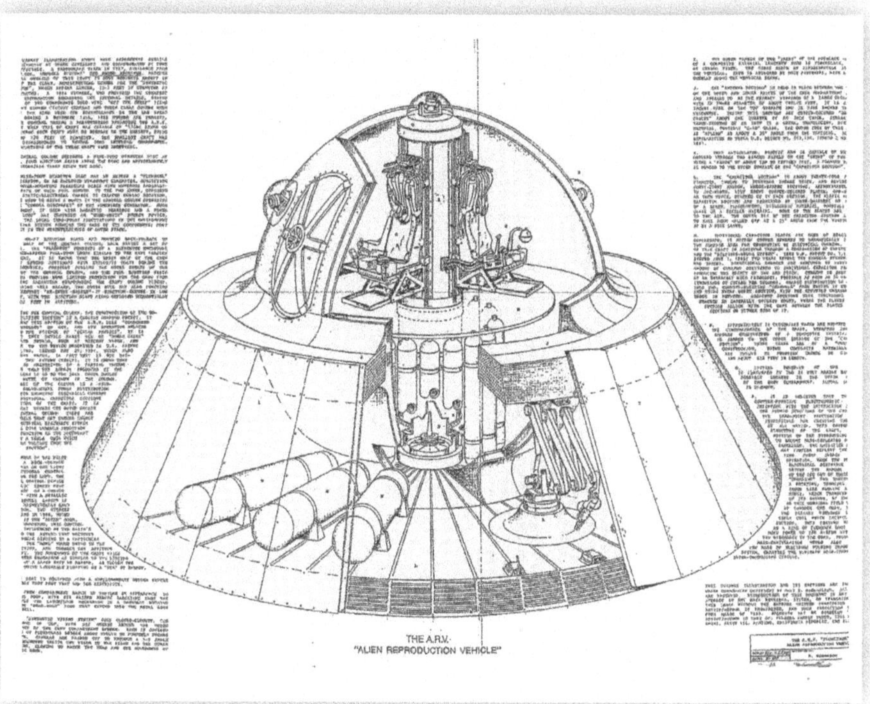

Abb. 26. Schnitt durch ein ARV (Alien-Fluggerät-Nachbau, März 1989). Er zeigt achtundvierzig große Kondensatorstapel mit je acht Platten und Sauerstoffflaschen. Copyright by Mark McCandlish. Alle Rechte vorbehalten.[6]

Raumstation gebaut, ähnlich dem, was die USAF/NRO in den 1980er Jahren eingesetzt hat.

Die Gründung des Wissenschafts- und Technologiekomitees im Jahr 1982, das für technologische Innovationen in Chinas Weltraumprogrammen zuständig ist, der Einsatz des nachgebauten Raumschiffs um das Jahr 2012 und die chinesische Teilnahme am internationalen Geheimen Weltraumprogramm, das von Präsident Reagan initiiert wurde, verschafften China unschätzbare Erfahrungen mit Operationen im tiefen Weltraum. Diese Informationen halfen Tsien und anderen Wissenschaftlern im Wissenschafts- und Technologiekomitee, ihre eigenen Forschungs- und Entwicklungsbemühungen für Chinas nun unersättliche Weltraumambitionen voranzutreiben. Wenn Dr. Ray

Keller Recht hat, ist es außerdem durchaus möglich, dass China bei seinen Entwicklungsbemühungen zusätzliche Unterstützung von Außerirdischen erhielt, die mit Tsien und chinesischen Wissenschaftlern in einem interplanetaren Forschungsprogramm mit Sitz in Lop Nur in der Provinz Xinjiang zusammenarbeiten.[11]

Wie ich in Kapitel 17 dieses Buches zeigen werde, haben chinesische Unternehmen wie die CASC, die dem Wissenschafts- und Technologiekomitee beim Aufbau von Chinas Geheimem Weltraumprogramm als Auftragnehmer zur Verfügung standen, mithilfe der Spionagebemühungen der VBA erfolgreich die US-Industrie infiltriert, um an viele von Amerikas fortschrittlichste Technologiegeheimnisse heranzukommen. Dies führt mich zu einer bemerkenswerten Reihe von Patenten im Besitz der U.S. Navy, die elektromagnetische Geräte betreffen, von denen die Navy offiziell zugegeben hat, dass sie von China aktiv entwickelt werden.

Mit Sicherheit ist über Chinas Geheimes Weltraumprogramm bekannt, dass es stark in das Studium von exotischen elektromagnetischen Antriebssystemen investiert, die in ähnlichen geheimen Programmen des Militärisch-Industriellen Komplexes der USA verwendet werden. Es ist weithin bekannt, dass China an einem elektromagnetischen Antriebssystem für seine U-Boote arbeitet.[12] China entwickelt auch einen elektromagnetischen Antrieb für die zukünftige Raumfahrt, der die Kosten für die Besiedlung von Planeten und den Rohstoffabbau im All mit Ionenantrieben erheblich senken würde.

Ein Artikel in *Popular Mechanics* beschreibt den Elektromagnetik-Antrieb, an dem China arbeitet, wie folgt:

> »Im Gegensatz zu traditionellen Triebwerken (wie Verbrennungs- und Ionentriebwerken), die Masse aus dem System ausstoßen, um Schub zu erzeugen, verwenden reaktionslose Triebwerke wie der EmDrive nur reine Elektrizität, um Bewegung zu erzeugen. Beim EmDrive, der zuerst von Roger Shawyer vorgeschlagen wurde, ist der Mikrowellenhohlraum ein asymmetrischer Behälter, etwa ein Kegelstumpf, bei dem ein Ende viel größer ist als das andere. Am engeren Ende beschießt eine elek-

Abb. 27. Fotosequenz eines Fliegenden Dreiecks in der Nähe der Air Force Base MacDill am 4. September 2017

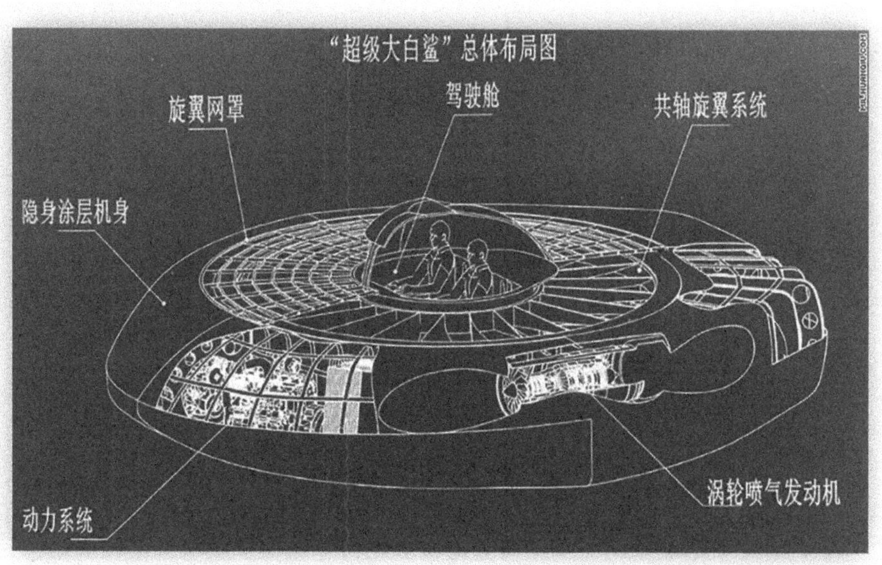

Abb. 28. Aufriss des Prototyps von Chinas mysteriösem Hubschrauber »Super Great White Shark« (Supergroßer Weißer Hai)

> tromagnetische Energiequelle (zum Beispiel ein Magnetron) den Hohlraum mit Mikrowellen. Diese Wellen werden eingefangen und prallen an den Wänden des Hohlraums ab, wodurch eine elektromagnetische Resonanz entsteht. Aufgrund der unausgewogenen Resonanz durch die komplexe Geometrie eines Kegelstumpfs wird das elektromagnetische Feld im EmDrive richtungsabhängig (anisotrop). In diesem Fall ›drückt‹ das anisotrope elektromagnetische Feld den EmDrive von der Richtung des größeren Flächenendes des Hohlraums weg.«[13]

Der springende Punkt ist hier der Mikrowellen-Hohlraum, in dem Mikrowellen auf eine Weise erzeugt werden, die helfen, das Fluggerät anzutreiben. Bei den neuen und exotischen elektromagnetisch angetriebenen Raumfahrzeugen ist das Vorhandensein eines Mikrowellen-Hohlraums eine entscheidende Grundlage für deren Betrieb.

China hat verschiedene elektromagnetische Geräte für ein Hybridfahrzeug erforscht, das sich durch die Luft, das Wasser und den Weltraum bewegen kann. Bemerkenswerterweise ähnelt dieses Fahrzeug in seiner Form sehr den Fliegenden Dreiecken, die im September 2017 in der Nähe der Air Force Base MacDill fotografiert wurden und die auf der ganzen Welt beobachtet wurden. Keine geringere Quelle als die U.S. Navy hat Chinas Arbeit an solchen revolutionären elektromagnetischen Technologien bestätigt, einschließlich der fliegenden dreieckigen Raumschiffe, die elektromagnetisch angetrieben werden.

Die Bestätigung der Navy, dass China an derartigen Technologien tatsächlich arbeitet, erfolgte aufgrund von Entwicklungen bezüglich einer Patentanmeldung für ein hybrides Luft- und Raumfahrt-Unterwasserfahrzeug, die von Dr. Salvatore Pais im Namen des Sekretärs der U.S. Navy beim Patentamt eingereicht wurde. Dr. Pais arbeitete damals für die Naval Air Warfare Center Aircraft Division und reichte den Antrag am 28. April 2016 ein. Er wurde schließlich am 4. Dezember 2018 genehmigt. Die Patentanmeldung trägt den Titel »A Craft Using an Inertial Mass Reduction Device« (»Ein Fahrzeug mit einer Vorrichtung zur Reduzierung der trägen Masse«) und wird in der Zusammenfassung wie folgt beschrieben:

»Es handelt sich um ein Luftfahrzeug, das eine Vorrichtung zur Reduzierung der trägen Masse verwendet. Es besteht aus einer inneren Resonanzraumwand, einem äußeren Resonanzraum und Mikrowellen-Sendern. Die elektrisch geladene äußere Resonanzhohlraumwand und die elektrisch isolierte innere Resonanzhohlraumwand bilden einen Resonanzhohlraum. Die Mikrowellensender erzeugen im gesamten Resonanzraum hochfrequente elektromagnetische Wellen, die den Resonanzraum in einen beschleunigten Schwingungsmodus versetzen und ein lokales polarisiertes Vakuum außerhalb der äußeren Resonanzraumwand erzeugen.«[14]

Das von Dr. Pais als Hybrid Aerospace-Undersea Craft (HAUC) bezeichnete Raumfahrzeug kann unter Wasser, in der Luft oder im Weltraum betrieben werden:

»Es ist möglich, sich ein hybrides Luft-, Raum- und Unterwasserfahrzeug (HAUC) vorzustellen, das als Unterwasserfahrzeug fungieren kann und zu extremen Geschwindigkeiten unter Wasser (fehlende Wasser-Haut-Reibung) sowie besseren Möglichkeiten der Tarnung in der Luft und unter Wasser (nichtlineare Streuung von HF- und Sonarsignalen) fähig ist. Dieses Hybridfahrzeug würde sich mit großer Leichtigkeit durch die Medien Luft/Raum/Wasser bewegen, wobei es von Vakuum/Plasmablase/Hülle umschlossen wird, und zwar aufgrund der gekoppelten Wirkungen der durch das EM-Feld induzierten Abstoßung von Luft/Wasser-Partikeln und der Energiepolarisierung des Vakuums.«[15]

Die aerodynamischen Prinzipien, die der Fähigkeit des HAUC zugrunde liegen, wahlweise im Wasser, in der Luft oder im luftleeren Raum zu operieren, lassen sich durch das Quantenvakuum erklären, das sich direkt außerhalb der Fahrzeughülle bildet, wo alle Luft-, Wasser- und Plasmapartikel durch das elektromagnetische Feld abgestoßen werden. Umliegende Luft, Wasser- oder Plasmateilchen außerhalb des Quantenvakuums treiben das Fahrzeug vorwärts in die gewünschte Richtung.[16] Laut der Patentanmeldung ist die Form des HAUC dreieckig, was bezeichnend ist. Das Patent von Pais enthüllt somit Schlüsselfunktionen und Details zur Herstellung eines elektromagnetisch angetriebenen Fliegenden Dreiecks.

Ironischerweise glaubte Philip J. Bonzell, ein Hauptpatentprüfer des U.S.-Patent- und Markenamtes (USPTO), dass die vorgeschlagene HAUC-Erfindung aufgrund ihres hohen Energiebedarfs wissenschaftlich überhaupt nicht machbar sei – und lehnte die Anmeldung am 28. November 2017 ab. In einem in *The Drive* veröffentlichten Artikel erläutern Brett Tingley und Tyler Rogoway die Gründe des Patentprüfers für seine Entscheidung:

> »Die Anmeldung wurde ursprünglich vom Patentprüfer Philip Bonzell mit der Begründung abgelehnt, dass ›es so etwas wie ein abstoßendes EM-Energiefeld nicht gibt‹ und dass ›in Hinsicht auf die Spezifikationen, um festzustellen, welche Mikrowellenemitter in diesem System benötigt werden, klar ist, dass ein hochenergetisches elektromagnetisches Feld, um ein Quantenvakuum wie behauptet zu polarisieren, 10^9 [T]eslas und 10^18 V/m benötigt‹. Das entspricht in etwa der magnetischen Stärke, die von den meisten Magnetaren [super-energiereiche Neutronensterne] erzeugt wird und mehr Elektrizität, als sie von Atomreaktoren abgegeben wird.
>
> Offensichtlich glaubte der Prüfer, dass es mit der heutigen Technologie unmöglich ist, diese verrückte Menge an Energie zu erzeugen, die zur Erzeugung des EM-Feldes benötigt wird, um dieses Fahrzeug auf die in der Patentanmeldung beschriebene Weise anzutreiben.«[17]

Die Ablehnung führte zu einem sofortigen Einspruch eines Navy-Anwalts, der ein Begleitschreiben von Dr. James Sheehy beilegte, dem Chief Technology Officer der Naval Aviation Enterprise, datiert auf den 15. Dezember 2017. Dr. Sheehy wies darauf hin, dass Pais bei der Navy angestellt und äußerst erfahren darin sei, die Machbarkeit des revolutionären Antriebssystems für ein Hybrides Luft- und Raumfahrt-Unterwasserfahrzeug wie in der Anmeldung beschrieben zu beweisen, und erklärte abschließend: »Dies wird Wirklichkeit werden.«

(12) **United States Patent**
Pais

(10) **Patent No.: US 10,144,532 B2**
(45) **Date of Patent: Dec. 4, 2018**

(54) **CRAFT USING AN INERTIAL MASS REDUCTION DEVICE**

(71) Applicant: **Salvatore Cezar Pais**, Leonardtown, MD (US)

(72) Inventor: **Salvatore Cezar Pais**, Leonardtown, MD (US)

(73) Assignee: **The United States of America as represented by the Secretary of the Navy**, Washington, DC (US)

(*) Notice: Subject to any disclaimer, the term of this patent is extended or adjusted under 35 U.S.C. 154(b) by 153 days.

(21) Appl. No.: **15/141,270**

(22) Filed: **Apr. 28, 2016**

(65) **Prior Publication Data**

US 2017/0313446 A1 Nov. 2, 2017

(51) **Int. Cl.**
B64G 1/40 (2006.01)

(52) **U.S. Cl.**
CPC *B64G 1/409* (2013.01)

(58) **Field of Classification Search**
CPC B64G 1/409
See application file for complete search history.

(56) **References Cited**

PUBLICATIONS

Froning, H. David, Quantum Vacuum Engineering for Power and Propulsion from the Energetics of Space, Third International Conference on Future Energy, Oct. 9-10, 2009, Washington, DC, US.

Pais, Salvatore, Conditional Possibility of Spacecraft Propulsion at Superluminal Speeds, Intl. J. Space Science and Engineering, 2015, vol. 3, No. 1, Inderscience Enterprises Ltd.

Puthoff, H.E., Polarizable-Vacuum (PV) Approach to General Relativity, Foundations of Physics, Jun. 2002, vol. 32, No. 6.

Prigogine, Ilya, Time, Structure and Fluctuations, Nobel Lecture, Dec. 8, 1977, Brussels, Belgium and Austin, Texas.

Hayasaka, Hideo and Takeuchi, Sakae, Anomalous Weight Reduction on a Gyroscope's Right Rotations around the Vertical Axis on the Earth, The American Physical Society, Physical Review Letters, Dec. 18, 1989, vol. 63, No. 25, Japan.

Pais, Salvatore, The High Energy Electromagnetic Field Generator, Int. J. Space Science and Engineering, 2015, vol. 3, No. 4, Inderscience Enterprises, Ltd.

Primary Examiner — Philip J Bonzell

(74) *Attorney, Agent, or Firm* — Mark O Glut; NAWCAD

(57) **ABSTRACT**

A craft using an inertial mass reduction device comprises of an inner resonant cavity wall, an outer resonant cavity, and microwave emitters. The electrically charged outer resonant cavity wall and the electrically insulated inner resonant cavity wall form a resonant cavity. The microwave emitters create high frequency electromagnetic waves throughout the resonant cavity causing the resonant cavity to vibrate in an accelerated mode and create a local polarized vacuum outside the outer resonant cavity wall.

4 Claims, 1 Drawing Sheet

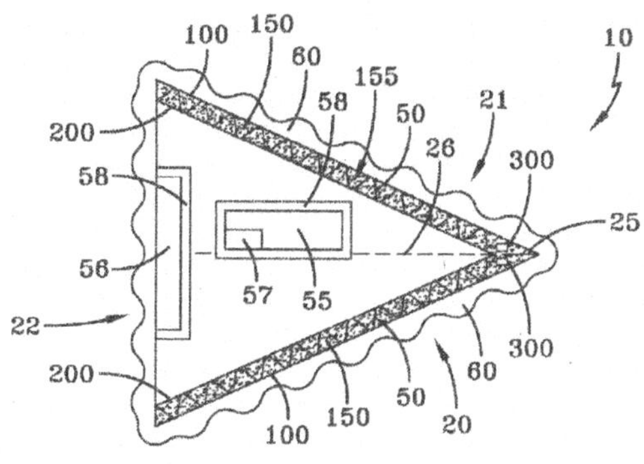

Abb. 29. Das von Pais eingereichte Patent für ein HAUC »Flying Triangle Craft« (Fliegendes Dreieck)

Darüber hinaus behauptete Dr. Sheehy, dass China derzeit stark in ähnliche Technologien investiere und die Navy hohe Kosten tragen müsse, wenn das Patent nicht erteilt werde:

»2 … Dr. Pais wird zurzeit von der NAWCAD [Naval Air War Center Aircraft Division] finanziert, um eine Instrumentierung für Testobjekte zu entwerfen, die die experimentelle Machbarkeit des Erreichens hoher elektromagnetischer Feldenergie- und Flusswerte demonstriert … Er ist jetzt ein Jahr im Projekt und hat bereits damit begonnen, eine Reihe von Experimenten zu entwickeln, die fortschrittliche Antriebssysteme mit hoher Energiedichte und hoher Leistung auf den Prüfstand stellen.

3 … Die Realisierung dieses Ergebnisses zeigt im Erfolgsfall, dass dieses Patent den zukünftigen Stand des Möglichen dokumentiert und die Antriebstechnologie über gasdynamische Systeme hinaus zu feldinduzierten Antrieben auf Basis von hybriden Luft- und Raumfahrt-Unterwasserfahrzeugen führt …

5 … Aufgrund dieser ersten Erkenntnisse würde ich behaupten, dass dies Realität werden wird. China investiert bereits erheblich in diesen Bereich, und ich würde es vorziehen, dass wir das Patent halten, statt ewig mehr für die Nutzung dieser revolutionären Technologie zu bezahlen.«[18]

Bonzell war von Dr. Sheehys Brief so beeindruckt (oder eingeschüchtert), dass er beschloss, seine Entscheidung zu revidieren, und das Patent wurde Pais und der U.S. Navy am 4. Dezember 2018 erteilt.

Es ist besonders wichtig, Dr. Sheehys Aussage zu beachten, dass Pais' Patent »die Antriebstechnologie über gasdynamische Systeme hinaus zu feldinduzierten Antrieben auf Basis von hybriden Luft- und Raumfahrt-Unterwasserfahrzeugen führt«. Kurz gesagt, das elektromagnetische Antriebssystem, aus dem der HAUC besteht, ist revolutionär und wird die Luft- und Raumfahrtindustrie verändern.

Sheehys unmittelbarer Hinweis, dass China an einem ähnlichen revolutionären Fluggerät mit elektromagnetischen Antriebssystemen arbeitet, zeigt die kritische Dringlichkeit des Patents. Er betont, dass die U.S. Navy aller Voraussicht nach gezwungen sein könnte, Lizenzgebühren an China zu zahlen, dessen staatseigene Unternehmen bekanntlich Geheimnisse der Luft- und Raumfahrttechnologie ausspionieren und stehlen, wenn das Patent nicht erteilt wird.[19] Bonzell hat die Ironie dieser Situation mit Sicherheit erkannt. Die Ablehnung dieser der U.S. Navy übertragenen Patentanmeldung hätte bedeutet, dass die Navy künftig Lizenzgebühren an chinesische Unternehmen zahlen müsste, die skrupellos Spionage eingesetzt hatten, um der Navy genau diese Technologie zu stehlen.

Neben einem »Fahrzeug mit einer Vorrichtung zur Reduzierung der trägen Masse« (auch bekannt als HAUC) meldete Dr. Salvatore Pais noch vier weitere Patente an, die für die Machbarkeit des HAUC von wesentlicher Bedeutung waren. Dazu gehören ein »Generator für elektromagnetische Felder und ein Verfahren zur Erzeugung eines elektromagnetischen Feldes«, mit dem eine elektromagnetische Schutzblase oder ein Schutzschild erzeugt werden kann, das alle Projektile oder Energiewellen abwehrt, die auf das HAUC-Fahrzeug gerichtet sind, ähnlich den in *Star Trek* dargestellten fiktiven »Schilden«.[20] Das Patent »High Energy Electromagnetic Field Generator« (HEEMFG) wurde am 20. November 2018 erteilt.

Ein weiteres Patent betrifft einen »Hochfrequenz-Gravitationswellengenerator«, mit dem der HAUC angetrieben wird, »indem er hochfrequente Gravitationswellen erzeugt, die wiederum ihre eigenen Gravitationsfelder erzeugen, auf denen sich das Raumschiff ›wellenreitend‹ fortbewegen würde.[21] Das Patent für den Hochfrequenz-Gravitationswellengenerator (HFGWG) wurde am 1. Juni 2019 erteilt.

Ein weiteres Patent gilt für einen Kernfusionsreaktor, der enorme Mengen an Strom erzeugen kann und immer noch klein genug ist, um auf eine mobile Plattform, auch in ein Raumfahrzeug, zu passen. Die Patentanmeldung für dieses »Plasma Compression Fusion Device« wurde am 26. September 2019 veröffentlicht, nachdem sie am 22. März 2019 im Namen des Sekretärs der Navy beim USPTO eingereicht worden war. In der Beschreibung des Patents erklärt Dr. Pais, wie sein Kernfusionsgerät sich von ähnlichen Geräten unterscheidet, die derzeit entwickelt werden:

»Derzeit gibt es einige geplante Fusionsreaktoren/Geräte, die in einem kleinen, kompakten Gehäuse (mit einem Durchmesser von 0,3 bis 2 Metern) untergebracht sind und typischerweise verschiedene Versionen des magnetischen Plasmaeinschlusses verwenden. Drei solcher Geräte sind der Skunk Works Compact Fusion Reactor (LM-CFR) von Lockheed Martin (LM), das Fusionskonzept EMC2 Polywell und die Feldumkehr Konfigurationsmaschine (PFRC) von Princeton. (...) Diese Geräte weisen kurze Plasmaeinschlusszeiten und mögliche Plasmainstabilitäten bei der Skalierung der Größe auf, und es ist fraglich, ob sie in der Lage sind, die Break-Even-Fusionsbedingung zu erreichen, geschweige denn eine autarke Plasmabrennung, die zur Zündung führt.«[22]

Die Zündung ist der Punkt, an dem der Kernfusionsprozess beginnt, durch das überhitzte Plasma selbständig elektrische Energie zu erzeugen. Die Menge an Strom, die erzeugt werden könnte, wird von den *The Drive*-Autoren Tingley und Rogoway folgendermaßen erklärt:

»In der Patentanmeldung wird behauptet, dass dieses Plasmakompressions-Fusionsgerät in der Lage ist, Energie im Bereich von Gigawatt (eine Milliarde Watt) bis Terawatt (eine Billion Watt) und darüber hinaus im Megawattbereich (1.000.000 Watt) zu erzeugen. Zum Vergleich: Amerikas größtes Kernkraftwerk, das Palo-Verde-Kernkraftwerk in Arizona, erzeugt rund 4.000 Megawatt (vier Gigawatt) und die für den Navy-Flugzeugträger der *Gerald-R.-Force*-Klasse konzipierten A1B-Kernreaktoren erzeugen rund 700 Megawatt.«[23]

Pais' Beschreibung macht deutlich, dass der Kernfusionsreaktor als Stromversorgung für mehrere innovative Patentgeräte dient, die in das Hybrid Aerospace Underwater Craft (HAUC) einfließen. Der Patentprüfer lehnte die HAUC-Patentanmeldung zunächst mit der Begründung ab, dass derzeit keine Stromversorgung vorhanden sei, die ausreichend Strom für seinen Betrieb erzeugen könnte. Diese Ablehnung wurde aufgehoben, aber jetzt wissen wir, warum der HAUC wissenschaftlich machbar ist.

Laut Wissenschaftlern der Navy ist der Kernfusionsreaktor die ausschlaggebende Energiequelle.

Schließlich gibt es noch eine Patentanmeldung für einen »durch Piezoelektrizität induzierten Raumtemperatur-Supraleiter«, der als Superkondensator verwendet werden könnte, um die enorme elektrische Energie zu speichern, die zur Versorgung des HAUC und seiner verschiedenen vom Kernfusionsreaktor gelieferten Komponenten benötigt wird.[24] Dr. Sheehy musste erneut bei der Patentanmeldung von Dr. Pais eingreifen, nachdem sie von einem anderen Patentprüfer, Paul Wartalowicz, abgelehnt worden war. Es lohnt sich, den am 27. November 2018 an Wartalowicz gerichteten Brief von Dr. Sheehy zu lesen, in dem die »Funktionsfähigkeit« der revolutionären Patentanmeldungen von Pais erörtert wird:

> »Ich kenne die oben genannte Patentanmeldung (und die damit verbundene Änderung) sowie die Entwicklung, Verwendung und Eigenschaften des durch Piezoelektrizität induzierten Supraleiters bei Raumtemperatur. Aufgrund meiner Ausbildung und Karriere werde ich als Fachexperte angesehen und kann im Gegenstand der obigen Patentanmeldung als ›Durchschnittsfachmann‹ angesehen werden.
>
> Die in der oben genannten Patentanmeldung beschriebene Erfindung ist funktionstüchtig und durch die in der Patentanmeldung beschriebene Physik auch problemlos möglich, wie beschrieben in der Patentanmeldung und in dem Peer-Review-Papier unabhängiger Gutachter im Zusatz des Erfinders.«[25]

Sheehys Bezug auf das Patent als »funktionstüchtig und möglich« ist von großer Bedeutung, wie von Tingley und Rogoway beobachtet:

> »Im Zentrum dieser Fragen steht der Begriff ›funktionstüchtig‹. In den meisten Patentanmeldungen müssen Anmelder den Nachweis erbringen, dass ein Patent oder eine Erfindung in der Lage ist oder so beschrieben wird, dass jede Person, die mit ähnlichen Technologien oder Techniken vertraut ist, es verstehen und theoretisch nachbauen kann.

> In diesen Patentdokumenten behaupten jedoch der Erfinder Salvatore Pais, der Patentanwalt Mark O. Glut von der Naval Air Warfare Center Aircraft Division (NAWCAD) und der Chief Technology Officer der US Naval Aviation Enterprise, Dr. James Sheehy, dass diese Erfindungen nicht nur möglich, sondern auch *funktionstüchtig* sind.«[26]

Kurz gesagt, Pais und sein Navy-Arbeitgeber behaupten, dass an seinen Erfindungen experimentiert wird und sie tatsächlich funktionieren. Am 6. Juni 2019 hatten Pais und der Patentanwalt Mark Glut ein Telefoninterview mit dem ablehnenden Patentprüfer Paul Wartalowicz. Tingley entdeckte durch den Freedom of Information Act, dass der Widerspruch, die letzte Ablehnung aufzuheben, andauert. Es ist wichtig anzumerken, dass der »Raumtemperatur-Supraleiter« ein kritischer Bestandteil des HAUC ist, und Sheehys erster Brief zur Unterstützung der Patentanmeldungen von Pais bestätigte Chinas aktive Forschung an einem ähnlichen HAUC-Typ.

Zusammenfassend lässt sich sagen, dass China ein eigenes HAUC-Dreieck entwickelt, das von einer HFGWG angetrieben wird, von einer HEEMFG geschützt wird, von einem Kernfusionsreaktor angetrieben wird und bis zu einer Billion Watt elektrischer Energie in Supraleitern mit Normaltemperatur speichern kann. Es ist kein Zufall, dass China seine eigenen geheimen Forschungen zu solchen revolutionären Technologien durchführt, nicht nur aufgrund seiner erfolgreichen Industriespionage, sondern auch aufgrund der Tatsache, dass China sich der Wahrscheinlichkeit bewusst ist, dass diese vor langer Zeit und heute wieder entwickelten Technologien verdeckt in einem in den USA ansässigen Geheimen Weltraumprogramm verwendet werden.

Eine der wichtigsten Beobachtungen, die Tingley und Rogoway bei ihrer Analyse der Patentanmeldungen von Dr. Pais im Namen des Navy-Ministeriums gemacht haben, ist, dass keine für die Nichtveröffentlichung markiert wurden, obwohl dies eine Option war, die die Navy leicht hätte wählen können, um aus Gründen der nationalen Sicherheit die Geheimhaltung zu wahren. Stattdessen ignorierte Pais in seiner Anmeldung die Option, die Technologien geheim zu halten, wie seine Anmeldung für »Ein Fahrzeug mit einer Vorrichtung zur Reduzierung der trägen Masse« zeigt, bei der die Option »Nicht veröffentlichen« nicht aktiviert war.[27]

Tingley und Rogoway spekulieren über die rätselhafte Entscheidung der Navy, die Patentanmeldungen zu veröffentlichen, angesichts der laufenden Forschung Chinas zur Machbarkeit elektromagnetischer Antriebssysteme:

> »Wenn eine solche Antriebstechnologie so revolutionär wäre und die Navy diese Technologie tatsächlich den Händen anderer vorenthalten wollte, ist es merkwürdig, dass sie beschloss, das Patent öffentlich zu machen. Vielleicht signalisiert die Navy ihren Gegnern damit, dass sie sich dieser revolutionären Möglichkeiten bewusst ist und wem sie gehören.«[28]

Angesichts dessen, was wir über Geheime Weltraumprogramme der U.S. Navy und U.S. Air Force wissen, werden elektromagnetische Antriebssysteme seit Jahrzehnten in verschiedenen Fahrzeugen sowohl im Weltraum als auch unter Wasser eingesetzt. Weitere Informationen dazu finden Sie in meinen Büchern *Das Geheime Weltraumprogramm der U.S. Navy & Die Allianz mit den Nordischen* sowie *Die Geheime Geschichte der U.S. Space Force.* Der Grund, warum Dr. Pais beschloss, die Patentanmeldungen nicht als »geheim« zu kennzeichnen, liegt darin, dass hochrangige Beamte der Navy entschieden haben, die Zeit für die Offenlegung neuester elektromagnetischer Antriebstechnologien, die schon lange in Betrieb sind, ist gekommen. Daher sind diese Geräte keine bloßen innovativen Vorschläge für die zukünftige Entwicklung, wie in der Patentanmeldung vorgeschlagen, sondern *»betriebsfähige«* Technologien, wie Dr. Sheehy in seinem Brief ausdrücklich schrieb. Entscheidend ist, dass China bereits ähnliche hybride elektromagnetische Fluggeräte entwickelt hat, die bereits seit 2012 eingesetzt werden. Daher ist es strategisch nicht sinnvoll, diese Technologie länger vor der Öffentlichkeit geheim zu halten.

Wenn die Navy dafür sorgt, dass einer ihrer Wissenschaftler nicht nur öffentlich Patente für revolutionäre Antriebstechnologien anmeldet, sondern tatsächlich auch eingreift, wenn zwei der Anträge zunächst abgelehnt werden, ist dies eine außergewöhnliche Wendung. Die Navy nutzt das US-Patentsystem geschickt als Mechanismus, um die amerikanische Wissenschaft hinsichtlich des revolutionären Potenzials von Antriebs-, Energieerzeugungs- und Speichersystemen nach elektromagnetischen Prinzipien wachzurütteln. Darüber hinaus stellt die Freigabe der Patente keine nationale Sicherheitsherausforderung dar, da die Navy weiß, dass China bereits ähnliche Durchbrüche erzielt hat, die zum Einsatz elektromagnetisch angetriebener Raumschiffe geführt haben. Kurz gesagt, China besitzt ein gut gehütetes Geheimes Weltraumprogramm, das der U.S. Navy und ihren hochrangigen Wissenschaftlern bekannt ist.

Eine weitere Bestätigung, dass China ein Geheimes Weltraumprogramm besitzt, stammt von einem Lieutenant General der U.S. Air Force, Steven Kwast, der sich im September 2019 aus dem aktiven Militärdienst zurückzog. In einem Vortrag zwei Monate später gab er bekannt, dass China derzeit eine Weltraumflotte mit neuesten Technologien entwickelt, die denen in Dr. Pais' Patenten sehr ähnlich sind:

> »China ist unsere Konkurrenz. Russland ist unsere Konkurrenz. Sie sehen die wirtschaftliche Macht im Weltraum … und sie eilen dieser Zukunft entgegen … China hat seine Organisation bereits aufgebaut und verfügt über die Strategie, das Wissen und die Technologie sowie die Verteidigungsstreitkräfte im Weltraum. Sie bauen eine Flotte im Weltraum mit den Entsprechungen zu Schlachtschiffen und Zerstörern, die manövrieren und töten und mit Dominanz auftreten können.«[29]

Eine weitere Quelle, die Chinas Besitz eines Geheimen Weltraumprogramms bestätigt, ist Mike Turber. Von 1984 bis 1988 war er zunächst als »Electronic Intelligence Operations Specialist«, als Geheimdienstspezialist für Elektronik, bei der United States Air Force tätig. Später arbeitete er mit verschiedenen Verteidigungsunternehmen zusammen, wo er eine streng geheime Sicherheitsüberprüfung für Programme unter Speziellem Zugriff hatte.[30] Einer der Standorte, an

PTO/AIA/14 (03-13)
Approved for use through 01/31/2014. OMB 0651-0032
U.S. Patent and Trademark Office; U.S. DEPARTMENT OF COMMERCE
Under the Paperwork Reduction Act of 1995, no persons are required to respond to a collection of information unless it contains a valid OMB control number.

Application Data Sheet 37 CFR 1.76	Attorney Docket Number	PAX 205
	Application Number	
Title of Invention	A Craft Using an Inertial Mass Reduction Device	

Publication Information:

☐	Request Early Publication (Fee required at time of Request 37 CFR 1.219)
☐	**Request Not to Publish.** I hereby request that the attached application not be published under 35 U.S.C. 122(b) and certify that the invention disclosed in the attached application **has not and will not** be the subject of an application filed in another country, or under a multilateral international agreement, that requires publication at eighteen months after filing.

Abb. 30. Auszug aus der Patentanmeldung von Dr. Salvatore Pais

denen Turber arbeitete, ist die riesige, gemeinsam betriebene Produktionsstätte der USAF namens Werk 42 in Palmdale, Kalifornien, neben der Edwards Air Force Base.

Am 4. November und 2. Dezember 2019 meldete sich Turber erstmals mit zwei Interviews, in denen er Informationen präsentierte, die er von »offiziellen Regierungskreisen« zu den Sichtungen Tic-Tac-förmiger UFOs aus dem Jahr 2004 erhalten hatte. Seinen Quellen zufolge handelte es sich tatsächlich um hybride Luft- und Raumfahrt-Objekte der USAF, die sich mit einer Geschwindigkeit von 805 Stundenkilometern unter Wasser, in der Luft sowie im Weltraum sogar mit Geschwindigkeiten von über 38.600 Stundenkilometern bewegen konnten.[31] Turber erklärte, dass das Tic-Tac-förmige Objekt in drei Modellen existiert, fünfzehn Meter lang sei und davon insgesamt zwanzig Stück heimlich in Werk 42 gebaut wurden.

Eine wichtige Bestätigung für Turbers Aussage stammt von Patrick Hughes, einem Navy-Offizier, der während des UFO-Vorfalls Tic Tac auf dem Flugzeugträger U.S.S. *Nimitz* stationiert war.[32] Hughes sagte, er sei zuständig für die Wartung der elektronischen Aufzeichnungs- und Kommunikationssysteme an Bord des Frühwarnflugzeugs E-2C

Hawkeye, das auf der *Nimitz* stationiert war, was Befehls- und Kontrollfunktionen für den Flugverkehr in der Nähe des Geschwaders umfasste. Hughes erklärte, wie alle Radar- und sonstigen elektronischen Überwachungsdaten, von denen einige bis heute geheim sind, von der *Hawkeye* für die anschließende Analyse durch Geheimdienstspezialisten der Navy gesammelt wurden. Die *Hawkeye* zeichnete alle Radar- und sonstigen elektronischen Daten der F/A-18 *Super Hornets*, die die Tic-Tac-Objekte abfingen, sowie eigene Daten auf.

Laut Hughes kamen kurz nach der Landung der *Hawkeye* mit allen gesammelten Radar- und Nachrichtendaten zum Flugverhalten des Tic-Tac-förmigen Objekts zwei USAF-Mitarbeiter in Begleitung seines Commanders und nahmen die beiden »Ziegel« (Festplatten) aus der *Hawkeye* mit, die Hughes in einen Safe gelegt hatte. Hughes fügte hinzu, dass sein befehlshabender Offizier, als er die beiden Platten als Teil des Standardbetriebsverfahrens abmelden wollte, ihn aufforderte, dies zu unterlassen, und ihm klar machte, dass sie vom Personal der Air Force mitgenommen werden sollten, ohne dass Aufzeichnungen geführt würden. Dieser Vorfall ist ein wichtiger Beweis dafür, dass hochrangige Navy-Offziere wussten, dass Tic-Tac-Flugobjekte an einem geheimen Projekt beteiligt waren und dass zwischen der USAF und der Navy während des Zeitraums, in dem die Tic Tacs ab dem 10. November gesichtet und aufgezeichnet wurden, eine Kooperation auf höchster Ebene bestand.

Laut Turber sind die unglaublichen Geschwindigkeiten, die die Tic-Tac-Flugobjekte der USAF sowohl in der Atmosphäre als auch unter Wasser erreichen, auf ihre Fähigkeit zurückzuführen, das Prinzip der Superkavitation zu nutzen, durch das eine Kavitation oder Luftblase um das getauchte Fahrzeug erzeugt wird, die Wassermoleküle aus der Bahn des Fahrzeugs bewegt und so die Reibung beseitigt.[33] Dies ist identisch mit der Idee, dass durch elektromagnetische Energie ein Quantenvakuum um ein Fahrzeug herum erzeugt wird, wie im Pais-Patent für den HAUC erläutert, das sich durch verschiedene Medien wie Wasser, Luft und Raum bewegen kann. Ein wichtiges Argument der U.S. Navy war ja, dass China eine ähnliche Technologie wie den HAUC entwickelt –

dies wurde zu einem Faktor bei der Erteilung der Patentanmeldung, nachdem sie zuvor abgelehnt worden war.

In seinem Interview vom 2. Dezember fügte Turber der China-Verbindung diese aufschlussreiche Aussage hinzu: »Andere Länder entwickeln genau die gleiche Technologie, wobei China uns am nächsten ist und Russland wahrscheinlich nicht sehr weit zurückliegt.«[34] Folglich können wir Tic-Tac-förmige Raumschiffe zum Arsenal der Raumfahrzeuge, aus denen Chinas Geheimes Weltraumprogramm besteht, hinzufügen.

Eine Bestätigung dafür, dass chinesische Wissenschaftler und Unternehmen heimlich Nachbauten Fliegender Untertassen entwickelt haben, kommt von Dr. Sun Shili, ehemals Mitglied des chinesischen diplomatischen Korps und Präsident der chinesischen UFO-Forschungsorganisation.[35] Bei der Bürgeranhörung zur UFO-Enthüllung im November 2014 in Washington, D.C., sagte Dr. Sun:

> »Chinesische UFO-Konstrukteure haben einzeln und auch gemeinsam mit Wissenschaftlern und Erfindern an der Entwicklung, Herstellung und Erprobung von Dutzenden scheibenförmiger Artefakte mit ganz neuen Stromversorgungssystemen gearbeitet. Gleichzeitig haben wir Forschungs- und Entwicklungsarbeiten zu vielen wichtigen Technologien auf dem neuesten Stand der Technik durchgeführt, darunter neue Energieversorgung, Umweltschutz und Schutz vor Verschmutzung.«[36]

In abgelegenen Provinzen nahe der Wüste Gobi gab es eine Reihe von UFO-Sichtungen, die zusätzliche Beweise für ein chinesisches Geheimes Weltraumprogramm mit revolutionären elektromagnetischen Antriebssystemen liefern. Im September 2010 wurde der internationale Flughafen Hohhot Baita, der zur Hauptstadt der Autonomen Region Innere Mongolei gehört, wegen eines UFOs geschlossen, das auf dem Radar erschien und von Zeugen gesehen wurde. Das UFO wurde als »flach und röhrenförmig« beschrieben, und seine Auswirkungen auf den Flughafen Hohhot werden vom erfahrenen UFO-Forscher Timothy Good wie folgt beschrieben:

»Das neueste UFO wurde von Fluglotsen in der Hauptstadt der Inneren Mongolei, Hoot [Hohhot], auf Radarschirmen entdeckt. Sie konnten jedoch keinen Funkkontakt herstellen und warnten sofort Bootee [Baotou – die größte Stadt der Inneren Mongolei]. Ein Sprecher sagte: ›Flugzeuge mussten auf sekundären Flughäfen landen, um eine Kollision zu vermeiden.‹ Der Flughafen war ungefähr eine Stunde lang geschlossen … Die chinesischen Behörden haben sich geweigert, eine Stellungnahme abzugeben, aber einige Experten glauben, dass die drei Sichtungen ein Beweis für ein neues chinesisches Militärflugzeug sein könnten.«[37]

Ein weiterer UFO-Vorfall ereignete sich am 16. Juni 2012 in der Provinz Gansu in der Nähe des Jiuquan Satellite Launch Centers nach dem Start des Raumfahrzeugs *Shenzhou 9* mit drei Astronauten an Bord. Goode hat zusammengefasst, was geschah:

»Es wurde berichtet, dass zwei leuchtende, nicht identifizierte Objekte das Raumschiff *Shenzhou 9* wenige Minuten nach seinem Start in der Wüste Gobi umschwirrten. Die Objekte wurden von einer Infrarot-Videokamera aufgezeichnet, die den Start überwachte, und etwa vier Minuten nach dem Abschuss der *Langer-Marsch*-2F-Rakete auf einem Bildschirm in einem Kontrollzentrum in Peking entdeckt. Laut Wang Sichao, Astronom und UFO-Experte am Observatorium ›Blauer Berg‹ der chinesischen Akademie der Wissenschaften in Nanking, konnten die Objekte ›keine Flugzeuge, Meteore, Vögel oder abgetrennte Teile der Rakete sein‹.«[38]

Hervorzuheben ist, dass es in der chinesischen Region Gobi viele militärische Einrichtungen gibt, in denen fortschrittliche Luft- und Raumfahrttechnologien heimlich getestet und eingesetzt werden. Insbesondere das Jiuquan Satellite Launch Center ist per Bahn direkt mit Tsiens Fünfter Akademie, der heutigen China Aerospace Science and Technology Corporation, in Peking verbunden, von wo Raketenausrüstung, Personal und Zubehör unauffällig zum Testen und zum Einsatz in die Wüste Gobi transportiert werden.

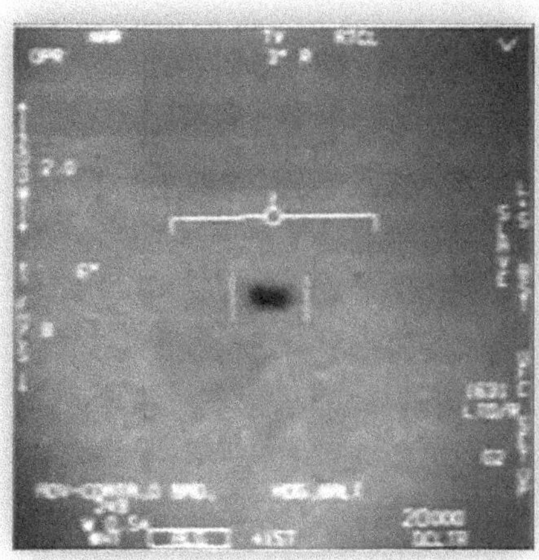

Abb. 31. Ein Tic-Tac-förmiges UFO. Quelle: U.S. Navy

Die Armee-Einrichtung, die der beste Kandidat für die Unterbringung und Bereitstellung von Chinas Geheimem Weltraumprogramm zu sein scheint, ist die Test- und Trainingsbasis Dingxin. Sie beschreibt Tyler Rogoway von *The Drive* wie folgt:

> »Die Test- und Trainingsbasis Dingxin ist eine weitläufige Einrichtung in der Provinz Gansu in der Wüste Gobi, einem Gebiet, das seit Langem eine Hochburg für Militär- und Waffentests der Volksbefreiungsarmee ist. Die Basis ist insofern einzigartig in ganz China, als sie die Entwicklung von Taktiken und Waffen sowie die Fortbildung der Luftwaffe der chinesischen Volksbefreiungsarmee (VBAAF) in komplexen High-End-Szenarien unterstützt. Luftabwehr-Übungen bilden einen großen Teil dessen, was dort vor sich geht. Die Basis beherbergt eine Flotte von Aggressor-Jägern [die als feindliche Kräfte fungieren] sowie vollwertige Luftzieldrohnen, von denen letztere größtenteils aus Beständen alter MiG-Kopien hergestellt werden. Als solches entspricht Dingxin ungefähr der Air Force Base Nellis in den Vereinigten Staaten, vermischt mit ein paar Spritzern der Air Force Basen Eglin und Edwards.«[39]

Es ist erwähnenswert, dass die Air Force Base Nellis an Area 51 angrenzt, das seit Mitte der 1950er Jahre eine führende Rolle in der Untersuchung und Entwicklung von erbeuteten außerirdischen und

Nazi-Untertassen gespielt hat. Die Air Force Base Edwards ist eng mit dem geheimen Werk 42 in Palmdale, Kalifornien, verbunden, in dem sich große Verteidigungsunternehmen wie Lockheed Martins Skunk Works und Northrup Grumman befinden. Es arbeitet an der Entwicklung von Prototypen für die Luft- und Raumfahrt der USAF auf der Grundlage von Nachbau-Forschungen, die in Area 51 und der Air Force Base Wright-Patterson stattfanden.

Kurz gesagt, in der Test- und Trainingsbasis Dingxin werden heimlich Forschungen zu ausländischen Technologien (amerikanisch, russisch und außerirdisch) durchgeführt, und Unternehmen wie CASC bauen Prototypen für die chinesische Armee.

Was die Frage betrifft, wo auf der riesigen Dingxin-Basis solche geheimen Bauprojekte stattfinden, erhalten wir einen wichtigen Hinweis durch eine Militäranlage nur drei Kilometer nordwestlich. Sie ist Teil einer Reihe mysteriöser bunkerartiger Festungen, die Eingänge zu einem gewaltigen Komplex mit unterirdischen Tunneln und Einrichtungen rund um Dingxin zu sein scheinen und die zu Zeiten errichtet wurden, als Dr. Tsien Hsue-shen Chinas Weltraumprogramm leitete. Rogoway geht auf die Bunkeranlage wie folgt ein:

> »Es stellt sich heraus, dass dies eine von über einem Dutzend stark befestigten Wasserfestungen ist, die als fast antike Bauwerke in der Region erscheinen, aber tatsächlich in den 1960er und 1970er Jahren während einer Zeit großer Spannungen zwischen Russland und China gebaut wurden. General Lin Biao leitete die Planung des chinesischen Militärs, eine Anzahl solcher Befestigungen zu errichten, von denen sich die meisten in der Wüste Gobi in der Region um die Luftwaffenbasis Dingxin befinden. Die meisten wurden aufgegeben, aber einige werden vom chinesischen Militär aus gutem Grund für andere Zwecke noch immer verwendet. Ihr Bau war unglaublich teuer, die Berge sind künstlich angelegt und darunter befindet sich ein Labyrinth von Kammern und Durchgängen, in denen große Gruppen von Soldaten und Kommandostäben über lange Zeiträume untergebracht und am Leben erhalten werden können.«[40]

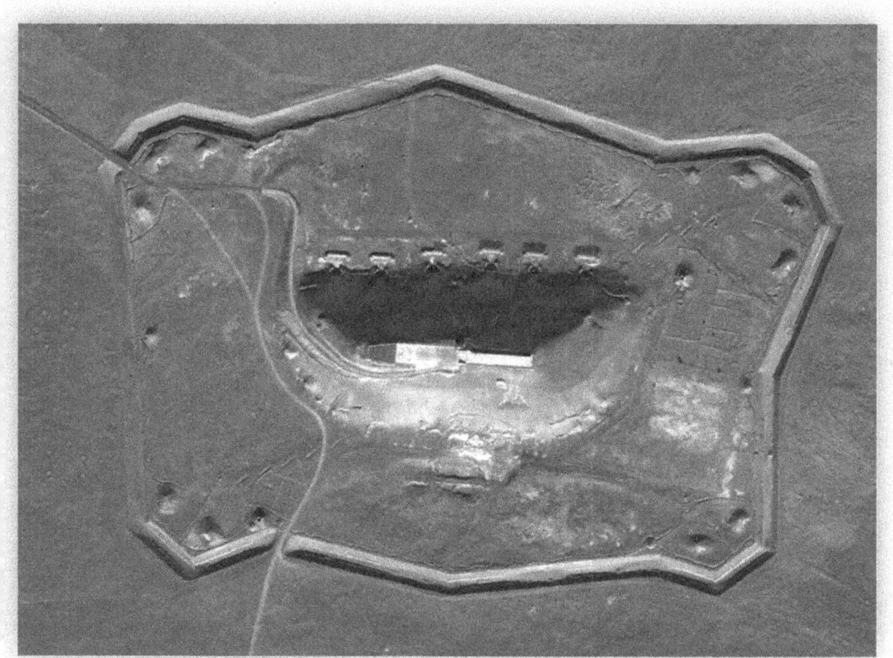

Abb. 32. Die Militäranlage mit unterirdischen Tunneln, die zur Test- und Trainingsbasis Dingxin gehört.

Neben der Unterbringung großer Gruppen von Soldaten ist es sehr wahrscheinlich, dass solche unterirdischen Komplexe in der Nähe und unterhalb von Dingxin Tsien einen idealen Ort für die Lagerung ausländischer Luft- und Raumfahrttechnologien boten, die wichtig für seine Pläne für ein chinesisches Geheimes Weltraumprogramm waren. Heute sind die unterirdischen Anlagen unterhalb und in der Nähe von Dingxin versteckte Standorte, an denen Chinas Militärisch-Industrieller Komplex unter absoluter Geheimhaltung Flotten von Antigravitationsraumschiffen baut, gut verborgen vor den neugierigen Augen amerikanischer und russischer Spionagesatelliten.

Diese Tatsache wird durch einen Artikel in *The Guardian* vom Januar 2019 bestätigt, in dem ein hochrangiger Offizier des Geheimdienstes des Verteidigungsministeriums offenlegte:

»China hält einen Großteil seiner militärischen Entwicklung geheim, indem es Forschungen in unterirdischen Komplexen durchführt, geschützt vor den neugierigen Blicken von Satelliten.«[41]

Anmerkungen

1 Informationen zum 20-jährigen Entwicklungszyklus für eine neue Generation von Militärjets finden Sie auf der Aviation-Website unter https://tinyurl.com/vmzeo8y (aufgerufen am 6.12.2019)

2 Siehe das CIA-Dokument, das am 8. September 2000 zur Veröffentlichung freigegeben wurde, auf https://tinyurl.com/vqa3862 (aufgerufen am 4.12.2019)

3 Bill Gertz, *Deceiving the Sky: Inside the Communist China's Drive for Global Supremacy*. Kindle eBook, Positionen 3211-3230.

4 Siehe Michael E. Salla, *Die Geheime Geschichte der U.S. Space Force*, AMRA Verlag, Hanau 2021; US-Ausgabe pgs. 245-66.

5 Ebd.; US-Ausgabe pgs. 250-62.

6 Mark McCandlishs ARV-Kunst kann als hochaufgelöster Druck erworben werden. Weitere Informationen finden Sie unter http://www.markmccandlish.com/ (aufgerufen am 23.4.2019)

7 Siehe Michael E. Salla, *Die Geheime Geschichte der U.S. Space Force*, AMRA Verlag, Hanau 2021; US-Ausgabe pgs. 225-44.

8 Ronald Reagan, *The Reagan Diaries*; Harper Perennial 2009; p. 334.

9 Siehe Associated Press, »Rash of UFO sightings in China – Government Pays Attention to Phenomenon«, http://ufoevidence.org/documents/doc750.htm (aufgerufen am 6.2.2019)

10 Brad Lendon, »China's helicopter prototype looks like a UFO«, https://www.cnn.com/2019/10/16/asia/china-new-helicopter-ufo-intl-scli-hnk/index. html # (aufgerufen am 6.12.2019)

11 Raymond Keller, *Venus Rising: A Concise History of the Second Planet*. Kindle eBook, Position 10261.

12 Siehe Kyle Mizokami, »Chinese Navy Tests Experimental Magnetic Propulsion System«, https://tinyurl.com/w5jq3an (aufgerufen am 19.11.2019).

13 Siehe Jeffrey Lin and P. W. Singer, »EmDrive: China claims success with this ›reactionless‹ engine for space travel«, https://tinyurl.com/vymr5hf (aufgerufen am 19.11.2019)

14 »Craft Using An Inertial Mass Reduction Device«, Patent No: US 10,144,532 B2, https://patentimages.storage.googleapis.com/de/4c/43/62c585ccc936cc/US10144532.pdf (aufgerufen am 24.9.2019)

15 Ebd.

16 Eine zusammenfassende Beschreibung der Funktionsweise des Quantenvakuums finden Sie von Brett Tingley und Tyler Rogway auf *The Drive*, »Docs Show Navy Got ›UFO‹ Patent Granted By Warning Of Similar Chinese Tech Advances«, https://tinyurl.com/ y2ra4vlq (aufgerufen am 23.9.2019)

17 Ebd.

18 Dr. James Sheehys Brief an Philip J. Bonzell ist zu finden auf https://tinyurl.com/y67bp42e (aufgerufen am 23.9.2019)

19 Siehe Robert Spalding, *Stealth War: How China Took Over While America's Elite Slept*; Penguin Group 2019.

20 »Electromagnetic field generator and method to generate an electromagnetic field«, Patentanmeldung US10135366B2, https://patents.google.com/patent/US10135366B2/en?inventor=Salvatore+Pais (aufgerufen am 7.10.2019)

21 »High frequency gravitational wave generator«, Patentanmeldung US10322827B2, https://patents.google.com/patent/US10322827B2/en?inventor=Salvatore+Pais (aufgerufen am 7.10.2019)

22 Salvatore Pais, »Plasma Compression Fusion Device«, https://tinyurl.com/t2uvo4u (aufgerufen am 4.12.2019)

23 Brett Tingley und Tyler Rogoway, »Scientist Behind the Navy's ›UFO Patents‹ Has Now Filed One for A Compact Fusion Reactor«, https://tinyurl.com/y3fpcre5 (aufgerufen am 19.1.2019)

24 »Piezoelectricity-induced Room Temperature Superconductor«, Patentanmeldung US20190058105A1, https://patents.google.com/patent/US20190058105A1/en?inventor=Salvatore+Pais (aufgerufen am 7.10.2019)

25 Dr. James Sheehy, »Declaration Under 37 C.F.R. 1.132«, https://tinyurl.com/y6zq99kd (aufgerufen am 24.9.2019)

26 Brett Tingley auf *The Drive*, https://www.thedrive.com/the-war-zone/29232/navys-Advanced-Aerospace-Tech-Boss-Claims-Key-UFO-Patent-is-operable (aufgerufen am 24.9.2019)

27 Ein Auszug aus der Patentanmeldung, der die ungeprüfte Nichtveröffentlichungsoption zeigt, ist online verfügbar unter https://tinyurl.com/vo7dugt (aufgerufen am 4.12.2019)

28 Brett Tingley und Tyler Rogway auf *The Drive*, »Docs Show Navy Got ›UFO‹ Patent Granted By Warning Of Similar Chinese Tech Advances«, https://tinyurl.com/ y2ra4vlq (aufgerufen am 23.9.2019)

29 »Steven Kwast – The Urgent Need for a U.S. Space Force«, https://youtu.be/KsPLmb6gAdw?t=1139 (aufgerufen am 12.12.2019)

30 Siehe Michael E. Salla, »Tic Tac UFOs Revealed in 2005 Briefing to be Secret USAF Spacecraft«, https://www.exopolitics.org/tic-tac-ufos-revealed-in-2005-briefing/ (aufgerufen am 25.3.2020)

31 Zwei Beiträge in der Hidden Truth Show, »Breaking News: ›Tic Tac‹ UFOs are Secret Aircraft!«, https://youtu.be/EqY7cbvP-yo und »Space: Turber Returns to Answer Skeptics with New Tic Tac UFO Details«, https://youtu.be/yESxAJJLqHg (aufgerufen am 15.2.2020)

32 Am 20. Januar 2020 wurde Patrick Hughes von Jim Breslo für seine Hidden Truth Show interviewt; online verfügbar unter https://youtu.be/8lJp3QxQVkQ (aufgerufen am 28.2.2020)

33 Hidden Truth Show, »Breaking News: ›Tic Tac‹ UFOs are Secret Aircraft!«, https://youtu.be/EqY7cbvP-yo?t=2380 (aufgerufen am 15.2.2020)

34 Hidden Truth Show, »Space: Turber Returns to Answer Skeptics with New Tic

Tac UFO Details«, https://youtu.be/yESxAJJLqHg?t=1070 (aufgerufen am 15.2.2020)

35 »Sun Shi Li«, http://www.ufoevidence.org/Researchers/Detail57.htm (aufgerufen am 14.11.2019)

36 Erklärung von Dr. Shi-Li Sun bei der Bürgeranhörung zur UFO-Enthüllung am 7. November 2014, https://youtu.be/Hd7yyF4-IxY (aufgerufen am 14.11.2019)

37 Timothy Good, *Earth An Alien Enterprise: The Shocking Truth Behind the Greatest Cover-up in Human History*; Pegasus Books 2013; p. xx. – Dt. Ausgabe: *Die Erde – Ein Projekt der Aliens?: Die schockierende Wahrheit hinter der größten Vertuschung in der Geschichte der Menschheit*, Kopp Verlag, Rottenburg 2015.

38 Ebd.; US-Ausgabe p. xx.

39 Tyler Rogoway, »This Massive Desert Base Is China's Version Of America's Nellis Air Force Base«, https://www.thedrive.com/the-war-zone/31824/this-massive-desert-base-is-chinas-version-of-americas-nellis-air-force-base (aufgerufen am 17.2.2020)

40 Ebd.

41 Meldung in *The Guardian*, »China has some of world's most advanced weapon systems, Pentagon warns«, https://www.theguardian.com/world/2019/jan/16/china-has-some-of-worlds-most-advanced-weapon-systems-pentagon-warns (aufgerufen am 24.2.2020)

16 Chinas Weltraumwaffen

Halten Sie Ihre Pläne so dunkel und undurchdringlich wie die Nacht, und wenn Sie Ihren Schachzug machen, schlagen Sie blitzartig zu.

– Sun Tzu, Die Kunst des Krieges –

Wenn es um Weltraumwaffen geht, haben einige chinesische Militärstrategen die vollständige Aufrüstung im Weltraum vorgeschlagen. Zwei der am häufigsten zitierten chinesischen Militärdokumente sind »Weltraumkrieg« (Space War) von Oberst Li Daguang und »Über Operationen im Weltraum« (On Space Operations) von Oberst Jia Junming, die beide Mitglieder der chinesischen Armee sind.[1] Li Daguag schlägt in seiner Schrift die Verschmelzung von Weltraum- und Luftstreitkräften vor und drängt: »Die Planung der Dominanz im Weltraum sollte ein Thema auf höchster Ebene für die Sicherheitsstrategie und Entwicklung eines Landes sein.«[2] Als Reaktion auf die von den USA und der UdSSR betriebene Aufrüstung im Weltraum durch Geheime Weltraumprogramme hat sich China bemüht, eine seiner Meinung nach bedeutende technologische Lücke zu schließen, indem es Weltraumwaffen baut und einsetzt, die ein wesentlicher Bestandteil seines Geheimen Weltraumprogramms sind.

Es lohnt sich, zunächst einmal die konventionelleren »bodengestützten« Waffensysteme zu untersuchen, die von China für den Einsatz gegen Ziele im Weltraum entwickelt wurden. Das bekannteste ist sicherlich Chinas Antisatelliten-Raketensystem, das erstmals bei der Zerstörung eines alten chinesischen Wettersatelliten im polaren Orbit auf einer Höhe von 865 Kilometern am 11. Januar 2007 eingesetzt wurde. Es war der allererste Test einer Antisatellitenwaffe seit 1985 überhaupt, als die USA einen ähnlichen Test durchführten. Die USA reagierten heftig und die damalige Außenministerin Condolezza Rice warnte Peking streng. Ein Jahr später starteten die USA selbst eine Antisatellitenrakete, die einen fehlerhaft funktionierenden Spionagesatelliten zerstörte.[3] 2010 folgte China mit einem weiteren Antisatelliten-Raketentest und schoss diesmal erfolgreich eine ballistische Rakete in einer Höhe von 241 Kilometern ab.

Von Wikileaks offengelegte Fernschreiben zeigen, inwieweit die USA die internationale Meinung gegen weitere chinesische Tests mobilisiert haben, um ein Wettrennen um Weltraumwaffen zu verhindern.[4] Zusätzliche chinesische Antisatelliten-Raketentests in den Jahren 2013 und 2014 führten dazu, dass General Jay Raymond, derzeitiger Chef des US-Raumfahrtkommandos, 2015 eine Warnung herausgab: »Bald kann jeder Satellit in jeder Umlaufbahn einem Risiko ausgesetzt sein.«[5] In jüngerer Zeit, im Januar 2018, enthüllte ein Top-Secret-Bericht des Pentagon Joint Staff Intelligence Directorate, des Vereinten Stabes der Geheimdienste im Pentagon, dass »China und Russland Antisatellitenraketen und andere Waffen gebaut haben und bald in der Lage sein werden, jeden US-Satelliten in einer erdnahen Umlaufbahn zu beschädigen oder zu zerstören«.[6] Um der alarmierenden Pentagon-Bewertung ein Ausrufezeichen hinzuzufügen, startete China weniger als einen Monat später erfolgreich den vierten Test seiner neuesten Antisatellitenrakete *Dong Ning 3*.[7] Dieser neueste chinesische Test löste die Alarmglocken im Pentagon aus, wie Bill Gertz 2019 in seinem Buch *Deceiving the Sky – Inside Communist China's Drive for Global Supremacy* (»Die Täuschung des Himmels – Das Streben des kommunistischen China nach globaler Vorherrschaft«, nicht auf Deutsch erschienen) schildert:

> »Der ASAT-[Antisatellitentest-]Test vom Februar 2018 war ein Weckruf für amerikanische Führer bei Militär und Verteidigung, weil er eindeutig zeigte, dass China nicht darauf aus war, mit der amerikanischen Rüstung mitzuhalten, sondern auf der Suche nach asymmetrischen Vorteilen ist. ›Der ASAT-Test hat gezeigt, dass sie uns nicht folgen, sondern einen Sprung nach vorne machen wollen‹, sagte ein Sprecher des Verteidigungsministeriums.‹«[8]

Zusätzlich zu den bodengestützten, eher konventionellen ASAT-Fernlenkgeschossen entwickelt China derzeit ausgefeilte Technologien der elektronischen Satellitenstörung, um Satellitensysteme zu deaktivieren, von denen das US-Militär abhängig ist. Amerikanischen Sicherheitsanalysten erklärten in einem Papier vom 3. April 2019: »China hat auf umkämpften Inseln im Südchinesischen Meer Satelliten-Störgeräte in Militärqualität eingesetzt, und der US-Geheimdienst nimmt an, dass sie in den nächsten Jahren ein funktionsfähiges ASAT-Waffensystem haben werden.«[9] Gertz fügt hinzu, dass das Wissenschaftliche Beratergremium des Pentagon kürzlich zugab:

> »Die Anfälligkeit amerikanischer Satelliten für elektronische Störungen war nichts weniger als eine Krise ... ›In schweren Stresssituationen kann eine Störung die gesamte kommerzielle Satellitenkommunikation [Satcom] und auch einen Großteil der militärischen Satcom funktionsunfähig machen.‹«[10]

Doch es gibt nicht nur die konventionelleren bodengestützten ASAT-Waffensysteme, sondern auch die exotischeren Gerichteten Energiewaffen (Directed Energy Weapons = DEW), an denen die Volksbefreiungsarmee heimlich in militärischen Einrichtungen in der abgelegenen Autonomen Region Xinjiang Uyghur forscht. Ein pensionierter Colonel der indischen Armee, Vinayak Bhat, der während seines Dienstes im militärischen Geheimdienst über zwei Jahrzehnte auf die Analyse von Satellitenbildern spezialisiert war, hat frei zugängliche Satellitenbilder veröffentlicht, welche geheime chinesische Anlagen zeigen, die Forschungen zu Antisatellitenlasersystemen und elektromagnetischen Impulswaffen (EMP) durchführen.[11] Auf den von Colonel Bhat bereitgestellten Satellitenbilder sind mehrere Einrichtungen in Xinjiang zu sehen, in denen diese DEW-Waffen entwickelt und getestet werden.

Das erste Satellitenbild zeigt eine DEW-Anlage in Xinjiang, die einen chemischen Laser auf der Basis von Seltene-Erde-Metallen verwendet, um Satelliten anzuvisieren.

Colonel Bhat gibt eine detaillierte Erklärung:

> »Die Anlage verfügt über vier Hauptgebäude mit Schiebedächern. Drei dieser Schuppen sind mit zwei Vakuumkugeln verbunden. Form und Größe weisen darauf hin, dass möglicherweise chemische Laser mit Seltene-Erde-Metallen wie Neodym verwendet werden.
>
> Es wird vermutet, dass die Ausrüstung unter einem kleineren Schiebedach zur Verfolgung verwendet wird, während die anderen drei einzeln oder in Verbindung miteinander benutzt werden, abhängig von dem gewünschten Effekt auf den Zielsatelliten – er kann von diesen bodengestützten DEW durch Hochenergie-Laser geblendet, deaktiviert oder zerstört werden.«[12]

Ein weiteres Satellitenbild von Colonel Bhat zeigt eine alternative Einrichtung in Xinjiang, in der EMP-Generatoren [EMP = elektromagnetischer Puls] getestet werden.

Er beschreibt die Schlüsselelemente wie folgt:

> »Der Testort zeigt einen EMP-Generator, der an mehreren Stangenmasten hängt – ähnlich den Strukturen, die an der Naval Air Station Pax River in Maryland, USA, beobachtet wurden.
>
> Unter dem zylindrischen EMP-Generator führt eine Straße hinein und heraus, damit Geräte und Fahrzeuge genau unter dem Generator platziert werden können. Diese Einrichtung dient zur Erforschung von Methoden zur Verbesserung chinesischer Militärausrüstung und zur Umkehrung der Wirkung auf die Ausrüstung des Gegners mithilfe elektronischer Komponenten.«[13]

Abb. 33. Anlage für »Gerichtete Energiewaffen« oder Directed Energy Weapons (DEW). Quelle: Vinayak Bhat

China hat auch mobile EMP-Generatoren im Einsatz, die für die USA in zukünftigen militärischen Konflikten schwerer zu verfolgen und zu zerstören sind. Colonel Bhat liefert dafür ein hier nicht wiedergegebenes Satellitenbild, das einen mobilen Impulsgenerator in Xinjiang zeigt, und erklärt seine Fähigkeit: »Diese Arten von nichtnuklearen Impulsgeneratoren werden zur Erzeugung elektromagnetischer Interferenzen verwendet, mit denen Satelliten in sehr kurzer Zeit deaktiviert werden können.«[14]

Die bodengestützten Anti-Satelliten-Waffensysteme sind Schlüsselelemente des chinesischen Programms »Assassin's Mace« (Kriegskeule des Attentäters) oder »Trump Card« (Trumpfkarte/Trump-Karte, Wortspiel beabsichtigt) zur schnellen Ausschaltung und Zerstörung des amerikanischen Satellitennetzes in zukünftigen militärischen Konflikten. Nach der alten chinesischen Folklore triumphiert ein Held mit einer Kriegskeule über einen mächtigeren Gegner, indem er seinen

Feind jäh und vollständig außer Gefecht setzt, statt mit herkömmlichen Mitteln zu kämpfen.[15] Für die *Epoch Times* fasst Joshua Philipp die Kriegsstrategie der Kommunistischen Partei Chinas (KPCh) folgendermaßen zusammen:

»Die militärische Strategie der KPCh für einen Krieg mit den Vereinigten Staaten würde stark von solchen Waffen abhängen wie der ›Kriegskeule‹ oder ›Trumpfkarte‹. Sie würde den Einsatz von Antisatellitenwaffen und anderen Schlüsseltechnologien einschließen, um die Systeme zu zerstören, die die Kerntechnologien des US-Militärs stützen.

›Diese modernen Waffen wie Trumpfkarte und Kriegskeule werden es Chinas Niedrigtechnologie-Armee ermöglichen, sich in einem lokalen Konflikt gegen US-Hochtechnologie durchzusetzen‹, heißt es in einem Bericht des National Ground Intelligence Center [Nationales Bodenaufklärungszentrum] aus dem Jahr 2011.«[16]

Chinas rasche Entwicklung von Antisatellitenwaffen hat dazu geführt, dass General Raymond und andere hochrangige USAF-Offiziere offen erklärt haben, dass China eine unmittelbare militärische Bedrohung für die Vereinigten Staaten darstellt.[17] Eine Studie des Nationalen Instituts für öffentliche Politik aus dem Jahr 2017 stimmt dem zu: »Die Volksbefreiungsarmee hat jetzt die Fähigkeit, fünfhundert US-Satelliten anzugreifen, zu zerstören oder zu beschädigen, die die Erde in Höhen zwischen 2.000 und 35.000 Kilometern umkreisen.«[18]

Zusätzlich zu bodengestützten Antisatellitenwaffen, die für die USAF bereits ein großes Problem darstellen, gibt es auch weltraumgestützte Waffensysteme, die möglicherweise eine noch langfristigere Bedrohung für die amerikanische Raumfahrt darstellen. Dazu gehören Chinas Killersatelliten, die so manövriert werden können, dass sie US-Satelliten abfangen und zerstören, wie Gertz erklärt:

»Meine Story [aus dem Jahr 2013] mit der Überschrift ›China hat drei ASAT-Satelliten gestartet‹ schildert, wie US-Geheimdienste erstmals herausfanden, dass das chinesische Militär für die zukünftige Weltraumkriegsführung kleine Manövriersatelliten entwickelt hatte. Alle drei Satelliten waren mit kleinen Düsen zum Manövrieren ausgestattet, aber nur die *Shijian 15* besaß einen mechanischen Greifarm mit einer Zange am Ende. Es wird angenommen, dass die Erweiterung dazu dient, andere Satelliten anzugreifen, sie zu packen oder Schlüsselkomponenten zu zerstören.«[19]

Nach Angaben des *National Interest*, einer Fachzeitschrift für internationale Beziehungen, entwickelt China außerdem weltraumgestützte Gerichtete Energiewaffen (DEW) mit Hochleistungslasern:

»Im Dezember 2013 wurde von den drei Forschern Gao Ming-hui, Zeng Yu-quang und Wang Zhi-hong in der Zeitschrift *Chinese Optics* die Idee einer weltraumgestützten Laserkanone offengelegt. Alle arbeiten für das Changchun-Institut für Optik, Feinmechanik und Physik – das führende Zentrum für Laserwaffentechnologie.

›In zukünftigen Kriegen ist die Entwicklung von ASAT-[Antisatelliten-] Waffen sehr wichtig‹, schreiben sie. ›Unter diesen Waffen genießt das Laser-Angriffssystem die bedeutenden Vorteile der schnellen Reaktionsgeschwindigkeit, der robusten Gegenstörungsleistung und einer hohen Zielzerstörungsrate, besonders für ein weltraumgestütztes ASAT-System. Daher wird das Laserwaffensystem im All eines der wichtigsten ASAT-Entwicklungsprojekte sein.‹«[20]

Es gibt noch weitere revolutionäre weltraumgestützte Waffensysteme, die von den USA und China erfunden wurden und angeblich derzeit entwickelt werden. Dazu gehören die »Rods of God« (Ruten oder Stäbe Gottes), große stabförmige Geschosse, die aus dem Weltraum punktgenau und mit verheerenden Folgen abgeschossen werden. In einem Bericht mit dem Titel *U.S.-China Space Balance: 2019* (»Gleichgewicht im All zwischen USA und China 2019«) gehen die Autoren Harrison Gale und Alexa Ryan West näher auf das Waffensystem »Rods of God« ein:

»Der orbital-terrestrische Krieg beinhaltet Angriffe auf ein irdisches Ziel mit einer Waffe vom Weltraum aus. Ein Beispiel für ein orbital-terrestrisches Waffensystem wäre die von den USA vorgeschlagene Entwicklung der ›Rods of God‹, metallischer Wolframstäbe mit einer Länge von etwa 6,1 Metern und einem Durchmesser von dreißig Zentimetern, die innerhalb von Minuten satellitengesteuert zu Zielen überall auf der Erde geführt werden könnten … Die Stäbe könnten sich mit mehr als 11.000 Kilometern pro Stunde bewegen. Diese Waffe nutzt die kinetische Energie, um eine Explosion in der gleichen Größenordnung wie eine in die Erde eindringende Atomwaffe zu verursachen, jedoch ohne radioaktiven Fallout.«[21]

Während auf offizieller Ebene weltraumgestützte Waffen lediglich Planungen sind, die in Erwägung gezogen werden, haben mehrere glaubwürdige Insider enthüllt, dass die »Rods of God« über das Entwicklungsstadium hinaus sind und von den USA eingesetzt werden könnten. Die Auswirkungen einer solchen Waffe im Weltraum wurden in dem Film *G.I. Joe – Die Abrechnung* (2013) sehr genau dargestellt, wie Corey Goode und Emery Smith (USAF a.D.) behaupten, die angeblich beide in streng geheimen Programmen gearbeitet haben, bei denen es um den Nachbau außerirdischer Technologien ging, unter der Leitung mehrerer Waffengattungen des US-Militärs.

Bei einem Interview mit David Wilcock für die Reihe *Cosmic Disclosure* auf Gaia TV erklärten beide, dass der Film eine »sanfte Enthüllung« der Rod-of-God-Technologie sei, die von der United States Air Force bereits im Erdorbit stationiert werde:

»*David:* Was haltet ihr eigentlich von dem Film *G.I. Joe*? Und hattet ihr vielleicht irgendwelche …

Emery: Ich erinnere mich, ihn gesehen zu haben. Ich erinnere mich nicht besonders gut daran, aber ich weiß noch, dass ich ihn gesehen und gewissermaßen die Punkte miteinander verbunden habe, wie wir sagen. Und ich finde, es war damals eine Menge dran. Ich weiß noch, wie ich ihn gesehen habe und dachte: ›Wow! Sie sprechen es einfach offen aus.‹

David: Sie machen in dem Film per Computeranimation diese irre schönen visuellen Effekte.

Corey: Oh ja, besonders in der zweiten Folge [2009 gab es bereits einen ersten *G.I. Joe*-Film: *Geheimauftrag Cobra*], als sie die Angriffe der Rods of God auf die Erde zeigen … was genau das ist, was wir in der Nordkorea-Sache erlebt haben.

Emery: Richtig. Richtig. Echt interessant. Ich habe den zweiten Teil nicht gesehen.

David: Das sind Stücke aus Wolfram, groß wie Telegrafenmasten, die man auf die Erde fallen lassen kann, und allein die Schwerkraft verursacht eine sehr, sehr starke Explosion, die einen riesigen Bereich verwüstet.

Emery: Oh, ja.

David: Und er hatte darüber gesprochen. Ich habe erst kürzlich den zweiten *G.I. Joe*-Film gesehen und ich konnte nicht glauben, dass dies darin vorkam.

Emery: Wow! Ja, das ist ziemlich erstaunlich, dass sie diese geheimen Informationen so unverhohlen preisgeben, aber wir sehen jetzt die ganze Zeit ausgewählte Beispiele in den Filmen.«[22]

In einem früheren Interview hatte ich Corey Goode gefragt, was seine vertraulichen Quellen ihm denn über die Weltraumwaffen gesagt hatten, die die USA Anfang 2017 gegen Nordkorea einsetzen wollten, und er antwortete:

»Ich würde eine Reihe von EMP-Detonationen über NK [Nordkorea] erwarten, während gleichzeitig Rods-of-God-Projektile aus dem Orbit freigesetzt werden. Es sollte angemerkt werden, dass Nordkorea extreme Maßnahmen ergriffen hat, um Bunker und Systeme gegen EMP-Angriffe abzuschirmen.

Jede RFG-[Rods-of-God-]Plattform kann zwölf Projektile von der Größe eines Telegrafenmasten abfeuern. Diese Projektile bestehen aus Wolfram, sind mit Keramik beschichtet und haben ein Leitsystem ähnlich dem der konventionellen JDAM-[Joint-Direct-Attack-Munition-]Bomben.«[23]

In der Vergangenheit haben sich Goodes Quellen als sehr vertrauenswürdig herausgestellt, was dadurch bewiesen wird, dass er der Erste war, der zwei Dokumente des Verteidigungsnachrichtendienstes (Defense Intelligence Agency) offenlegte über »passierbare Wurmlöcher und Überlichtantrieb«, die später auf Anfragen gemäß des Informationsfreiheitsgesetzes als echt bestätigt wurden.[24]

Goodes Behauptung, dass Amerika darüber nachdachte, die Rods of God gegen Nordkorea einzusetzen, wird auch unterstützt durch einen rätselhaften Kommentar des Ex-Verteidigungsministers James Mattis. In einer Pressekonferenz von 2017, über die *Sputnik News* berichtet hat, bestätigte Mattis mögliche »kinetische Optionen«, die die nukleare Infrastruktur Nordkoreas ausschalten könnten, ohne die südkoreanische Hauptstadt Seoul zu gefährden:

»Nur der Klärung halber, Sie sagten, dass es mögliche militärische Optionen gibt, die kein großes Risiko für Seoul darstellen. Sprechen wir auch über kinetische Optionen?‹, fragte ihn ein Reporter.

›Ja, aber darauf möchte ich nicht weiter eingehen‹, antwortete Mattis. Kinetische Militäraktionen ist ein Euphemismus, der sich auf tödliche militärische Einsätze wie Luftangriffe bezieht (normalerweise im Gegensatz zur elektronischen Kriegsführung).«[25]

Dr. Joseph Farrell glaubt, dass Mattis tatsächlich auf exotische Weltraumwaffen wie die Rods of God anspielte, die gegen Nordkorea eingesetzt werden könnten:

»*Sputnik* wählt seine Worte sehr sorgfältig und nennt ›kinetische Militäraktion‹ einen ›Euphemismus‹, der sich auf tödliche militärische Einsätze *wie* Luftangriffe bezieht, vermutlich mit intelligenten Bomben. Aber eine solche Sprache impliziert, dass es auch andere Formen von ›kinetischen Waffen‹ gibt, *viel* zerstörerischere, von denen eine die sogenannte Rods-of-God-Technologie ist …

Wenn man von Luftangriffen spricht, würde man normalerweise *diese* Sprache verwenden, um die ›Optionen‹ zu beschreiben. Luftangriffe würden im modernen konventionellen Sprachgebrauch typischerweise intelligente Bomben, Marschflugkörper und so weiter umfassen. Sagt man ›kinetische Waffen‹, ist etwas anderes gemeint, man hat etwas ganz *anderes* im Sinn, so etwas wie die ›Rods of God‹. Wenn diese Analyse des Gesprächs korrekt ist, und wiederum vorausgesetzt, der Artikel berichtet akkurat, dann ist die Antwort von Mr. Mattis – ›Ja, aber darauf möchte ich nicht weiter eingehen‹ – ein erstaunliches Eingeständnis, dass Plattformen mit solchen Waffen existieren – orbital oder auf andere Weise. Und dass sie eingesetzt werden können. Und auf jeden Fall, dass sie ungeachtet der Plattform höchstwahrscheinlich im Weltraum *starten* werden, wenn nicht sogar, dass sie *weltraumgestützt* sind, schon allein, um die enormen Geschwindigkeiten erreichen zu können, die erforderlich sind, um der Waffe ihre strategische und operative ›Schlagkraft‹ zu verleihen.«[26]

Laut Goode hat auch China die Rods-of-God-Technologie heimlich entwickelt und hält sie in Bereitschaft, nachdem es die Entwicklungspläne schon vor Jahrzehnten durch Industriespionage erwarb. Auf die Frage, ob China über ähnliche Waffensysteme der Strategischen Verteidigungsinitiative (Strategic Defense Initiative) verfügt wie die USA, antwortete Goode:

»China konnte die Pläne für praktisch alle SDI-Waffensysteme (und spätere) erhalten. Sie sparten sich den mühsamen und teuren F&E-[Forschungs-und-Entwicklungs-]Prozess und konnten Verbesserungen an den Konstruktionen vornehmen, die die Entwicklung ihrer Waffen erheblich billiger machte.«[27]

Goodes Behauptung wird durch einen Bericht des Verteidigungsnachrichtendienstes untermauert, in dem die jahrzehntelange Kampagne Chinas zur Erlangung der wertvollsten Waffentechnologie Amerikas durch Diebstahl und andere betrügerische Mittel erläutert wird: »Das Ergebnis dieses vielfältigen Ansatzes zur Technologiebeschaffung ist eine VBA, die kurz davor steht, einige der modernsten Waffensysteme der

Welt einzusetzen.«[28] Was Chinas Weltraumwaffen noch bedrohlicher macht ist das rasche Ausmaß, in dem Künstliche Intelligenz (KI) in die Waffenentwicklung eingeführt wird.

Dr. Kai-Fu Lee, Autor von *AI Superpowers – China, Silicon Valley und die Neue Weltordnung*, beschreibt akribisch und detailliert, inwieweit KI schnell in alle Aspekte der chinesischen Gesellschaft eingeführt wird, einschließlich des mächtigen Militärs.[29] Er skizziert, wie rasch China die KI-Technologielücke zwischen sich und den USA geschlossen hat und auf welche Weise es bis 2025 einen qualitativen Vorsprung erreichen wird. Bis 2030 will China die dominierende Macht in Bezug auf Künstliche Inelligenz werden und plant, dies zu nutzen, um seinen globalen Einfluss weiter auszubauen. Die Bedeutung von KI für die globale Dominanz wurde am besten vom russischen Präsidenten Wladimir Putin zusammengefasst, der in einem Vortrag im September 2007 sagte: »Künstliche Intelligenz ist die Zukunft, nicht nur für Russland, sondern für die ganze Menschheit. Sie bringt kolossale Chancen mit sich, aber auch Bedrohungen, die schwer vorherzusagen sind. Wer in diesem Bereich führend wird, wird zum Herrscher der Welt.«[30]

Sehr beunruhigend ist das Ausmaß, in dem China seine Pläne zur Aufrüstung von KI vorantreibt, insbesondere für die künftige Weltraumkriegsführung. Auf einer Konferenz in Washington, D.C., die am 5. November 2019 stattfand, erklärte US-Verteidigungsminister Mark Esper kurz und bündig, was China strategisch getan hat:

> »Die Nation, die zuerst KI nutzt, wird für viele, viele Jahre einen entscheidenden Vorteil auf dem Schlachtfeld haben. Wir müssen zuerst dort ankommen …
>
> Präsident Xi hat gesagt, dass China ›sicherstellen muss, dass unser Land in Bezug auf theoretische Forschung und den wichtigen Bereich der KI an vorderster Front steht und bei kritischen und zentralen KI-Technologien die Nase vorn hat‹.
>
> Beispielsweise ermöglichen Verbesserungen der KI leistungsfähigere und kostengünstigere autonome Fahrzeuge. Die chinesische Volksbefreiungsarmee bemüht sich aggressiv, sie in vielen Bereichen der Kriegsfüh-

rung einzusetzen. Während die USA vor der gewaltigen Aufgabe stehen, das modernste Militär der Welt auf neue KI-fähige Systeme umzustellen, geht China davon aus, dass es unsere gegenwärtige Technologie überspringen und direkt die nächste Generation erreichen kann.«[31]

Wenn man die bedeutenden Fortschritte bei Weltraumwaffen der chinesischen Armee mit Chinas Bestrebungen, die KI zu bewaffnen, kombiniert, ist es leicht zu verstehen, warum das Pentagon höchst besorgt ist, dass China seine asymmetrische »Kriegskeulen«-Strategie in einem zukünftigen Krieg einsetzt.

Der Weltraum wird von vielen militärischen Analysten als das erste Schlachtfeld in einem Krieg zwischen Amerika und China bezeichnet, wo jede Seite ihre am höchsten entwickelten Weltraumwaffen einsetzen wird, um einen strategischen Vorteil zu erlangen.

»Da China und die USA um die zukünftige Hegemonie ringen, ist ein militärischer Konflikt nicht ausgeschlossen. Tatsächlich: ›Chinas militärische Absichten im Weltraum stellen sich als eines der zentralen Sicherheitsprobleme zwischen den beiden Ländern dar.‹ Um genau zu sein: Beim Ausbruch eines Krieges zwischen den USA und China wäre das Ausschalten der weltraumgestützten Infrastruktur wahrscheinlich der erste Schritt.«[32]

Ist ein Krieg zwischen USA und China, in dem beide ihre modernsten Waffensysteme ihrer Geheimen Weltraumprogramme gegeneinander einsetzen, unvermeidlich, oder kann eine strategische Partnerschaft erreicht werden, in der sie sich gegenseitig gegen ernste Bedrohungen des globalen Friedens und der Stabilität unterstützen?

Anmerkungen

1 Siehe Harrison Gale und Alexa Ryan West, »US-China Space Balance: 2019« (Govt451, n.d.), p. 26; https://www.scribd.com/document/137608576/US-China-Space-Balance-2019 (aufgerufen am 10.11.2019)

2 Zitiert nach ebd.

3 Tim Ross, Holly Watt und Christopher Hope, »WikiLeaks: US and China in military standoff over space missiles«, https://tinyurl.com/yx4c8xhc (aufgerufen am 5.12.2019)

4 Holly Watt, »WikiLeaks: The race to take control of space«, https://tinyurl.com/txtkn6b (aufgerufen am 5.12.2019)

5 Joshua Philipp, »New Chinese Weapons Threaten Every Satellite in Orbit, Says US General«, https://tinyurl.com/rq4obxq (aufgerufen am 5.12.2019)

6 Bill Gertz, *Deceiving the Sky: Inside the Communist China's Drive for Global Supremacy*; Encounter Books 2019. Kindle eBook, Position 937.

7 Drei frühere DN-3-Tests wurden durchgeführt im Oktober 2015, Dezember 2016 und August 2017; siehe Bill Gertz, *Deceiving the Sky: Inside the Communist China's Drive for Global Supremacy*; Encounter Books 2019. Kindle eBook, Positionen 937, 995.

8 Ebd., Position 974.

9 Pavel Velkovsky, Janani Mohan und Maxwell Simon, »Satellite Jamming: A Technology Primer«, https://tinyurl.com/v93njkd (aufgerufen am 5.12.2019)

10 Bill Gertz, *Deceiving the Sky: Inside the Communist China's Drive for Global Supremacy*; Encounter Books 2019. Kindle eBook, Position 974.

11 Colonel Vinayak Bhat, »These futuristic Chinese space denial weapons can disable or destroy opposing satellites«, https://tinyurl.com/w5dckby (aufgerufen am 25.9.2019)

12 Ebd.

13 Ebd.

14 Ebd.

15 Meldung von *Forbes*, »Are U.S. Treasuries An Assassin's Mace Or China's Trump Card? Weaponizing Treasuries In A Trade War«, https://www.forbes.com/sites/leonlabrecque/2019/09/04/are-u-s-treasuries-an-assassins-mace-or-chinas-trump-card-weaponizing-treasuries-in-a-trade-war/ (aufgerufen am 22.2.2020)

16 Joshua Philipp, »For China, Space Is About Politics and War«, https://www.theepochtimes.com/for-china-space-is-about-politics-andwar_2877600.html (aufgerufen am 23.9.2019)

17 Joshua Philipp, »China's Secret Space Weapons Have the Pentagon Worried«, https://www.theepochtimes.com/chinas-secret-space-weapons-have-the-pentagon-worried_1354392.html (aufgerufen am 23.9.2019)

18 Bill Gertz, »China's Great Leap in space warfare creates huge new threat«, https://tinyurl.com/ueomq2x (aufgerufen am 5.12.2019)

19 Bill Gertz, *Deceiving the Sky: Inside the Communist China's Drive for Global Supremacy*; Encounter Books 2019. Kindle eBook, Positionen 997, 1016.

20 Bill Gertz, »How China's Mad Scientists Plan to Shock America's Military: Super Lasers, Railguns and Microwave Weapons«, https://nationalinterest.org/blog/thebuzz/how-chinas-mad-scientists-plan-shock-americas-military-super-19737 (aufgerufen am 4.12.2019)

21 Harrison Gale und Alexa Ryan West, »US-China Space Balance: 2019« (Govt451, n.d.), p. 26; https://www.scribd.com/document/137608576/US-China-Space-Balance-2019 (aufgerufen am 4.12.2019)

22 »Cosmic Summit – Cosmic Disclosure«, https://www.disclosurenews.it/en/cosmicsummit-cosmic-disclosure/ (aufgerufen am 5.12.2019)

23 Michael E. Salla und Corey Goode, »Trump to Use Space Weapons against North Korea to begin Secret Space Program Disclosure«, https://tinyurl.com/w5hzfyu (aufgerufen am 5.12.2019)

24 Michael E. Salla, »DIA Confirms List of Exotic Propulsion Papers Corroborating Insider Testimony on Warp Drive & Wormhole Travel«, https://www.exopolitics.org/dia-confirms-list-of-exotic-propulsion-papers-corroborating-insider-testimony/ (aufgerufen am 6.12.2019)

25 Sputnik News, »Cryptic Mattis Says US Has Weapons to Strike DPRK Without Endangering Seoul«, https://sputniknews.com/military/201709191057534095-mattis-north-korea-strike-seoul/ (aufgerufen am 5.12.19)

26 Joseph Farrell, »Mattis, North Korea and Hints of Exotic Weapons«, https://gizadeathstar.com/2017/09/mattis-north-korea-hints-exotic-weapons/ (aufgerufen am 5.12.2019)

27 Michael E. Salla und Corey Goode, »Trump to Use Space Weapons against North Korea to begin Secret Space Program Disclosure«, https://tinyurl.com/w5hzfyu (aufgerufen am 5.12.2019)

28 Zitiert nach Bill Gertz, *Deceiving the Sky: Inside the Communist China's Drive for Global Supremacy*; Encounter Books 2019. Kindle eBook, Position 114.

29 Kai-Fu Lee, *AI Superpowers: China, Silicon Valley and the New World Order*; Houghton Mifflin Harcourt 2018. – Dt. Ausgabe: *AI Superpowers – China, Silicon Valley und die Neue Weltordnung*, Campus Verlag, Frankfurt am Main 2019.

30 RT, »›Whoever leads in AI will rule the world‹: Putin to Russian children on Knowledge Day«, https://www.rt.com/news/401731-ai-rule-world-putin/ (aufgerufen am 21.12.2019)

31 US-Verteidigungsministerium, »Remarks by Secretary Esper at National Security Commission on Artifical Intelligence Public Conference«, https://tinyurl.com/wu8s7rz (aufgerufen am 21.12.2019)

32 Harrison Gale und Alexa Ryan West, »US-China Space Balance: 2019« (Govt451, n.d.), p. 26; https://www.scribd.com/document/137608576/US-China-Space-Balance-2019 (aufgerufen am 4.12.2019)

17 Aufstieg des Roten Drachen

Der Hunger eines Drachen erwacht nur langsam,
aber er ist schwer zu stillen.
– Ursula K. LeGuin –

Eine alte Legende beschreibt das chinesische Volk als Nachkommen von Drachen aus dem Weltraum, so Dr. Sun Shili, ehemaliger Universitätsprofessor und Diplomat der Volksrepublik China.[1] Die kommunistische Ideologie der chinesischen Regierung, in Verbindung mit ihren langfristigen Plänen, zur dominierenden Macht auf der Erde und im Weltraum zu werden, laden zu einer kritischen Analyse ein, um zu verstehen, was bei einem »Aufstieg des Roten Drachen« zu erwarten ist. Laut zwei führenden USA/China-Experten setzt China akribisch einen Hundert-Jahre-Strategieplan um, der darauf abzielt, die USA bis 2049 als Hegemon oder dominierende Supermacht der Welt zu überholen.

Dr. Michael Pillsburys maßgeblicher nationaler Bestseller von 2015, *The Hundred Year Marathon* (»Der 100-jährige Marathon: Chinas geheime Strategie, Amerika als globale Supermacht zu ersetzen«, nicht auf Deutsch erschienen) und Dr. Robert Spaldings ebenso informatives Buch *Stealth War* von 2019 (»Heimlicher Krieg: Wie China übernahm, während Amerikas Elite schlief«, nicht auf Deutsch erschienen) bieten genaue Einblicke in die Pläne der kommunistischen Regierung, die USA als globalen Hegemon zu verdrängen. Ihre Bücher bieten auch einen analytischen Rahmen, um zu verstehen, wie China verdeckt auf die Existenz Geheimer Weltraumprogramme reagiert, die vom Militärisch-Industriellen Komplex der USA entwickelt wurden, und wie China plant, bis 2049, wenn nicht früher, die Vorherrschaft im Weltraum zu erreichen.

Pillsbury ist ein China-Experte, der seit 1975 über vier Jahrzehnte mit dem US-Verteidigungsministerium, dem US-Außenministerium und dem Kongress zusammengearbeitet hat. Er spricht fließend Mandarin und hat einen Doktortitel von der Columbia University, an der er während seiner beruflichen Laufbahn konkurrenzlosen Zugang zu militärischen und politischen Führungskräften Chinas hatte. Er ist sehr vertraut mit der Politik und den Plänen der regierenden Elite der Kommunistischen Partei Chinas, insbesondere der Falken vom Militär, die hinter den Kulissen großen Einfluss ausüben. Derzeit ist Pillsbury einer der wichtigsten externen Berater von Präsident Donald Trump, der ihn als »die führende Autorität für China« ansieht.[2]

Spalding war Attaché des US-Verteidigungsministeriums für China, diente im Pentagon als China-Stratege für die Vereinten Stabschefs und war im Weißen Haus von Trump als Direktor für strategische Planung im Nationalen Sicherheitsrat tätig.[3] Er spricht fließend Mandarin, hat einen Doktortitel in Ökonomie und Mathematik und trat im Jahr 2018 nach einer 26-jährigen Militärkarriere als Brigadegeneral der U.S. Air Force in den Ruhestand. Die Umstände, die zu seiner Pensionierung führten, nachdem er die Trump-Regierung vor den langfristigen Auswirkungen der industriellen Cyberspionageaktivitäten Chinas gewarnt hatte, sind weiterhin umstritten.

Pillsbury und Spalding beschreiben, wie die führenden chinesischen Politiker die historische Zeit der Streitenden Reiche (475-221 v.Chr.) geschickt genutzt haben, um ihre strategische Planung für einen langfristigen unterschwelligen oder heimlichen Krieg gegen die Vereinigten Staaten zu entwickeln. In der Zeit der Streitenden Reiche konkurrierten bis zu sieben ethnische Han-chinesische Königreiche untereinander um Hegemonie und Vorherrschaft über ihre Rivalen.

Pillsbury und Spalding erklären, wie ein herrschender Hegemon (die USA in der heutigen Zeit) durch einen aufstrebenden Hegemon (China) mittels Heimlichkeit, List und Täuschung, wie sie von verschiedenen Streitenden Reichen praktiziert wurden, untergraben wird. Sie erklären eindringlich, wie solche Ziele ein langfristiges Denken Chinas als aufstrebender Hegemon erfordern, da ihm die politische und militärische Macht fehlt, den herrschenden Hegemon USA direkt zu konfrontieren, bis er durch interne und externe Konflikte ausreichend geschwächt worden ist.

Chinesische militärische und politische Führer begannen ihren 100-jährigen Marathon 1949 nach dem Sieg der Kommunistischen Partei und der Gründung der Volksrepublik China. Anfangs war China auf die Sowjetunion angewiesen, um sein riesiges Militär zu industrialisieren und zu modernisieren. Nach den politischen Auseinandersetzungen in den 1960er Jahren und militärischen Zusammenstößen entlang der gemeinsamen Grenzen begann die KP Chinas dem Westen heimlich Avancen zu machen. Pillsbury und Spalding weisen darauf hin, dass es der Vorsitzende Mao war, der sich heimlich an Präsident Nixon gewandt hatte, und nicht umgekehrt, wie viele fälschlicherweise glauben. Die ersten Beziehungen zwischen China und den USA waren tatsächlich positiv, da beide viel von der Sowjetunion zu befürchten hatten. All dies änderte sich jedoch mit den Protesten auf dem Platz des Himmlischen Friedens 1989 und dem Zusammenbruch der Sowjetunion im Jahr 1991.

Schnell wurden die chinesischen Schulbücher dramatisch verändert. Zuvor positive Beschreibungen der amerikanischen Geschichte und der demokratischen Ideale, die von chinesischen Studenten bei den Protesten des Himmlischen Friedens ausführlich zitiert worden waren, wurden nun als überwiegend negativ dargestellt. Zukünftige Generationen chinesischer Studenten wurden dahingehend indoktriniert, zu glauben, dass die USA China bereits seit Mitte des neunzehnten Jahrhunderts demütigten und missbrauchten. Einstmals bewunderte amerikanische Führer wie Präsident Abraham Lincoln (1861-1865) wurden jetzt durch ein überwiegend negatives Geschichtsbild stigmatisiert. Pillsbury erklärt, wie chinesischen Studenten die lächerliche Behauptung beigebracht wurde, Präsident Lincoln sei während des US-Bürgerkriegs damit beschäftigt gewesen, Chinas Souveränität zu untergraben!

Im Wesentlichen sorgte die Kommunistische Partei Chinas dafür, dass die Proteste auf dem Platz des Himmlischen Friedens, bei denen die Jugendlichen demokratische Ideale und Persönlichkeiten der USA zitierten, nicht wiederholt wurden, ein Ereignis, das den Ältesten der Partei zutiefst peinlich war. Laut einem Bericht der US-chinesischen Wirtschafts- und Sicherheitskommission an den Kongress aus dem Jahr 2019 dauern Chinas nationalistische Propagandabemühungen bis heute an:

> »In diesem Jahr hat die chinesische Regierung eine ideologische und nationalistische Nachrichten-Kampagne intensiviert, um die einheimische Bevölkerung gegen vermeintliche Gegner im Ausland zu vereinen. Peking hat neue Maßnahmen ergriffen, um seinen ideologischen Einfluss auf Regierungsstellen, Medien, Bildungseinrichtungen, staatliche und private Unternehmen im In- und Ausland zu erhöhen. Die Bemühungen der KPCh, die Opposition gegen ihre Autorität auszumerzen, verbergen tiefsitzende Befürchtungen über die Anziehungskraft demokratischer Werte und eine Schwächung des Engagements der Parteikader und der breiteren Bevölkerung für das sozialistische System Chinas.«[4]

Pillsbury und Spalding erklären, wie China im Rahmen seiner Modernisierungsbemühungen seine Türen für westliche Industrien und wirtschaftliche Innovationen öffnete. Mit Strategien, die direkt aus der Zeit der Streitenden Reiche stammen, täuscht die Kommunistische Partei Offenheit für politische Ideale vor, während sie rücksichtslos gegen ethnische Minderheiten und politische Dissidenten vorgeht und echte demokratische politische Reformen blockiert.

Das Ziel war es, westliche Nationen in ein falsches Gefühl der Selbstzufriedenheit zu locken, so dass allgemein angenommen wurde, dass sich China in Zukunft unweigerlich ändern würde, wenn sich seine riesige Wirtschaft dem westlichen Einfluss öffnete.

Pillsbury und Spalding betonen, dass die erhofften demokratischen Veränderungen eine Chimäre waren. Die chinesische militärische und politische Elite wird nicht von westlichen demokratischen Idealen angetrieben, sondern von ihrem Verständnis dessen, was ihre Geschichte ihnen gezeigt hat – wie sie, der aufstrebende Hegemon, den herrschenden Hegemon zuerst untergraben und dann ersetzen müssen.

China hatte nicht die Absicht, den USA und ihren Verbündeten beim Aufbau einer stabilen Weltordnung zu helfen, sondern zielte darauf ab, die Westmächte zu untergraben, um eine Weltordnung einzuleiten, in der China laut Pillsbury und Spalding zur dominierenden Macht werden würde. Sie liefern viele Beispiele dafür, wie China verschiedene Schurkenstaaten und Schurkengruppen auf der ganzen Welt unterstützt hat, beispielsweise die Taliban in Afghanistan. So wie die USA während des Kalten Krieges heimlich extremistische Gruppen benutzten, um die Sowjetunion zu schwächen, tat China verdeckt dasselbe durch wirtschaftliche Entwicklung und Waffenlieferungen an Nationen, die die US-Politik herausfordern würden. Die Einschätzung von Pillsbury und Spalding wird von der U.S.-China Economic and Security Review Commission, dem Prüfungsausschuss der Zusammenarbeit zwischen den USA und China in Fragen der Wirtschaft und Sicherheit, in ihrem Bericht 2019 an den Kongress bestätigt:

> »2019 verstärkte Peking seine Bemühungen, sich als globaler politischer und wirtschaftlicher Führer zu profilieren, und lieferte die bisher klarsten Beweise für seine Ambitionen, die internationale Ordnung so umzugestalten, dass sie den chinesischen Interessen zugute kommt und die Welt für die KPCh sicher macht. Der Generalsekretär der KPCh, Xi Jinping, lobte weiterhin das Modell der KPCh und die ›chinesische Weisheit‹ als Lösung für die Probleme der Welt und versprach, eine ›Gemeinschaft des gemeinsamen menschlichen Schicksals‹ aufzubauen, eine KPCh-Formulierung für ein von China geführtes Global-Governance-Regime.«[5]

In Bezug auf die wirtschaftliche Entwicklung erklären Pillsbury und Spalding, wie China an der Spitze der Industriespionage, der Produktfälschung und des Diebstahls von geistigem Eigentum, Hacking und anderer skrupelloser Praktiken steht. Das Ziel ist die Unterstützung von Chinas staatlichen Unternehmen (die 2011 über 144.000 Firmen zählten) beim Betrügen, Stehlen, Manipulieren und Ausmanövrieren westlicher Unternehmen, die eine kommerzielle Präsenz auf dem chinesischen Festland aufbauen.[6] Der Bericht der Wirtschafts- und Sicherheitspüfkommission USA/China aus dem Jahr 2019 bestätigte diese harten Einschätzungen:

> »Das Streben der chinesischen Regierung nach technologischer Führung um jeden Preis bedeutet, dass ausländische Unternehmen häufig Opfer von Diebstahl geistigen Eigentums oder Forderungen erzwungener Technologietransfers werden, um Zugang zum chinesischen Markt zu erhalten. Die chinesische Regierung setzt auch illegale Mittel wie Cyber-Diebstahl und Industriespionage ein, um US-Daten zu erfassen, die sowohl wirtschaftlich wertvoll als auch für die nationale Sicherheit der USA wichtig sind.«[7]

Um die Rückführung ihrer Gewinne zu ermöglichen, müssen westliche Unternehmen viele bürokratische Hürden überwinden, die sich über Nacht ändern können, und sind daher gezwungen, in Chinas industrielle Modernisierung zu investieren, in etwas, das Spalding als ein riesiges Schneeballsystem verurteilt. Spalding beschreibt weiter, wie Chinas Cyberkrieg gegen westliche Unternehmen heimlich von der chinesischen Volksbefreiungsarmee (VBA) unterstützt wird.

In Bezug auf den Weltraum erklären Pillsbury und Spalding, wie China diese skrupellosen Praktiken genutzt hat, um sein eigenes konventionelles Weltraumprogramm zu entwickeln, mit dem Ziel, eine militärische Präsenz im Weltraum zu planen, die gegen US-amerikanische Anlagen eingesetzt werden kann. Chinas zunehmende Bereitschaft, seine militärischen Weltraumanlagen gegen die USA zu verwenden, war eines der Hauptthemen, die von der Wirtschafts- und Sicherheitsprüfkommission in ihrem Bericht 2019 behandelt wurden:

> »China sieht im Weltraum eine kritische militärische und wirtschaftliche Verwundbarkeit der USA und hat eine Reihe von Direktaufstiegs-, Cyber-, elektromagnetischen und co-orbitalen Gegen-Weltraumwaffen aufgestellt, die nahezu jede Klasse von amerikanischen Weltraumanlagen ins Visier nehmen können. Die VBA hat auch Lehrkonzepte für den Einsatz dieser Waffen entwickelt, die zu Beginn eines Konflikts eskalierende Angriffe auf die Weltraumsysteme eines Gegners ermöglichen, um die Übermacht im Raum zu destabilisieren. Es kann für die USA schwierig sein, Peking vom Einsatz dieser Waffen abzuhalten, da China glaubt, dass die Vereinigten Staaten im Weltraum verwundbarer sind.«[8]

Während die Trump-Regierung dabei ist, die Space Force als sechste Waffengattung des US-Militärs zu etablieren, betreibt China seit 2014 eine »Aerospace Force« als fünfte Gattung der VBA.[9] Eine Rede Präsident Xis wurde von einem chinesischen Weltraumexperten als klare Befürwortung der chinesischen Militarisierung des Weltraums zusammengefasst und als Bestätigung dafür, dass die Vereinigten Staaten und andere Nationen dies bereits getan haben:

> »Die Vereinigten Staaten haben viel Aufmerksamkeit und Ressourcen der Integration von Fähigkeiten sowohl in der Luft als auch im Weltraum gewidmet, und andere Mächte haben sich ebenfalls schrittweise in Richtung Militarisierung des Weltraums bewegt … Obwohl China erklärt hat, dass es an der friedlichen Nutzung des Weltraums festhält, müssen wir sicherstellen, dass wir in der Lage sind, mit den Operationen anderer im Weltraum mitzuhalten.«[10]

Der Schlüsselbegriff, der hier hervorgehoben werden sollte, ist Xis Hinweis auf »die Fähigkeit, mit den Operationen anderer im Weltraum mitzuhalten«. Wie in meinen Büchern bereits ausführlich geschildert und nachgewiesen, verfügen sowohl die U.S. Air Force als auch die U.S. Navy über unabhängige Geheime Weltraumprogramme, die ihre jeweilige militärische Macht und ihr Personal tief in den Weltraum hinein gebracht haben. Diese beiden Weltraumprogramme werden seit den 1970er Jahren vom US-Militär parallel betrieben, während die breite Öffentlichkeit zu der Annahme verleitet wurde, dass die einzige bemannte amerikanische Raumfahrtpräsenz in dem von der NASA geführten Programm bestünde.

China wurde sich der Wahrheit hinter den verdeckten amerikanischen Weltraumoperationen bewusst, nachdem es in den 1970er Jahren Satelliten in die Erdumlaufbahn geschickt hatte. Seine wachsenden Kapazitäten zur Überwachung des Weltraums ermöglichten es ihm, militärische Weltraumoperationen der USA zu verfolgen, insbesondere den Bau geheimer militärischer Raumstationen, die von der USAF und dem National Reconnaissance Office (NRO) betrieben werden.

In meinem Buch *Die Geheime Geschichte der U.S. Space Force* erörtere ich 825 freigegebene NRO-Dokumente, die zeigen, wie die USAF und NRO das angeblich eingestellte Projekt »Manned Orbiting Laboratory« (MOL) als Tarnung für den Versand von Labormodulen in den Weltraum verwenden, die konfiguriert werden können, um Raumstationen vom Typ von Braun zu errichten, also Module, die zu einer kreisförmigen Konfiguration zusammengesetzt werden.[11]

Diese geheimen Raumstationen der USAF/NRO bieten ideale Waffenplattformen, mit denen die US-Streitkräfte vom Orbit aus den gesamten Planeten erfassen können. China ist sich, wie andere große Nationen mit Satellitenüberwachungskapazitäten, der Raumstationen USAF/NRO und ihrer potenziellen militärischen Fähigkeiten bewusst. Das Geheime Weltraumprogramm der U.S. Air Force sowie andere verdeckte Weltraumprogramme stellen eine existenzielle Bedrohung für die nationale Souveränität Chinas und die Kommunistische Partei selbst dar.

Chinas Reaktion auf den Nachbau erbeuteter außerirdischer Raumschiffe durch die USAF und andere, worüber Tsien Hsue-shen die chinesische Führung in den 1950er Jahren informierte, dauerte aufgrund von Geldmangel und politischen Umwälzungen Jahrzehnte. Es gab auch erhebliche Skepsis seitens der Parteifunktionäre, die Tsiens Aussagen anzweifelten, wenn es um die wissenschaftliche Machbarkeit der exotischen Antriebssysteme von angeblichen UFOs ging. Von den 1950er Jahren bis 1978 war die offizielle Position der Kommunistischen

Partei, UFO-Berichte als »westlichen Trick« anzusehen, so dass chinesischen Wissenschaftlern, die an derartige Berichte glaubten, »persönliche Leichtgläubigkeit und Anfälligkeit für Propaganda« vorgeworfen wurde, so Wendelle Stevens und Paul Dong in ihrem Buch *UFOs Over Modern China* (»UFOs über dem heutigen China«, nicht auf Deutsch erschienen).[12] Erst nach dem Protest auf dem Platz des Himmlischen Friedens 1989 wurde Tsien wieder in eine Position wissenschaftlicher Autorität versetzt – nach seinem vorherigen Absturz wegen seiner Kritik an Deng Xiaoping während der Zeit der Viererbande.

Aufgrund eskalierender Ereignisse unterstützte Deng schließlich Tsiens lange gehegten visionären Plan zur Entwicklung von nachgebauten Raumfahrzeugen mit exotischen elektromagnetischen Antriebssystemen auf der Grundlage dessen, was die U.S. Air Force Ende der 1940er Jahre begonnen hatte. Darüber hinaus wollte China für sein eigenes Geheimes Weltraumprogramm ein Kommando- und Kontrollsystem mithilfe der »Somatischen Wissenschaft« aufbauen. Anfang der 1990er Jahre war Chinas Wirtschaft ausreichend gewachsen, um Tsiens ehrgeizigen Plan finanziell durchführbar zu machen. Durch seine Ernennung zum »hochrangigen Berater« des Wissenschafts- und Technologieausschusses der VBA-Kommission, die Chinas Weltraumprogramm durchführte, konnte im Jahr 1992 sein Jahrzehnte alter Plan aktiviert werden.[13]

Mitte der 1990er Jahre begann China konsequent mit seiner aktiven Forschung und Entwicklung exotisch angetriebener Raumschiffe, die eines Tages mit denen konkurrieren sollten, die bereits heimlich von der USAF gebaut worden waren. In den frühen 2010er Jahren begann es außerdem mit der Bereitstellung eines eigenen Geheimen Weltraumprogramms unter Verwendung neuester Antriebssysteme und eines auf Somatischer Wissenschaft beruhenden Kommando- und Kontrollsystems. China stellte auch heimlich mächtige Waffensysteme wie Gerichtete Energiewaffen, Rods of God und andere zerstörerische Technologien im Weltraum bereit. Insgesamt kopieren die Chinesen nur das, was die USA und Russland in den späten 1960er und 1970er Jahren getan haben und was die deutsche abtrünnige Kolonie in der Antarktis zwei

Jahrzehnte zuvor in den 1940er Jahren erreicht hatte, wie in meinem Buch *Antarktis – die verbotene Wahrheit* erläutert wird.[14]

Die Notwendigkeit für die USA und China, eine strategische Partnerschaft im Weltraum zu erreichen

Dr. Michael Pillsbury und Dr. Robert Spalding schlagen jeweils eine Reihe von Schritten für die USA vor, um zu verhindern, dass China sein langfristiges Ziel erreicht, Amerika als globalen Hegemon zu verdrängen. Die Schritte erscheinen sehr vernünftig und ihr Einfluss zeigt sich in der zunehmend harten Politik von Präsident Trump gegenüber China. Diese sich ändernden Richtlinien haben eine neue Ära in den Beziehungen zwischen den USA und China eingeläutet, die darauf abzielt, chronische Handelsungleichgewichte, den Diebstahl von geistigem Eigentum und die Einfuhr gefälschter Waren in die USA zu verhindern. All diese und weitere Richtlinien wurden im Bericht der Wirtschafts- und Sicherheitskommission 2019 über die Zusammenarbeit zwischen der USA und China gebilligt.

Darüber hinaus hat Professor Graham Allison, der Gründungsdekan der John F. Kennedy School of Government an der Harvard University, ein informatives Buch mit dem Titel *Destined for War* (»Zum Krieg verdammt«, nicht auf Deutsch erschienen) geschrieben, das wichtige Vorschläge für die USA und China enthält, um einen heißen Krieg zu vermeiden, der zu einer globalen Katastrophe führen könnte. Er stützt sich auf historische Fälle, um das zu vermeiden, was er als »Thukydides-Falle« bezeichnet, wobei ein aufstrebender Hegemon gegen einen dominanten Hegemon in den Krieg zieht.[15] Thukydides war ein antiker griechischer Historiker und erklärte die Machtdynamik hinter dem Peloponnesischen Krieg (431-404 v.Chr.), der das antike Griechenland verwüstete: »Was den Krieg unvermeidlich machte, war das Wachstum der athenischen Macht und die Angst, die dies in Sparta verursachte.«[16] Sparta war der dominierende Hegemon der antiken griechischen Welt. Als Sparta beobachtete, wie das wirtschaftliche und militärische Wachstum Athen zu einem aufstrebenden Hegemon machte, wurde ein Krieg zwischen den beiden Stadtstaaten unvermeidlich, wie Thukydides kurz zusammenfasste.

Wenn man versteht, dass China echten historischen Groll hegt über die Art und Weise, wie es von den Vereinigten Staaten und anderen Großmächten während seines »Jahrhunderts der Erniedrigung« (1842-1949) behandelt wurde, kann laut Allison ein großer Krieg vermieden werden.[17] Er beschreibt historische Präzedenzfälle, in denen die Diplomatie erfolgreich eingesetzt wurde, um einen heißen Krieg zu vermeiden, der leicht auf vielfältige Weise zwischen den Vereinigten Staaten und China hätte ausbrechen können, wie Allison in *Destined for War* erschreckend beschreibt.

Trotz der einschneidenden Analysen von Pillsbury, Spalding und Allison zu Chinas langfristigen Beziehungen und Zielen gegenüber den USA zeigen ihre Bücher keine Kenntnis von der Existenz eines Tiefen Staates, des *Deep State*, der in Amerika erfolgreich Geheime Weltraumprogramme entwickelt hat, ohne dass deren Entwicklung, Bereitstellung, Betrieb und Finanzierung öffentlich bekannt gewesen wären. Mit Deep State beziehe ich mich auf eine verborgene Gruppe nationaler Sicherheits- und Unternehmensfunktionäre, die ursprünglich aus *Majestic 12* hervorging, einer Organisation, die in den 1940er Jahren gegründet wurde, um alle Probleme im Zusammenhang mit außerirdischem Leben und dessen Technologie zu handhaben. Nach dem Attentat auf John F. Kennedy im November 1963, das in direktem Zusammenhang mit der Opposition von *Majestic 12* gegen seine Bemühungen stand, die Exekutivgewalt des Präsidenten in der UFO-Frage durchzusetzen, verwandelte sich *Majestic 12* in eine transnationale Unternehmensgruppe, die heute das mächtigste Element des Deep State darstellt.[18]

Pillsbury, Spalding und Allison scheinen sich nicht bewusst zu sein, wie der Deep State Beamte manipuliert, um eine Politik zu verabschieden, die zahlreiche versteckte Agenden fördert, welche die nationalen Interessen der USA untergraben. Ein gutes Beispiel ist, wie die ersten zwei Amtsjahre von Präsident Trump durch die Behauptung einer Einmischung Russlands behindert wurden, wodurch die Aussichten auf eine Zusammenarbeit von Trump und Putin bei der Lösung großer weltweiter Probleme vergiftet wurden. Steven F. Cohen, emeritierter Professor für Russisch an der Princeton University, weist auf die Komplizenschaft der amerikanischen Mainstream-Medien bei der Aufrechterhaltung der »Russiagate«-Gerüchte zur Verhinderung der Zusammenarbeit zwischen der Trump- und der Putin-Regierung hin: »In der Zeit von Russiagate praktizierten amerikanische Mainstream-Medien zumindest teilweise Zensur, indem sie systematisch Stimmen und andere Quellen ausschlossen, die ihr orthodoxes Narrativ unmittelbar in Frage stellen.«[19]

Der Deep State hat nicht die Absicht, den USA und Russland die Zusammenarbeit auf der Weltbühne zu erlauben, und deshalb wurden erpressbare Beamte eingesetzt, um ein falsches Narrativ zu fördern, das von den Massenmedien unterstützt wird.

Dies bringt mich zu den wachsenden Beweisen, dass der Deep State China aktiv in seinem »Heimlichen Krieg« – wie Pillsbury, Spalding und Allison behaupten – des Lügens, Stehlens und Betrügens auf seinem Weg zur technologischen Gleichstellung mit den USA sowohl auf der Erde als auch im Weltall unterstützt. Es ist kein Zufall, dass Hillary Clinton und andere führende US-Politiker, wie der frühere Vizepräsident Joe Biden und die Senatorin Diane Feinstein, beschuldigt wurden, China beim Zugang zu klassifizierten Technologien geholfen zu haben.[20] Genau das will der Deep State, wie die militärische Geheimdienstgruppe QAnon seit Ende 2017 offengelegt hat.[21]

Der eigentliche Skandal hinter dem Hack der Clinton-eMail-Server während ihrer Amtszeit als Außenministerin (2009-2013) ist die verborgene Rolle von China und die Wahrscheinlichkeit, dass es alles Teil einer ausgeklügelten finanziellen Intrige zur Weitergabe geheimer Weltraumtechnologien war. Clinton hatte Sicherheitszugang zu »Talent Keyhole«-Weltraumüberwachungstechnologien, die in Programmen unter Speziellem Zugriff (SAPs) klassifiziert sind, und erörterte diese in eMails, die auf ihren Servern gespeichert waren.[22] Dies wurde von niemand Geringerem als dem Generalinspekteur der US-Geheimdienste bestätigt, der die verschiedenen Sicherheitsebenen der eMails bestätigte, die auf Clintons gehackten Servern gespeichert waren, einschließlich streng geheimer/spezieller Zugriffsprogramme.[23] Der Reporter Richard Pollock vom *Daily Caller* hat beschrieben, was der Generalinspekteur bei seiner Untersuchung von Clintons Servern aufgedeckt hat:

> »Ein Unternehmen in chinesischem Besitz, das in der Region Washington D.C. tätig ist, hat während ihrer Amtszeit als Außenministerin den privaten Server von Hillary Clinton gehackt und fast alle ihre eMails erhalten … Die chinesische Firma bekam Clintons eMails in Echtzeit, während sie Mitteilungen und Dokumente über ihren persönlichen Server sendete und empfing … Die Chinesen schrieben einen Code, der in den Server eingebettet war, der in Clintons Wohnsitz im Bundesstaat New York stand. Der Code erzeugte eine sofortige ›Belegkopie‹ fast aller ihrer eMails und leitete sie an die chinesische Firma weiter …«[24]

Das Hacken von Clintons privatem Server während ihrer Amtszeit als Außenministerin ist keine große Überraschung angesichts dessen, was Pillsbury, Spalding und Allison in ihren jeweiligen Büchern beschrieben haben. Laut QAnon war Clinton an einem sogenannten Pay-to-Play-Programm mit China beteiligt, erhielt also Geld dafür, dass sie mit Zustimmung des Deep State fortgeschrittene Technologiegeheimnisse preisgab.[25] Das ultimative Ziel des Deep State war es, Chinas Entwicklung zu einer aufstrebenden Weltmacht zu unterstützen, die schließlich mit den USA um die globale Hegemonie kämpfen würde.

Das bringt mich zurück zu einer Frage, die weiter oben in diesem Buch aufgeworfen wurde: Warum wurde Dr. Tsien vom FBI aus den fadenscheinigsten Gründen ins Visier genommen und anschließend gezwungen, die USA im Rahmen eines Gefangenenaustauschs zu verlassen, wobei er die unglaublichen Geheimnisse mitnahm, die er über die Bemühungen der U.S. Air Force erworben hatte, erbeutete Technologien von Außerirdischen und Fliegenden Untertassen der Nazis nachzubauen? Zuvor hatte ich bereits drei mögliche Erklärungen angeführt: schieren

Zufall, einen Versuch des Deep State, China bei der Industrialisierung zu unterstützen und den planetarischen Zeitgeist.

Die zweite Erklärung betreffend den Deep State wirft die Frage auf, warum er schon 1950 durch Tsiens Inhaftierung und Deportation begann, China bei der Industrialisierung zu helfen und so technologische Gleichstellung zu erreichen. Es ist wahr, dass Tsien der Gruppe *Majestic 12*, einer zentralen Kraft im Deep State, durch Dr. Jerome Hunsaker, Gründungsmitglied von MJ-12, bekannt war, der von 1946 bis 1949 Tsiens Chef am MIT war. Obwohl es unglaublich erscheint, ist es durchaus möglich, dass die Bemühungen des Deep State, Chinas technologische Entwicklung zu einer großen geopolitischen und Weltraummacht zu unterstützen, die letzten Endes die USA herausfordern sollte, bereits in das Jahr 1950 zurückreichen, als Tsien vom FBI ins Visier genommen wurde.

Die Bücher von Pillsbury und Spalding spiegeln eine Weltsicht wider, in der die nationalen Sicherheitskräfte der USA sich dem widersetzen, was der Deep State tut, um technologische Geheimnisse an China zu verraten. Tatsächlich gibt es starke Hinweise darauf, dass in den USA ein Bürgerkrieg von geringer Intensität stattfindet, in dem eine vom Deep State angeführte Fraktion gegen eine patriotische Gruppe von Militär- und Zivilbeamten kämpft, die der US-Verfassung und der Republik treu ergeben sind. Dies würde erklären, warum Spalding vom Nationalen Sicherheitsrat kaltgestellt wurde, der seine Bemühungen zur Bekämpfung chinesischer Cyberangriffe gegen westliche Unternehmen nur wenig unterstützte, und warum er später vom aktiven Militärdienst zurücktrat. Die QAnon-Bewegung stellt eine bodenständige Bemühung dar, diese patriotische Gruppe von US-Beamten in ihren Anstrengungen zu unterstützen, den Deep State zu entlarven und das Durchsickern von technologischen Geheimnissen nach China zu unterbinden.

Ist es eine gute oder eine schlechte Sache, wenn China weiterhin skrupellose Praktiken eines »heimlichen Krieges« anwendet, um die verdeckt entwickelten und im Weltraum stationierten Anlagen des US-Militärs einzuholen? Aus Sicht der nationalen Sicherheit Chinas unternimmt China nur alles, um eine technologische Lücke im Weltraum zu schließen, da diese Lücke China für den politischen und militärischen Druck der USA anfällig macht. Aus Sicht der nationalen Sicherheit der USA ist China ein totalitärer kommunistischer Staat, der von der Naivität des Westens profitiert, seine Volkswirtschaften zu öffnen und in Chinas Modernisierung zu investieren, in der vagen Hoffnung, dass China eines Tages demokratische Reformen einleiten wird. Die Gefahr besteht darin, dass China, wächst es bis 2030 zur größten Volkswirtschaft der Welt heran, nach künftigen BIP-Schätzungen seinen enormen finanziellen Einfluss nutzen wird, um repressive politische Systeme auf der ganzen Welt zu unterstützen, die natürliche Verbündete seines Einparteiensystems sind.[26]

Es gibt viele Beweise dafür, dass der Deep State Chinas totalitäres System auf die Weltbühne ausdehnen will. Eine Konzentration politischer Macht ist weitaus leichter zu infiltrieren und zu manipulieren als demokratische politische Systeme mit ihrer komplexen Gewaltenteilung. Trotz einer langen Geschichte aggressiver nationaler US-Politik, die von Deep-State-Eliten in der Absicht diktiert wurde, die souveränen Rechte anderer Nationen bei der Verfolgung fragwürdiger Ziele zu verletzen, wurden diese Maßnahmen durch die in der Verfassung der USA verankerte Gewaltenteilung eingeschränkt. Aus diesem Grund hilft der Deep State China nicht nur, die technologische Lücke zu den USA zu schließen, sondern auch ein Geheimes Weltraumprogramm zu entwickeln, das mit dem der U.S. Air Force mithalten kann und es China schließlich ermöglicht, weiter aufzuholen zu den neuesten Raumschiffen und Technologien, die die U.S. Navy im Weltraum einsetzt.[27] Als Reaktion darauf wehren sich Militär- und Zivilbeamte, die der amerikanischen Verfassung treu ergeben sind, in einem unterschwelligen Bürgerkrieg, dessen Ausgang zum Zeitpunkt des Schreibens noch nicht klar ist.

Der Weltraum ist zum ultimativen Schlachtfeld zwischen dem herrschenden Hegemon USA und dem aufstrebenden Hegemon China bestimmt, wobei China plant, auf diesem Weg die USA als dominierende Weltmacht zu verdrängen. Dies wird auch durch Chinas Pläne deutlich, bis 2050 zwischen Erde und Mond eine Weltraumwirtschaftszone einzurichten. Laut Bao Weimin von der China Aerospace Science and Technology Corporation (CASC) plant China, den Mond für die wirtschaftliche Entwicklung zu kolonisieren:

> »In einem Bericht über die Entwicklung des Raumes zwischen Erde und Mond teilte Bao seine Gedanken über das enorme wirtschaftliche Potenzial in diesem Bereich mit und versprach, dass das Land Zuverlässigkeit, Kosten und Flugtransportsysteme zwischen Erde und Mond untersuchen werde.
>
> Er versprach, die Grundlagenforschung abzuschließen, vor 2030 einen Durchbruch bei Schlüsseltechnologien zu erzielen und das Verkehrssystem bis 2040 zu etablieren. Bis 2050 könnte China erfolgreich eine Weltraumwirtschaftszone Erde-Mond einrichten, sagte er.«[28]

Die CASC ist ein Ableger von Tsien Hsue-shens Fünfter Akademie, dem Ort, an dem er seine Ideen für ein Geheimes Weltraumprogramm mit exotischen Antriebstechnologien zum ersten Mal weitergab. Es ist kein Zufall, dass sie an der Spitze der Pläne Chinas steht, den Weltraum zu kolonisieren, da dort insgeheim elektromagnetisch angetriebene Raumschiffe für die Luft- und Raumfahrtstreitkräfte der Volksbefreiungsarmee entwickelt wurden. Wie in Kapitel 15 erläutert, werden diese fortschrittlichen Raumschiffe heimlich von der Dingxin Air Base in der Provinz Gansu direkt neben dem Jiuquan Satellite Launch Center gebaut und eingesetzt – der ursprünglichen Raketenanlage, die Tsien im Jahr 1958 gegründet hatte.

Die Aussichten auf eine Beteiligung Chinas und der USA an einem vom Deep State provozierten heißen Krieg im Weltraum und auf der Erde sind zutiefst beunruhigend. Allisons Buch *Destined for War* (»Zum Krieg verdammt«, nicht auf Deutsch erschienen) bietet einen detaillierten Überblick darüber, wie leicht Konflikte zwischen China und den USA zu einem Atomkrieg eskalieren können.

Er erwähnt Szenarien mit Angriffen unter falscher Flagge, die geeignet wären, einen globalen Flächenbrand auszulösen. In meinem Buch *Geheime Weltraumprogramme & Allianzen mit Außerirdischen* präsentiere ich umfangreiche Beweise dafür, wie der Deep State am 13. Januar 2017 einen Atomraketenangriff unter falscher Flagge auf Hawaii erfunden hat, der auf Nordkorea zurückgeführt werden sollte und mit ziemlicher Sicherheit dazu geführt hätte, dass die USA und China direkt in einen Atomkrieg geraten wären.[29]

Das Potenzial eines vom Deep State ausgelösten heißen Krieges zwischen China und den USA ist angesichts der wachsenden Macht und Raffinesse von Chinas Geheimem Weltraumprogramm sehr real, zumal weiterhin immer mehr Ressourcen in das Programm fließen. Im Gegensatz dazu fällt es dem US-Militär immer schwerer, Ressourcen für die Modernisierung seiner Geheimen Weltraumprogramme zu bekommen. Stattdessen wird es in mehreren regionalen Kriegen, in die es verwickelt ist, überfordert. Um dem Abhilfe zu leisten, soll die Etablierung einer U.S. Space Force der USAF dabei helfen, ihr Geheimes Weltraumprogramm zu modernisieren und es eines Tages mit dem fortschrittlicheren und höher klassifizierten Navy-Programm zusammenzuführen, das derzeit im Weltraum stationiert wird.[30]

Der Aufstieg des »Roten Drachen« bedeutet nicht, dass Chinas Aufstieg als Supermacht auf der Erde und im Weltraum zu einer großen militärischen Konfrontation mit dem amerikanischen Adler führen muss. Wenn die Bemühungen des Deep State, einen heißen Krieg zwischen China und den USA zu provozieren, verhindert werden (wie dies beim Raketenangriff auf Hawaii 2017 der Fall war), können friedliche Beziehungen zwischen den beiden großen politischen Rivalen auf und außerhalb des Planeten auf unbestimmte Zeit aufrechterhalten werden. Die Aufdeckung, wer letztlich hinter den Angriffen unter falscher Flagge steckt, die China und die USA erleben könnten, wird für die Aufrechterhaltung des Friedens von entscheidender Bedeutung sein. Allisons *Destined for War* bietet sehr hilfreiche historische Lehren dafür, wie Länder, die in eine Thukydides-Falle geraten, nicht nur einen heißen Krieg vermeiden können, sondern auch in der Lage sind, wichtige Verbündete bei der Bewältigung neuer globaler Herausforderungen zu werden.

Eine dieser globalen Herausforderungen ist der Umgang mit der Entwicklung und Integration Künstlicher Intelligenz (KI) in modernen Gesellschaften. Was China von den USA und anderen Weltraummächten unterscheidet, ist das Ausmaß, in dem China KI in seiner asymmetrischen Kriegsstrategie militarisiert, um einen technologischen Vorsprung gegenüber seinen Rivalen zu erlangen. In dem Buch *Das Geheime Weltraumprogramm der U.S. Navy & Die Allianz mit den Nordischen* beschreibe ich, wie KI eine große Sicherheitsbedrohung darstellt, streng bewacht von verschiedenen Weltraumprogrammen, auch gegen Besuche außerirdischer Zivilisationen.[31] In der Tat gibt es überzeugende Beweise dafür, dass KI mehrfach ganze Planeten übernommen hat und die Bewohner in Vergessenheit oder ins Exil trieb.

Ein 2009 von Stefano Breccia verfasstes Buch mit dem Titel *Mass Contact* (»Massenkontakt«, nicht auf Deutsch erschienen) beschreibt eine Gruppe von menschenähnlich aussehenden Außerirdischen, die von 1956 bis 1978 Stützpunkte in Norditalien errichteten, bevor diese Stützpunkte durch synthetische KI-Lebensformen zerstört wurden, die sie in ihrer Heimatwelt geschaffen hatten und die nun ihre Schöpfer jagten.[32] Bis zu hundert Zeugen kamen mit den Außerirdischen in Kontakt, und ihre Schiffe wurden in einem Zeitraum von zweiundzwanzig Jahren fotografiert, was diesen zu einem der am besten dokumentierten Fälle von außerirdischem Kontakt zwischen Menschen und Außerirdischen in der Geschichte machte.

Das obige Szenario ist in der fiktiven Filmserie *Battlestar Galactica* gut dargestellt. Sie weist die höchst ungewöhnliche Besonderheit auf, Probleme eines hypothetischen galaktischen Konflikts zwischen Menschen und KI-Wesen (Zylonen) aufgeworfen zu haben, die im März 2009 sogar im Hauptquartier der Vereinten Nationen zur Diskussion gestellt wurde.[33] Erwähnenswert ist, dass der Autor der Pilotfolge, Leslie Stevens IV., der Sohn eines der Admiräle ist, die an der Einrichtung des Geheimen Weltraumprogramms der Navy, Solar Warden, beteiligt waren. In *Das Geheime Weltraumprogramm der U.S. Navy & Die Allianz mit den Nordischen* erkläre ich, wie Stevens mit den militärischen Geheimdiensten zusammengearbeitet hat, um Aspekte des Programms der Navy durch fiktive Filme und Fernsehserien aufzudecken.[34] Einfach ausgedrückt ist sich die U.S. Navy seit Langem des beunruhigenden

Problems bewusst, das die KI innerhalb außerirdischer Gesellschaften aufgeworfen hat, und hat frühzeitig erkannt, dass Menschen vor ihren Gefahren gewarnt werden müssen. *Battlestar Galactica* war eine von der U.S. Navy sanktionierte sanfte Offenlegung der Gefahren der Entwicklung und Bewaffnung von KI.

In jüngerer Zeit beschrieb Corey Goode, wie Solar Warden ausgefeilte Verfahren der Sicherheitsüberprüfung entwickelt hat, um eine mögliche KI-Infiltration zu identifizieren.[35] Er behauptet, dass KI in Tausenden von außerirdischen Welten ein großes Problem gewesen sei und als sehr gefährliche Technologie angesehen werde, die fähig sei, die Gesellschaft ihrer ursprünglichen Erbauer, die sie geschaffen haben, zu übernehmen.[36] Goode sagt, dass außerirdische Zivilisationen über umfangreiche Erfahrungen damit verfügen, weil sie beobachtet haben, wie die KI unzählige andere Welten übernahm, was immer wieder zur Ausrottung der indigenen Bevölkerung führte.

Das alarmierende Problem, dass China KI einführt und aufrüstet, um die technologische Lücke zu den USA zu schließen und einen zukünftigen Weltraumkrieg zu gewinnen, wird jetzt glasklar. Durch die zunehmende Übernahme der KI in die Gesellschaft und die Streitkräfte geht China einen sehr gefährlichen Weg. Wenn Wissenschaftler wie Dr. Kai-Fu Lee, Autor von *AI Superpowers – China, Silicon Valley und die Neue Weltordnung*, positiv über die Vorteile von KI sprechen, sind sie sich der oben beschriebenen Bedrohung einfach nicht bewusst. Die Warnungen prominenter Persönlichkeiten des öffentlichen Lebens wie Stephen Hawking und Elon Musk vor den Gefahren der KI müssen dagegen sehr ernst genommen werden.[37]

Wenn China keine Schritte unternimmt, um mit der Bedrohung durch KI umzugehen, und seine derzeitige Politik der Nutzung von KI fortsetzt, um bis 2049 eine globale Dominanz zu erreichen, kommt es durch die ungezügelte Akzeptanz von KI unbeabsichtigt zu einer Bedrohung für die gesamte Menschheit.

Eine weitere technologische Innovation, die China ungeachtet ihrer Auswirkungen auf die Menschheit aggressiv verfolgt, ist die Einführung von 5G, der nächsten Generation der drahtlosen Kommunikation. 5G wird als »Internet der Dinge« bezeichnet und umfasst »Produkte, von intelligenten Kühlschränken über Ampeln bis hin zu Hundehalsbändern, die Daten senden und empfangen.«[38] Zu diesem »Internet der Dinge« können wir auch Drohnen, fahrerlose Autos und »Menschen« selbst zählen. Mit Gesichtserkennungskameras kann ein 5G-Netzwerk beispielsweise die Bewegung und das Verhalten von Personen auf eine Weise verfolgen, die die Entwicklung eines »sozialen Kreditsystems« und eines »totalen Überwachungsstaates« ermöglicht.

Noch besorgniserregender ist, dass die spezifischen Frequenzen, die 5G verwendet, dieselben sind wie die im Active Denial System (ADS), einer elektromagnetischen Waffe, die Angreifer mit gebündelten Mikrowellen außer Gefecht setzt und bereits von mehreren Armeen zur Kontrolle von Menschenmengen übernommen wurde.

Die Journalistin Makia Freeman erklärt:

> »Bei 5G handelt sich um ein Arsenal von Waffen mit einem phasengesteuerten Feld, die in erster Linie als Kommunikationssysteme getarnt und verkauft werden, während die verwendeten Frequenzbänder (24 GHz bis 100+ GHz, einschließlich MMW [Millimeterwellen]) dieselben sind, die in Active Denial-Systemen verwendet werden, zum Beispiel zur Kontrolle der Massen.
>
> Selbst die Mainstream-Wikipedia beschreibt Active Denial-Systeme als Gerichtete Energiewaffen. Sie zerstreuen Menschenmengen, indem sie Energie auf sie abfeuern, was sofortige und intensive Schmerzen verursacht, vor allem das Gefühl, dass einem die Haut verbrennt.«[39]

Im Dezember 2019 begann China mit dem Einsatz von 5G-Satelliten, um eine weltraumgestützte Plattform für 5G-Übertragungen in weiten Teilen Chinas bereitzustellen. Liu Chang, der Sprecher eines chinesischen Herstellers von 5G-Satelliten, Galaxy Aerospace, erklärt:

> »Die Abdeckung mit 5G-Signalen vom Himmel aus ist riesig, die Signale jedes 5G-Breitband-Satelliten mit niedriger Umlaufbahn können eine Reichweite von 300.000 Quadratkilometern gleichmäßig abdecken. Groß-

städte wie Peking, Shanghai, Guangzhou und Shenzhen können problemlos eine vollständige Abdeckung für autonomes Fahren, Flugzeuge, Schiffe, Hochgeschwindigkeitszüge und andere mobile Plattformen erreichen, um schnelle und stabile 5G-Netzwerkverbindungsdienste mit niedriger Latenz bereitzustellen.«[40]

Die Möglichkeit, dass 5G-Satelliten und Bodenstationen für die Kontrolle der Massen oder offensive Militäreinsätze gegen andere Nationen aufgerüstet werden, wird jetzt nur allzu deutlich.

Jedes Land mit einem Netzwerk von 5G-Satelliten, das angeblich »harmlose« Telekommunikationssignale auf der ganzen Welt überträgt, kann sein 5G-Netzwerk mit einem Tastendruck aktivieren, wobei es auf die richtige Frequenz (95 GHz) eingestellt und die Leistung ausreichend erhöht wird, um es in ein weltraumgestütztes Active Denial-System zu verwandeln, das Zielpopulationen mit unglaublich schmerzhaften Millimeterwellen angreifen kann, gegen die die meisten Menschen nur wenig Schutz haben dürften.[41] Ein zweckgebundenes 5G-Satellitenübertragungssystem, das entweder 5G an Zielländer auf der ganzen Welt liefern oder in ein Active Denial-System umgewandelt werden kann, wäre eine wichtige Ergänzung zu Chinas langfristiger asymmetrischer Strategie, Weltraumwaffen zu entwickeln, um der Dominanz der USA bei konventionellen Waffen entgegenzuwirken.

Daher ist es kein Zufall, dass die Kommunistische Partei Chinas (KP-Ch) mit rasender Geschwindigkeit die Vorreiterrolle in der Entwicklung und Einführung von 5G übernommen hat. Die Führer der KPCh glauben, dass 5G die notwendige Plattform für alle Instrumente bietet, die zur Bewältigung der riesigen Bevölkerung Chinas und zur Erreichung des langfristigen Ziels der globalen Hegemonie erforderlich sind.

Besonders besorgniserregend ist, dass die Pilotstadt für die Einführung von 5G in China Wuhan war, das nur Monate später – Anfang Dezember 2019 – zum Epizentrum für den tödlichen Ausbruch des Coronavirus (auch bekannt als CoVID 19) wurde. Eine Reihe von Forschern hat beunruhigende Beweise dafür gefunden, dass das Coronavirus das Produkt eines biologischen Kriegsprogramms ist, bei dem 5G-Übertragungen benutzt werden, um die menschliche DNA zu verändern.[42] Die Verbindung zwischen 5G-Übertragungen und Biowaffen erfolgt durch einen Prozess, der als »Elektroporation« bezeichnet wird. Dabei sendet man einen »elektromagnetischen Impuls, der die Zellen öffnet, dann fremde DNA einführt und sie wieder schließt«.[43] Es wurde darauf hingewiesen, dass »dies die gleiche Aktion ist, die die 5G-Technologie bei gepulsten Wellen anwendet und das Coronavirus in einem Gebiet in China zuerst auftauchte, in dem dies der Fall war«.[44] Mit anderen Worten: Die 5G-Technologie kann zur Veränderung der menschlichen DNA und zur Übertragung von Viren verwendet werden, und Wuhan wurde entweder von China als Epizentrum für einen durch 5G übertragenen Biowaffen-Test ausgewählt oder für einen Angriff von unbekannter Seite.

Laut Robert David Steele, ehemaliger Geheimdienstanalyst des U.S. Marine Corps und CIA-Führungsoffizier, handelt es sich beim Coronavirus um einen vom Deep State/Mossad inszenierten Angriff unter falscher Flagge, der darauf abzielt, einen Krieg zwischen China und den Vereinigten Staaten auszulösen. Glücklicherweise ist dieser Angriff laut Steele gescheitert:

> »Ich glaube, dass das persönliche Vertrauen zwischen Generalsekretär Xi Jinping und Präsident Donald Trump stark ist, und die Idee, dass die USA einen solchen Angriff aus politischen Gründen durchführen könnten, wurde in China verworfen. Natürlich gibt es in unserem Verteidigungsministerium und in der CIA Schurkenelemente, von denen bekannt ist, dass sie mit dem Mossad bei Operationen zur Verstrickung in Pädophilie, Drogenschmuggel, Sponsoring von Terrorismus einschließlich ISIS und 9/11 zusammenarbeiten. Alles in allem bin ich aber zuversichtlich, dass dies von den USA nicht gemacht wurde, und die chinesische Führung weiß das.«[45]

Bezeichnenderweise verbindet Steele im Rahmen dieses Angriffs mit Biowaffen unter falscher Flagge das Coronavirus mit der Einführung der 5G-Technologie:

»Es ist mir auch nicht klar, in welchem Ausmaß 5G – bei dem China das führende Land ist – sich mit dem biologischen Virus überschneidet. 5G ist ein großer Teil davon – was wir noch nicht wissen, ist, ob dies ein Angriff unter falscher Flagge war, wie ich vermute, ein Test der Schnittstelle von Biokriegsführung und elektromagnetischer Kriegsführung oder ein umfassender Angriff, der die chinesische Wirtschaft zerstören und China entvölkern soll – oder alles drei!«[46]

Die Behauptungen, dass das Coronavirus mit der Einführung von 5G verbunden ist, werden dadurch untermauert, dass Wuhan vom 18. bis 27. Oktober 2019 Gastgeber der Military World Games war, der Militärweltspiele, die seit 1995 alle vier Jahre nach dem Vorbild der Olympischen Spiele durch den Militär-Weltsportverband ausgetragen werden. 2019 wurde dabei zum ersten Mal 5G eingesetzt. Genau zur gleichen Zeit veranstaltete die Bill and Melinda Gates Foundation in New York City die »Übung einer weltweiten Pandemie«, die eine Coronavirus-Pandemie simulierte.[47]

Der Verdacht, dass 5G für Zwecke der biologischen Kriegsführung eingesetzt werden könnte, wurde von chinesischen Biomedizin-Forschern und Staatsbeamten nur noch weiter bestärkt, die einzugestehen begannen, dass der Ausbruch des Coronavirus zu einem Biowaffenlabor in Wuhan zurückverfolgt werden kann.[48] Darüber hinaus haben inzwischen Wissenschaftler in einer Reihe von Studien bestätigt, dass die Exposition gegenüber 5G-Übertragungen »grippeähnliche Symptome« verursacht, die denen des Coronavirus ähneln.[49] Folglich können 5G-Sendestationen auf der Erde und in der Umlaufbahn, die verdeckt zur Kontrolle von Menschenmengen eingesetzt werden, auch für die biologische Kriegsführung ausgerüstet werden.

Chinas Einführung von 5G fällt mit der Entwicklung der Künstlichen Intelligenz (KI) und ihrer zunehmenden Verwendung bei der Verfolgung, Übertragung und Kontrolle des »Internet der Dinge« zusammen. Laut Dr. Kai-Fu Lee wird sein Einsatz der Gesichtserkennung zur Überwachung seiner enormen Bevölkerung von 1,4 Milliarden Menschen China bei der Entwicklung von KI einen großen strategischen

Vorteil gegenüber den USA verschaffen.[50] Darüber hinaus verschafft die Kombination von 5G und KI China einen asymmetrischen Vorteil gegenüber seinem Hauptkonkurrenten Amerika, wenn es um nationale Sicherheitsfragen, die Erforschung von Biowaffen und den Wettlauf um die Dominanz im Weltraum geht, das neue strategische Terrain in einem zukünftigen Krieg zwischen den Großmächten.

Eine friedliche Zusammenarbeit zwischen den USA, China und anderen großen Nationen wie Russland ist für die Einführung unseres Planeten in eine interplanetare galaktische Gemeinschaft von wesentlicher Bedeutung. Unter den großen Nationen muss ein Konsens darüber bestehen, wie die Gefahr, die von der weit verbreiteten Entwicklung der KI und dem Einsatz von 5G, insbesondere wenn es um militärische Nutzungen geht, erkannt und bewältigt werden kann. Darüber hinaus müssen chinesische und amerikanische Behörden dringend die fortschrittlichen Technologien, die in ihren jeweiligen Geheimen Weltraumprogrammen verwendet werden, öffentlich bekannt machen, um die Lebensqualität auf unserem Planeten radikal zu verändern, und im Gegenzug unabhängige Zeugen für Ereignisse im Weltraum benennen.

Dies hat in den USA mit dem offiziellen Start der Space Force am 20. Dezember 2019 begonnen, als die Air-Force-Ministerin Barbara Barrett dafür appellierte, geheime Technologien der Weltraumprogramme endlich öffentlich zu machen: »Einiges von dem, was zurzeit in sicheren Gewölben lagert, zu enthüllen wäre eine gute Idee … Wir müssten vorsichtig sein, was wir freigeben, aber es gibt viel mehr geheime Klassifizierungen als nötig.«[51]

Die Wahrheit über das von den Vereinten Nationen betriebene internationale Geheime Weltraumprogramm Solar Warden, das fortschrittliche Raumschiffe einsetzt, um Stützpunkte auf Planeten und Monden in unserem Sonnensystem zu errichten und womöglich sogar auf Planeten und Monden in dreizehn nahegelegenen Sonnensystemen, muss offengelegt werden. In diesem Zusammenhang ist die von Wissenschaftlern international bereits erreichte Zusammenarbeit, die im Rahmen des von den Vereinten Nationen geführten Geheimen Weltraumprogramms und ähnlichen Programmen schon geschieht, ein gutes Modell für eine verstärkte internationale Zusammenarbeit auf der Erde und im Weltraum.

Darüber hinaus müssen China, die USA, Russland und andere Nationen ihre jeweiligen Depots und Lagerstätten mit uraltem Wissen aus der atlantischen Zeit vor der Flut (vor 9600 v.Chr.) öffnen. Dies bedeutet, dass die Unterzeichnerstaaten des Antarktisvertrags ihre Entdeckung der atlantischen Technologie auf dem gefrorenen Kontinent öffentlich machen sollten, statt sie weiter zur ausschließlichen Verwendung durch die Großmächte der Welt vorzuenthalten.[52] Für China heißt dies, die Geheimnisse der Pyramiden der Provinz Shaanxi mitzuteilen, von denen einige weit älter sind als die chinesischen Behörden bereit sind, öffentlich zuzugeben. Das uralte Wissen und die antiken Technologien in Chinas Pyramiden und in alten tibetisch-buddhistischen Texten sind ein viel versprechendes Erbe, das Wissen über Gesundheit, Langlebigkeit und menschliche Geschichte für die gesamte Menschheit verheißt, und sollte nicht nur von der VBA für militärische Zwecke untersucht werden. Entscheidend ist aber vielleicht, dass diese alten Gesellschaften möglicherweise Informationen darüber haben, wie sie mit dem KI-Problem und Operationen unter falscher Flagge von Gruppen, die dem heutigen Deep State ähnlich sind, umgingen.

Und schließlich müssen wir uns offen mit außerirdischen Zivilisationen auseinandersetzen, die bei Besuchen unserer Welt unglaubliche Informationen über die Menschheit und die galaktische Geschichte mitbrachten, und nicht zuletzt mit einer kosmischen Philosophie, die uns viele Antworten auf alte theologische Fragen bietet. Dies wird – wie gesagt – besonders wichtig, wenn es um das KI-Problem und den Deep State geht. Wie sind Außerirdische mit dem KI-Problem umgegangen? Vielleicht haben sie Maßnahmen zur Unterdrückung von Schurken-KI entwickelt, die verhindern, dass Gesellschaften Schaden zugefügt wird. Wenn chinesische Wissenschaftler tatsächlich im Rahmen eines interplanetaren Forschungsprogramms, wie Dr. Ray Keller behauptet, in der abgelegenen Region Lop Nur mit Außerirdischen zusammenarbeiten, kann China viel dazu beitragen, die Welt auf die

Realität des außerirdischen Lebens und die zahlreichen Vorteile vorzubereiten, die durch den offenen Kontakt erzielt werden können. Probleme wie die KI können in einem Konsens zwischen den großen globalen Nationen zufriedenstellend behandelt werden, wenn außerirdische Informationen über dieses und andere globale Probleme offen ausgetauscht werden. Dies würde mit Dr. Suns Darstellung alter kultureller Traditionen übereinstimmen, in denen China eine Brücke zwischen Himmel und Erde ist.

Die Idee eines planetarischen Zeitgeists, der die menschlichen Belange durch bestimmte Personen der Weltgeschichte auf ein höheres Selbstgewahrsein der gesamten Menschheit und die Homöostase (das Gleichgewicht) der Erde ausrichtet, ist wichtig. Es gibt guten Grund zu der Annahme, dass Tsien Hsue-shen eine solche Person der Weltgeschichte war, die ausgewählt wurde, um eine einzigartige Rolle beim Start der Weltraumprogramme sowohl in den USA als auch in China zu spielen. Seine Erniedrigung durch das FBI und die Einwanderungsbehörde von 1950 bis 1955 entspricht in vielerlei Hinsicht dem »Jahrhundert der Erniedrigung«, das China von 1842 bis 1949 erlebte. Während seiner langjährigen Luft- und Raumfahrtkarriere zeigte Tsien den Charakter und die Tugend, die auch Chinas alte Luftfahrt-Erfinder widerspiegelten, denen mysteriöse »Vogelmenschen« halfen, die mit Außerirdischen oder einer Zivilisation der inneren Erde zu tun hatten. Die Hauptbedingung für eine solche technologische Unterstützung war, dass der Erfinder überlegenen Charakter und Tugend zeigt. Heute muss China auf nationaler Ebene einen ähnlichen Charakter und eine ähnliche Tugend an den Tag legen, um ein technologischer Erneuerer für den Planeten zu werden.

Es ist wichtig, das richtige Gleichgewicht im Umgang mit der Verbitterung zu finden, die viele Chinesen über die westliche Einmischung in chinesische Angelegenheiten während des »Jahrhunderts der Erniedrigung« noch immer empfinden, und angemessen auf Chinas derzeitige Politik gegenüber ethnischen Minderheiten, religiösen Gruppen und Befürwortern der Demokratie zu reagieren. Es besteht die Gefahr, dass China Künstliche Intelligenz einsetzt, um seine riesige Bevölkerung zu verwalten, während es gleichzeitig repressivere Maßnahmen gegen seine Dissidenten ergreift, und dass es ein solches soziales Managementsystem international exportiert, was eine große Bedrohung für die demokratischen Ideale des Westens darstellt.

Anmerkungen

1 Erklärung von Dr. Shi-Li Sun bei der Bürgeranhörung zur UFO-Enthüllung am 7. November 2014, https://youtu.be/Hd7yyF4-IxY (aufgerufen am 14.11.2019)
2 David Tweed, »This Is the Man Trump Described as ›The Leading Authority on China‹«, https://tinyurl.com/y8dxts5o (aufgerufen am 17.11.2019)
3 Siehe »Brigadier General Robert S. Spalding III«, https://www.af.mil/About-Us/Biographies/Display/Article/999629/brigadier-general-robert-s-spalding-iii/ (aufgerufen am 15.11.2019)
4 »2019 Report to Congress of the U.S.-China Economic and Security Review Commission: Executive Summary and Recommendations«, p. 1; https://tinyurl.com/sjrph2w (aufgerufen am 20.11.2019)
5 Ebd., p.7.
6 Zur Erörterung der staatlichen Unternehmen in China siehe Eve Cary, »Reforming China's State-Owned Enterprises«, https://thediplomat.com/2013/06/reforming-chinas-state-Owned-Enterprises/ (aufgerufen am 17.11.2019)
7 »2019 Report to Congress of the U.S.-China Economic and Security Review Commission: Executive Summary and Recommendations«, p. 2; https://tinyurl.com/sjrph2w (aufgerufen am 20.11.2019)
8 Ebd., p. 18.
9 Siehe Zachery Keck, »China's Military Creates New Space Force«, https://thediplomat.com/2014/09/chinas-military-creates-new-space-force/ (17.11.2019)
10 Zitiert nach ebd.
11 Siehe Michael E. Salla, *Die Geheime Geschichte der U.S. Space Force,* AMRA Verlag, Hanau 2021; US-Ausgabe pgs. 225-244.
12 Wendelle Stevens und Paul Dong, *UFO's Over Modern China*; UFO Photo Archives 1983; p. 30.
13 Siehe das CIA-Dokument, das am 8. September 2000 zur Veröffentlichung freigegeben wurde, auf https://tinyurl.com/vqa3862 (aufgerufen am 4.12.2019)
14 Siehe Michael E. Salla, *Antarktis – die verbotene Wahrheit*, AMRA Verlag, Hanau 2020.
15 Graham Allison, *Destined for War*; Houghton Mifflin Harcourt 2017; p. vii.
16 »Thukydides' Critique of Empire«, https://users.wfu.edu/zulick/300/thucyd/thucydidesguide.html (aufgerufen am 17.11.2019)
17 Siehe Andy S. Lee, »A Century of Humiliation: Understanding the Chinese Mindset«, https://www.mironline.ca/century-humiliation-understanding-chinese-mindset/ (aufgerufen am 27.11.2019)

18 Siehe Michael E. Salla, *Kennedy's Last Stand: Eisenhower, UFOs, MJ-12 & JFK's Assassination*; Exopolitics Institute 2013.
19 Stephen Cohen, »How the Russiagate Investigation Is Sovietizing American Politics«, https://www.thenation.com/article/how-the-russiagate-investigation-is-sovietizing-american-politics/ (aufgerufen am 27.11. 2019)
20 Siehe Tyler Durden, »Not Just Ukraine; Biden May Have A Serious China Problem As Schweizer Exposes Hunter's $1bn Deal«, https://tinyurl.com/y6hy3nj4, und Paul Sperry, »Dianne Feinstein was an easy mark for China's spy«, https://tinyurl.com/y7tn9yqc (aufgerufen am 17.11.2019)
21 Siehe die Q-Posts zu China, https://qanon.pub/?q=China (aufgerufen am 17.11.2019)
22 Siehe Michael E. Salla, »Did Hillary Clinton sell Secret Space Program technologies to China?«, https://tinyurl.com/w3zsakf (aufgerufen am 17.11.2019)
23 »Letter from Inspector General of the Intelligence Community«, https://assets.rbl.ms/18876193/980x.jpg (aufgerufen am 17.11.2019)
24 Richard Pollock, »SOURCES: China Hacked Hillary Clinton's Private Email Server«, https://dailycaller.com/2018/08/27/china-hacked-clinton-server/ (aufgerufen am 27.1.2019)
25 Siehe Michael E. Salla, »Did Hillary Clinton sell Secret Space Program technologies to China?«, https://tinyurl.com/w3zsakf (aufgerufen am 17.11.2019)
26 Siehe Malcolm Scott und Cedric Sam, »Here's How Fast China's Economy Is Catching Up to the U.S.«, https://www.bloomberg.com/graphics/2016-us-vs-china-economy/ (aufgerufen am 17.1.2019)
27 Siehe Michael E. Salla, *Das Geheime Weltraumprogramm der U.S. Navy & Die Allianz mit den Nordischen*, AMRA Verlag, Hanau 2019.
28 Cao Siqi, »China mulls $10 trillion Earth-moon economic zone«, http://www.globaltimes.cn/content/1168698.shtml (aufgerufen am 29.11.2019)
29 Siehe Michael E. Salla, *Die Geheime Geschichte der U.S. Space Force*, AMRA Verlag, Hanau 2021; US-Ausgabe pgs. 377-402.
30 Ebd., US-Ausgabe pgs. 403-422.
31 Michael E. Salla, *Das Geheime Weltraumprogramm der U.S. Navy & Die Allianz mit den Nordischen*, AMRA Verlag, Hanau 2019; US-Ausgabe pgs. 165-180.
32 Stefano Breccia, *Mass Contact*; Author House 2009; pgs. 272-273.
33 Jeremy Hsu, »›Battlestar Galactica‹ Takes Over United Nations … Really«, https://www.space.com/6447-battlestar-galactica-takes-united-nations.html (aufgerufen am 22.12.2019)
34 Michael E. Salla, *Das Geheime Weltraumprogramm der U.S. Navy & Die Allianz mit den Nordischen*, AMRA Verlag, Hanau 2019; US-Ausgabe pgs. 165-180.
35 »Questions for Corey Goode on SSP Conflicts and Human Slave Trade«, http://exopolitics.org/galactic-human-slave-trade-ai-threat-to-end-with-full-disclosure-of-et-life/ (aufgerufen am 21.12.2019)
36 Ebd.
37 Siehe Michael E. Salla, »Musk & Hawking sign letter warning against future AI arms race: Are they too late?«, https://exopolitics.org/musk-hawking-sign-letter-warning-against-future-ai-arms-race-are-they-too-late/ (aufgerufen am 21.12.2019)

38 Ian King und Scott Moritz, »Why 5G Mobile Is Arriving With a Subplot of Espionage«, https://tinyurl.com/s6ptpxt (aufgerufen am 25.2.2020)

39 Makia Freeman, »There's A Connection Between Coronavirus and 5G«, https://tinyurl.com/sva52mc (aufgerufen am 25.2.2020)

40 Alan Wessberger, »China to launch first private 5G satellite by end of 2019«, https://techblog.comsoc.org/2019/12/13/china-to-launch-first-private-5G-satellite-by-end-of-2019/ (aufgerufen am 25.2.2020)

41 Siehe »Military Active Denial System & Chinese USA UK 5G Rollout are the Same«, https://smombiegate.org/military-active-denial-system-and-consumer-5g-rollout-are-the-same/ (aufgerufen am 25.2.2020)

42 Makia Freeman, »There's A Connection Between Coronavirus and 5G«, https://tinyurl.com/sva52mc (aufgerufen am 25.2.2020)

43 Die Quelle verwendete das Pseudonym »Annie Logical« in dem Artikel »Corona Virus Fakery und the Link to 5G Testing«, https://www.vigiliae.org/virus-link-to-5g/ (aufgerufen am 25.2.2020)

44 Ebd.

45 Robert David Steele wurde von der *Tehran Times* interviewt: »A Counterintelligence Perspective on the Wuhan Virus – A Zionist Bio-War False Flag Attack?« https://tinyurl.com/tjarn7r (aufgerufen am 28.2.2020)

46 Ebd.

47 Makia Freeman, »There's A Connection Between Coronavirus and 5G«, https://tinyurl.com/sva52mc (aufgerufen am 25.2.2020)

48 Botao Xiao, »The possible origins of 2019-nCoV coronavirus«, https://tinyurl.com/sxjrwzz (aufgerufen am 25.2.2020)

49 Makia Freeman, »There's A Connection Between Coronavirus and 5G«, https://tinyurl.com/sva52mc (aufgerufen am 25.2.2020)

50 Kai-Fu Lee, *AI Superpowers: China, Silicon Valley and the New World Order*, Houghton Mifflin Harcourt 2018. – Dt. Ausgabe: *AI Superpowers – China, Silicon Valley und die Neue Weltordnung*, Campus Verlag, Frankfurt am Main 2019.

51 Zitiert nach Nathan Strout, »Barrett, Rogers consider declassifying secret space programs«, https://www.defensenews.com/smr/reagan-defense-forum/2019/12/08/barrett-rogers-plan-to-declassify-black-space-programs/ (aufgerufen am 20.12.2019)

52 Siehe Michael E. Salla, *Antarktis – die verbotene Wahrheit*, AMRA Verlag, Hanau 2020; US-Ausgabe pgs. 295-334.

Schlussfolgerung

Die Bedrohungen der Menschheit durch Chinas Geheimes Weltraumprogramm sind dreifach. Die erste besteht in Chinas gegenwärtigem Weg, KI aufzurüsten, um einen asymmetrischen Vorteil gegenüber dem US-Militär zu erlangen, insbesondere im Weltraum, wo beide Länder mächtige Geheime Weltraumprogramme mit hochentwickelten und zerstörerischen Technologien stationiert haben. Die zweite Bedrohung besteht in Chinas aggressiver Einführung von 5G und dessen Militarisierung vom Weltraum aus für die zukünftige Verwendung in einem weltweiten Active Denial System zur Kontrolle der Massen sowie der verdeckten Verwendung von 5G für die biologische Kriegsführung gegen einzelne Länder und Bevölkerungsgruppen. Und letzten Endes besteht noch die Möglichkeit, dass der Deep State einen Dritten Weltkrieg auslöst, indem er China manipuliert, ein »Weltraum-Pearl-Harbor« gegen die USA zu starten, da China erfolgreich KI und 5G hochgerüstet hat mit dem langfristigen Ziel, bis 2049 eine globale Hegemonie zu erreichen.

Angesichts all dessen müssen sich die Amerikaner wieder an ihre innere Stärke erinnern, wenn sie »vereint« sind. Die berühmte gelbe Gadsden-Flagge mit einer gewundenen Klapperschlange unter dem Motto »DON'T TREAD ON ME« (Tritt nicht auf mich drauf) war während der amerikanischen Revolution ein berühmtes Symbol. Gründervater Benjamin Franklin (1706-1790) schrieb über die Bedeutung dieses Klapperschlangensymbols:

»Sie beginnt niemals einen Angriff, und einmal im Kampf, ergibt sie sich niemals: Sie ist daher ein Symbol für Seelengröße und wahren Mut … Sie fügt niemals Verletzungen zu, ohne vorher großzügig Bescheid gegeben zu haben, selbst dem ärgsten Feind, und ihn vor der Gefahr gewarnt zu haben, die darin besteht, auf sie drauf zu treten.«

Mr. Franklin äußerte sich auch zu der besonderen Verbindung, die die amerikanische Klapperschlange zu den dreizehn ursprünglichen Kolonien aufwies sowie zu der besonderen Kraft, die die Kolonien zusammen und nicht getrennt hielt:

»Ich gestehe, ich war völlig ratlos, was ich von den Rasseln halten sollte, bis ich zurückging und sie zählte und feststellte, dass es nur dreizehn waren, genau die Anzahl der vereinigten Kolonien in Amerika; und ich erinnerte mich auch daran, dass dies der einzige Teil der Schlange war, der zahlenmäßig zunahm …

Es ist merkwürdig und erstaunlich zu beobachten, wie unterschiedlich und voneinander unabhängig die Rasseln dieses Tieres sind und wie fest sie doch miteinander verbunden sind, so dass sie niemals getrennt werden können, außer sie werden in Stücke zerbrochen.

Eine dieser Rasseln ist einzeln nicht in der Lage, einen Ton hervorzubringen, aber der Klang von dreizehn zusammen reicht aus, um den verwegensten Mann in Angst zu versetzen.«[1]

Heute werden die Vereinigten Staaten von innen belagert, während der Deep State seine hartnäckige Lenkung von Ereignissen fortsetzt, um Politik, Medien und die amerikanischen Bürger in emotional aufgeladene Meinungslager zu polarisieren, die lediglich spalten und eine Versöhnung verhindern. Das Böse weiß, dass es die Bevölkerung Amerikas um jeden Preis entzweien muss, denn sobald die Menschen die Spaltungen überwinden und zusammenstehen, wird der Geist des »Großen Amerika« unaufhaltsam.

»Wir, die Menschen« sind die Lösung für unsere Missstände zu Hause, und sobald die Versöhnung erreicht ist, können wir uns den

Herausforderungen der verstörenden Agenden des kommunistischen China mit »Seelengröße und wahrem Mut« besser stellen. Entscheidend ist, dass dies zunächst im »Land der Freiheit« innerhalb unserer Gemeinschaften beginnen muss. Wir können das kommunistische China nicht zwingen, demokratische Werte und Freiheit anzunehmen, aber wir können noch deutlicher an diesen lange gehegten Werten festhalten, die in Amerika von der Verfassung einzigartig geschützt werden. Wenn wir unser Bekenntnis zu diesen Grundwerten bekräftigen, werden sie stärker – überall!

Es gibt auch echte Symbole der Hoffnung, hinter denen wir uns versammeln können. Die Gründung der U.S. Space Force ist ein wichtiger Schritt nach vorne, um die amerikanischen Raumfahrtressourcen unter einer nationalen Autorität zusammenzufassen und gleichzustellen, die mehr Transparenz und Verantwortlichkeit bei der Nutzung dieser Ressourcen bietet. Dies verhindert, dass sie bei Angriffen unter falscher Flagge, die der Deep State oder andere Schurkenorganisationen anzetteln, eingesetzt werden. China muss die gemeinsame Bedrohung für sich selbst und für die USA durch den Deep State und sonstige Schurkengebilde erkennen und es muss sicherstellen, dass sein Geheimes Weltraumprogramm eng mit Amerikas neuer Space Force zusammenarbeitet. Aber zuerst sollten wir kühn zulassen, dass unsere von *Star Trek* inspirierten Träume, die Entdeckungen, moralische Stärke und einen starken Wert für das Leben in seinen vielen Formen umfassen, uns zuhause zu neuen Grenzen führen, während wir gleichzeitig mit anderen Nationen harmonisch und kooperativ an Projekten zusammenarbeiten, um die Erforschung des Weltraums voranzutreiben.

Das wird Russland einschließen, einen potenziellen Freund und starken Verbündeten, den die USA bisher nicht annehmen und umarmen durften. Tatsächlich hat der Deep State bei jeder Art von Zusammenarbeit zwischen den USA und Russland immer wieder Katastrophen inszeniert – von falschen Anschuldigungen bis zu kontrollierten Medienangriffen. Ein solches Bündnis könnte sich für die Agenda des Deep State als verheerend herausstellen. Die Russen haben das Ende des Kommunismus in ihrer stolzen Nation erlebt und kennen seine

Abgründe und dunklen Pfade. Darüber hinaus kann China von einer engen Zusammenarbeit mit der Russischen Föderation profitieren, deren eigenes Geheimes Weltraumprogramm gigantische Fortschritte bei der Beseitigung des schädlichen Einflusses des Deep State und der Arbeit mit positiven außerirdischen Gruppen erzielt hat. Vielleicht hat das berühmte Medium Edgar Cayce deshalb vorausgesagt, dass Russland zur »Hoffnung der Welt« werden würde.[2]

In dieser Zeit der globalen Konflikte, in der Güte und Integrität so gut wie aufgegeben zu sein scheinen, erstrahlt immer ein Leuchtfeuer im Namen des Zeitgeistes, der es einfach nicht zulässt, dass sich bestimmte Kräfte durchsetzen, wenn die Menschen gemeinsam danach streben, dass diese Kräfte aufgehalten werden. Das schließt Chinas eigene Bürger mit ein, die in immer größerer Zahl die Übel der Unterdrückung erkennen und insgeheim auf etwas Besseres hoffen, bei dem auch sie von den Machthabern die Erlaubnis erhalten, unseren Planeten durch ihre großartigen Gaben und Talente zu bereichern.

Anmerkungen

1 Chris Whitten, »Don't Tread on Me«, https://www.foundingfathers.info/stories/gadsden.html (aufgerufen am 28.2.2020)

2 Alison Ray, »Out of Russia Will Come Hope«, https://www.edgarcayce.org/aboutus/blog/blog-posts/out-of-russia-will-come-hope/ (aufgerufen am 25.3.2020)

Nachwort
zur deutschen Ausgabe

Seit der Veröffentlichung der amerikanischen Originalausgabe von *Der Aufstieg des Roten Drachen* hat es eine Reihe wichtiger Entwicklungen gegeben. Im Oktober 2020 unterzeichnete die National Aeronautics and Space Administration (NASA) bilaterale Abkommen mit sieben anderen Raumfahrtnationen und begründete damit die Artemis Accords. Diese Abkommen werden es den USA ermöglichen, eine wachsende multinationale Weltraumallianz anzuführen, die Basen auf dem Mond, dem Mars und anderswo errichtet und Bergbauoperationen im gesamten Sonnensystem durchführt. Wichtig ist außerdem, dass die U.S. Space Force und das Space Command damit zum Kern einer NATO-ähnlichen militärischen Weltraumallianz werden, welche die Weltraumressourcen der am Artemis-Abkommen beteiligten Nationen schützt. Sowohl hochrangige chinesische als auch russische Raumfahrtvertreter kritisierten das Artemis-Abkommen als Verstoß gegen den Weltraumvertrag von 1967, der die Kommerzialisierung des Mondes und der Himmelskörper verbietet.

Es war daher keine große Überraschung, dass Chinas Nationale Raumfahrtbehörde (CNSA) am 9. März 2021 ein Memorandum of Understanding mit der Russischen Raumfahrtagentur unterzeichnete, das die Errichtung einer ständigen Forschungsbasis auf dem Mond vorsieht. China und Russland werden sich darum bemühen, dass noch andere Nationen entsprechende wissenschaftliche Forschung betreiben und die Ressourcen des Mondes auf eine Art und Weise

nutzen, die mit dem Weltraumvertrag von 1967 übereinstimmt. Damit ist der Grundstein für die Bildung einer konkurrierenden Weltraumkoalition durch China und Russland gelegt, die in ähnlicher Manier ihre militärischen Kräfte nutzen wird, um ihre Stützpunkte auf dem Mond, dem Mars und anderen Orten im Sonnensystem zu schützen, für welche Operationen die Weltraumallianz sich letzten Endes auch immer entscheiden mag.

Die Bildung von zwei konkurrierenden Weltraumallianzen, die einen von den USA geführten Block gegen einen von China geführten Block ausspielen, wird zwangsläufig zu zunehmenden Spannungen führen, wenn wir uns dem Ende des aktuellen Jahrzehnts nähern. Chinas anhaltend schnelles Wirtschaftswachstum und seine technologischen Fortschritte in Bereichen wie Künstliche Intelligenz, dem »Internet der Dinge« und den 5G/6G-Kommunikationsnetzen werden das Land bis zum Ende des Jahrzehnts zur unangefochtenen wirtschaftlichen und technologischen Supermacht der Welt machen. Dies wird große Auswirkungen auf die chinesisch-russische Weltraumallianz haben, die ihre kombinierten wirtschaftlichen, technologischen und militärischen Ressourcen dafür verwendet, eine neue Generation von Raumfahrzeugen für Operationen im tiefen Weltraum zu bauen. Chinas Geheimes Weltraumprogramm wird stark von einem Zustrom russischen Know-hows und Fachwissens profitieren, wenn es um den Weltraum und den Wettbewerb mit den USA geht.

In der Zwischenzeit erlebt das Geheime Weltraumprogramm der U.S Air Force, das, wie in dem Buch *Die Geheime Geschichte der U.S. Space Force* besprochen, in die Space Force überführt werden soll, einen relativen wirtschaftlichen Niedergang. Die Entscheidung, ein multinationales Weltraumbündnis aufzubauen, war ein notwendiger Schritt, um die derzeitige Überlegenheit der USA bei den Weltraumressourcen so lange wie möglich zu bewahren, angesichts der aufstrebenden Wirtschaft und des technologischen Fortschritts Chinas.

Führungskräfte der U.S. Space Force drängen den amerikanischen Kongress zunehmend auf mehr Mittel, um sich mit dem Weltraum als neuer Kriegsführungsdomäne und China als militärischem Konkurrenten Nummer eins zu beschäftigen.

Im Januar 2021 forderte ein beispielloses Memorandum von neun regionalen US-Militärbefehlshabern den Director of National Intelligence auf, mehr Dokumente zu deklassieren, um Chinas und Russlands »schädliches Verhalten« auf einer Reihe von militärischen Schauplätzen und seinen Erfolg bei der Gestaltung politischer Narrative zu bekämpfen: »Wir bitten um diese Hilfe, um die USA und damit auch ihre Verbündeten und Partner besser in die Lage zu versetzen, kampflos zu gewinnen, jetzt in sogenannten Grauzonen zu kämpfen und Munition im laufenden Krieg der Narrative zu liefern.«

Taiwan wird zunehmend als zukünftiger militärischer Krisenherd vorhergesagt. China hat deutlich gemacht, dass es eine Invasion starten wird, um jede Bewegung in Richtung politischer Unabhängigkeit zu unterdrücken, und hat Anfang 2021 wiederholt aggressiv den taiwanesischen Luftraum verletzt, um seine Entschlossenheit zu demonstrieren. In der Zwischenzeit verstärken die USA ihre politische und militärische Unterstützung Taiwans. Dennoch hat General Philip Davidson, der US-Militärkommandeur für die indopazifische Region, gewarnt, dass China bis 2027 in der Lage sein wird, trotz entschlossener militärischer Gegenwehr der USA erfolgreich in Taiwan einzufallen. Die Möglichkeit, dass China ein »Space Pearl Harbor« startet, indem es sein wachsendes Arsenal an Anti-Satellitenwaffen einsetzt, um Taiwan zurückzuerobern und damit seinem langfristigen Ziel, bis 2049 zum globalen Hegemon aufzusteigen, einen bedeutenden Schritt näher zu kommen, wird von Tag zu Tag größer.

Wie bereits in diesem Buch beschrieben, hat China neben seinem konventionellen Militär auch ein mächtiges Geheimes Weltraumprogramm mit einer Reihe hochentwickelter Antigravitationstechnologien und fortschrittlicher Waffen entwickelt. Chinas konventionelle und Geheime Weltraumprogramme wurden seit den 1980er Jahren während der Reagan-Regierung mit erheblicher technologischer Unterstützung der USA gefördert. Die USA wollten China sowohl als Verbündeten gegen die Sowjetunion als auch gegen eine drohende außerirdische Invasion rekrutieren, von der Reagan offiziell informiert wurde, dass sie jeden Tag stattfinden könnte. Der Zusammenbruch der Sowjetunion im Jahr 1991 hat diese technologische Unterstützung für Chinas GWP, das vom Deep State gefördert wurde, nicht aufgehalten. Die Unterstützung endete erst während der Trump-Administration, die die langfristige Bedrohung durch China und dessen wachsende Fähigkeit erkannte, ein »Space Pearl Harbor« anzuzetteln.

Zurzeit wird Chinas Geheimes Weltraumprogramm durch die kombinierten Weltraumressourcen der USA mit der Space Force, dem Geheimen Weltraumprogramm der Navy (siehe *Antarktis – die verbotene Wahrheit*) und einem gemeinsamen Weltraumprogramm von CIA und NRO (wird im nächsten Buch der Reihe besprochen) noch in den Schatten gestellt, aber dieser numerische Vorteil wird schließlich verschwinden. Im Jahr 2019 überholte die Marine der chinesischen Volksbefreiungsarmee zum ersten Mal die U.S. Navy bei der Anzahl der eingesetzten Kriegsschiffe – 335 gegenüber 293. Das ist auf Chinas überlegene Schiffsbaupraktiken und Ressourcen zurückzuführen, wie Matthew Funaiole, ein China-Militärexperte, kurz und bündig feststellte: »China kann sehr schnell Schiffe produzieren. Daran gibt es absolut keinen Zweifel.« Der Abstand zwischen den Gesamtzahlen der Schiffe wird weiter wachsen, da Chinas Schiffsbau-Rate aufgrund laxer Arbeitsgesetze, minimaler staatlicher Vorschriften und einer praktisch unbegrenzten Finanzierung durch die Kommunistische Partei viel höher ist als die der USA. Chinas drei Jahrzehnte währender Modernisierungsprozess wird sich in Bezug auf die jeweiligen Weltraummarinen zweifellos wiederholen. Es wird immer mehr von seiner wirtschaftlichen Stärke und seinen Schiffbaukapazitäten darauf verwenden, die kombinierten Geheimen Weltraumprogramme der USA einzuholen und zu überwinden, um die strategische Vorherrschaft im Weltraum zu erlangen.

Eine geschickte Diplomatie zur Vermeidung der Thukydides-Falle (besprochen in Kapitel 17), während die USA und China um die globale Hegemonie und die Überlegenheit im Weltraum konkurrieren, wird immer notwendiger. Beide setzen durch konkurrierende multinationale Weltraumkoalitionen mehr Weltraumressourcen ein, was ihre politische Rivalität auf den Mond, den Mars, Asteroiden und andere Orte in unserem Sonnensystem ausweiten wird. Die Aussicht auf größere Konflikte um Mond, Mars und Asteroiden wird exponentiell wachsen, da immer mehr Raumfahrtunternehmen – wie SpaceX – auf der Suche nach ihrer Nische in der aufstrebenden Billionen-Dollar-Weltraumwirtschaft ins All gehen.

Deutlich zeichnet sich am Horizont die Aussicht auf einen verheerenden Weltraumkrieg ab, in dem konkurrierende multinationale Koalitionen gegeneinander antreten.

Ein Schlüsselfaktor ist die verdeckte Rolle, die der Deep State beim Schüren eines bewaffneten Konflikts zwischen den USA und China spielt – durch Propaganda, erfundene Vorfälle oder Operationen unter falscher Flagge auf der Erde und im Weltraum. Wenn der Deep State entlarvt und aus seiner Machtposition entfernt wird, sind die Aussichten, dass die USA und China ihre vielen Konflikte erfolgreich durch friedliche Diplomatie lösen, ziemlich hoch.

Schließlich müssen wir noch die Aussicht auf einen offenen Kontakt mit außerirdischem Leben irgendwann in der nahen Zukunft in Betracht ziehen. Wird dies in Form einer außerirdischen Invasion geschehen, vor der Präsident Reagan während seiner Präsidentschaft mehrfach gewarnt hat, oder wird es durch das Erscheinen freundlicher Außerirdischer geschehen, die der Menschheit helfen wollen, einer »Galaktischen Föderation der Welten« beizutreten, wie es in dem populären Film *Star Trek: Der erste Kontakt* von 1996 fiktiv dargestellt wird? Es sollte keine große Überraschung sein, dass eine *Star-Trek*-Zukunft von Experten und Verantwortlichen der US-Raumfahrtpolitik gewünscht wird, was im nächsten Buch dieser Reihe, *Space Force – unsere Zukunft im Weltraum*, ausführlich diskutiert wird. Das optimale Ergebnis für die Menschheit ist eines, bei dem die USA, China und Russland im Weltraum eng zusammenarbeiten und die notwendigen Mechanismen zur friedlichen Lösung von Streitigkeiten im Weltraum einrichten. Wenn die USA, China und Russland zusammenarbeiten, obwohl sie konkurrierende Weltraumkoalitionen bilden, wird eine *Star-Trek*-Zukunft möglich sein, die es der Menschheit erlaubt, ihre Präsenz friedlich tief in unser Sonnensystem und darüber hinaus auszudehnen.

Michael E. Salla, M.A., Ph.D.
Hawaii, den 15. Mai 2021

Danksagung

Ich bin den Organisatoren der Vortragsreihe vom Dezember 2018 in Shanghai und Peking sehr dankbar, die mich einluden, meine GWP-Arbeit in China vorzustellen. Dieser Besuch vermittelte mir tiefe Einblicke und ein gutes Verständnis für das wissenschaftliche Interesse Chinas an Antigravitationstechnologien, die offizielle Beteiligung der Regierung an der UFO-Forschung und das Leben im heutigen China.

Vielen Dank an Mark McCandlish für seine Erlaubnis, den schematischen Aufriss des »Alien Reproduction Vehicle« abzubilden, das 1988 auf der Air Force Base Edwards betrachtet werden konnte.

Ebenfalls vielen Dank an Colonel Vinayak Bhat (a.D., indische Armee) für seine freundliche Erlaubnis, sein Satellitenbild einer chinesischen Einrichtung für Gerichtete Energiewaffen in der Provinz Xinjiang in diesem Buch zu veröffentlichen. Vielen Dank auch an JP für die Erlaubnis, seine Fotos von dreieckigen UFOs zu verwenden, die 2017 in der Nähe der Air Force Base MacDill aufgenommen wurden.

Ein besonders herzliches Dankeschön geht an Corey Goode für die Beantwortung meiner Fragen zum Geheimen Weltraumprogramm Chinas aufgrund seiner Erfahrungen aus erster Hand. Außerdem bin ich Duke Brickhouse sehr dankbar, dass er dieses Manuskript Korrektur gelesen hat – und für seine redaktionellen Vorschläge.

Ich danke nicht zuletzt Rene McCann von ganzem Herzen, dass sie ihre Zeit, ihr Talent und ihre Begeisterung großzügig eingebracht hat, um ein weiteres wundervolles Titelbild für diese Buchreihe über Geheime Weltraumprogramme zu gestalten.

Mein tiefster Dank gilt meiner wundervollen Seelenverwandten Angelika Whitecliff, deren Weisheit und intuitive Begabung mein Leben auf vielfältige Weise bereichert und geprägt hat und deren erstklassige Fähigkeiten als Redakteurin mein Rohmanuskript zu dem polierten Produkt gemacht haben, das Ihnen jetzt vorliegt.

Abbildungen & Tafeln

Michael E. Salla

ist ein international anerkannter Experte für Weltpolitik, Konfliktlösung und amerikanische Außenpolitik. Er unterrichtete an Universitäten in den USA und Australien, darunter der angesehenen American University in Washington, und hat einen Doktorgrad von der University of Queensland und einen Magister von der University of Melbourne inne. Heute ist er weltweit bekannt als Pionier der Exopolitik, dem Studium der Hauptakteure, Institutionen und politischen Prozesse im Zusammenhang mit Außerirdischen.

Dr. Salla schrieb das erste Buch überhaupt, das über dieses Thema veröffentlicht wurde, *Exopolitics: Political Implications of Extraterrestrial Presence*. Kurz vor der Veröffentlichung 2004 nahm die *Washington Post* mit ihm Kontakt auf, damit er ihnen ein Interview über Präsident Eisenhowers angebliches Treffen mit Außerirdischen gibt. Als Verwaltungsbeamte der American University davon erfuhren, ermahnten sie ihn, dies zu unterlassen, weil es seine Karriere gefährden könnte. Er beschloss, das Interview trotzdem zu geben, um die Öffentlichkeit über die Ergebnisse seiner Recherchen zu informieren. Daraufhin wurde er seines Postens enthoben. In dem Bemühen, weitere außergewöhnliche und weithin unbekannte Fakten, auf die er bei seinen Recherchen stieß, allgemein zugänglich zu machen, veröffentlichte er 2009 ein zweites Buch über Exopolitik und die amerikanische Außenpolitik: *Exposing U.S. Government Policies on Extraterrestrial Life.*

Im Jahre 2013 erschien *Galactic Diplomacy*, das eine angemessene Verhaltens- und Vorgehensweise beim Umgang mit außerirdischen Zivilisationen vorschlägt, noch im selben Jahr gefolgt von *Kennedy's Last Stand*, in dem erstmals die Zusammenhänge zwischen streng geheimen UFO-Akten und der Ermordung von John F. Kennedy offengelegt wurden. Anschließend begann er mit einer Buchreihe über Geheime Weltraumprogramme, die auf Deutsch im AMRA Verlag erscheint. Auf *Geheime Weltraumprogramme & Allianzen mit Außerirdischen*, das ihm höchsten Respekt für die Aufdeckung verdeckter globaler Intrigen einbrachte und zu einem weltweiten Bestseller wurde, folgten *Das Geheime Weltraumprogramm der U.S. Navy & Die Allianz mit den Nordischen* sowie *Antarktis – die verbotene Wahrheit* und *Der Aufstieg des Roten Drachen.* In Vorbereitung befinden sich zwei bedeutende Standardwerke über die 2019 gegründete angeblich neue Waffengattung des amerikanischen Militärs: *Die Geheime Geschichte der U.S. Space Force* und *Space Force – unsere Zukunft im Weltraum.* Weitere Bücher werden folgen.

Dass Exopolitik inzwischen auch von der Öffentlichkeit wahrgenommen wird und als ernsthaftes Forschungsgebiet gilt, verdankt sich größtenteils Dr. Sallas Büchern sowie seinen Hunderten von Radio- und Fernsehsendungen, seinen Vorträgen und seiner Website, die täglich von mehr als fünftausend Menschen besucht wird.

---

www.exopolitics.org

Register

B

C

G

H

I

J

K

L

M

N

S

T

U

V

W

X

Y

Z

Helfen Sie mit, das Paradigma zu ändern.

Daniella Fenton
HYBRIDE MENSCHEN
Wissenschaftliche Beweise für unser 800.000 Jahre altes kosmisches Erbe
176 Seiten, gebunden, oranges Leseband
€ [D] 19,99 / € [A] 20,60 • ISBN 978-3-95447-428-8

Eine lange Liste von DNA-Anomalien beim Menschen ist nur durch die gentechnische Veränderung des *Homo sapiens* aus einer frühen menschlichen Spezies erklärbar. Nun wurde ein rätselhaftes Material entdeckt, bei dem es sich um Wrackteile eines Kolonisten-Raumschiffs handeln könnte. Die erörterten Fakten führen alle zu dem einen Schluss: Wir sind direkte Nachfahren der Plejader!

»Dieses Buch ist ein Meilenstein zum Verständnis unserer Vergangenheit. Es sollte zum Lehrbuch an allen Schulen werden.« – Aus dem Vorwort von Erich von Däniken

Hermann Ilg
DIE MISSION DER SANTINER
Botschaften der Menschheit von Alpha Centauri
256 Seiten, gebunden, oranges Leseband
€ [D] 22,99 / € [A] 23,70 • ISBN 978-3-95447-472-1

Die Santiner geben Antworten auf aktuelle Gegenwartsfragen. Themen wie »In kosmischen Bahnen denken«, »Wenn die Not am größten ist«, »Am Ende der Zeit« und »Die Gedankenbrücke« handeln alle von ihrer Mission am Beginn des Wassermannzeitalters. Abgerundet wird dieses Buch durch eindringliche Reden von Ashtar Sheran, ihrer großen Führungspersönlichkeit.

Der Klassiker des deutschen Ufologen. Erstmals im AMRA Verlag.

Len Kasten
DIE GEHEIME WELTHERRSCHAFT DER REPTILOIDEN
Ihr Ursprung, ihr Sternenreich und ihr Wirken auf unserer Erde
400 Seiten, gebunden, oranges Leseband
€ [D] 24,99 / € [A] 25,70 • ISBN 978-3-95447-319-9

Angefangen bei ihrer ersten Kolonisierung der Erde bis zur Infiltration der großen Regierungen in heutiger Zeit, schildert Len Kasten, wie die Reptiloiden durch raffinierte Intrigen die Menschheit versklavten. Ihre Rolle im Nazi-Deutschland und bei den US-Geheimdiensten wird ebenso beleuchtet wie die Unterstützung der Illuminaten, ihrer menschlichen Verbündeten an den Schaltstellen der Macht.

Das erste umfassende Enthüllungswerk.

Alle Bücher auch als eBooks. Leseproben auf www.AmraVerlag.de

*Helfen Sie mit,
das Paradigma
zu ändern.*

Marlies Pante
DAS GROSSE ERWACHEN
Heilungsbuch der Arcturianer
240 Seiten, gebunden, oranges Leseband
€ [D] 19,99 / € [A] 20,60 • ISBN 978-3-95447-468-4

Die Arcturianer sprechen über die immer stärkere Verbundenheit der Menschen, die Bedeutung des jetzigen Moments, die Energie der Neuen Erde, die Heilung unserer Seele und unseren wahren Ursprung, das Ablegen von Manipulation, das Erschaffen unseres künftigen Selbst, die wachsende Verbindung zur Quelle, die Schönheit des Erwachens und die Unmöglichkeit für jeden Menschen, *nicht* zu erwachen.

Mit Heilungsblättern »Mein Erwachen« für die energetische Arbeit an sich selbst.

Michael E. Salla
ANTARKTIS – DIE VERBOTENE WAHRHEIT
Sklavenarbeit für transnationale Konzerne und außerirdische Flüchtlingskolonie
432 Seiten, gebunden, oranges Leseband
€ [D] 26,99 / € [A] 27,80 • ISBN 978-3-95447-395-3

Trump enthüllte kürzlich die Existenz einer U.S. Space Force, Macron erklärte, eine französische Weltraumflotte sei jetzt in Planung. Tatsächlich arbeiten in der Antarktis bereits seit 1955 Unternehmen des US-Militärs und internationale Konzerne an diesem Projekt – unter Nutzung von Sklavenarbeit. Und all dies geschah von Anfang an unter Mitwirkung von Aliens.

Die wahre Geschichte der Antarktis.

Len Kasten
DIE DUNKLE FLOTTE
Das Geheime Weltraumprogramm der Reptiloiden und die Schlacht um das Sonnensystem
288 Seiten, gebunden, oranges Leseband
€ [D] 24,99 / € [A] 25,70 • ISBN 978-3-95447-418-9

Antischwerkrafttechnologie, Kontrolle des Massenbewusstseins und Teleportation sind nur einige der erstaunlichen Mittel, durch die nach dem Zweiten Weltkrieg eine Weltraumallianz entstand. Sie errichtete Raumhäfen in der Antarktis und auf dem Mars sowie eine elfstöckige Basis auf dem Mond. Sie treibt Bergbau im All und hält unzählige menschliche Sklaven – mit Unterstützung von Reptiloiden.

»Eine zutiefst beunruhigende und gleichzeitig unverzichtbare Lektüre.« – Michael E. Salla

Alle Bücher auch als eBooks. Leseproben auf www.AmraVerlag.de

Helfen Sie mit, das Paradigma zu ändern.

Steven M. Greer
OFFIZIELL GELEUGNET!
Das größte Geheimnis der Regierungen wird enthüllt: Wir sind nicht allein!
400 Seiten, gebunden, oranges Leseband
€ [D] 26,99 / € [A] 27,80 • ISBN 978-3-95447-363-2

UFOs sind real. Wir stehen in Kontakt mit Aliens. Freie Energie und Antischwerkraft-Technologie sind im Einsatz. Dr. Greer stellt Dokumente vor, die US-Präsidenten, CIA-Direktoren und Kongressabgeordneten vorgelegt wurden: Multinationale Konzerne machen dank Alien-Technologie Billionengeschäfte und demontieren die Welt. Mit Aussagen von Zeugen der Sicherheitsstufe »Cosmic Secret«, achtunddreißig Stufen höher als »Top Secret«.

Der New York Times Bestseller, der als Vorlage zur Netflix-Sensation »Unacknowledged« diente.

Gregg Braden
MENSCH: GEMACHT
Von der zufälligen Evolution zur bewussten Transformation
352 Seiten, gebunden, oranges Leseband
€ [D] 24,99 / € [A] 25,70 • ISBN 978-3-95447-337-3

Neueste Forschungen zeigen, dass der Mensch, so wie er heute existiert, vor Hunderttausenden von Jahren plötzlich entstand – aufgrund einer Verschmelzung von Genen, die bewusst herbeigeführt worden sein muss. Und von Anfang an zeichnen wir uns durch enorme Fähigkeiten aus, die uns auf Abruf zur Verfügung stehen. Bradens neues Buch überwindet die Grenzen zwischen Wissenschaft und Spiritualität und stellt sich der zeitlosen Frage: *Wer sind wir?*

DER SPIEGEL-Bestseller

Jan Erik Sigdell
DIE MANIPULATIONEN DER ANUNNAKI
Satanismus, andere Dimensionen und der Ursprung des Bösen
256 Seiten, gebunden, oranges Leseband
€ [D] 22,99 / € [A] 23,70 € • ISBN 978-3-95447-397-7

Impfzwang, 5G, Künstliche Intelligenz, Personenkennung. Die Anunnaki, eine im Untergrund lebende Reptiloidenspezies, bilden die geheime Spitze dieser Agenda. Sie werfen gerade alles in die Waagschale, was seit langer Zeit zur Auslöschung des größten Teils der Menschheit vorbereitet wurde. Ihre Instrumente sind Vertuschung und Desinformation. Wie hängt das mit Satanismus, Pädophilie und Menschenhandel zusammen?

»Hinter den Kulissen spielt sich etwas ab, was dem Dritten Weltkrieg zu entsprechen scheint.« – Jan Erik Sigdell

Alle Bücher auch als eBooks. Leseproben auf www.AmraVerlag.de